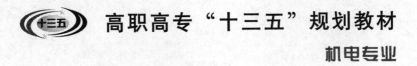

高职高专"十三五"规划教材

机电专业

模拟电子技术

（第二版）

主　编　刘任庆　倪元相　严　明

副主编　马经权　雷　钢　孙翔宇

参　编　彭铁牛　刘小兵　王同业　凌志勇

南京大学出版社

内容摘要

本书以系列产品为载体,以系列产品的认识、检测或安装与调试为手段,将传统的模拟电子技术的基本理论,包括电子元器件的符号、结构、作用及外观认识和元器件的质量检测,稳压电源,放大电路,集成运算放大器,振荡器等内容有机地融入到项目中。充分体现了学做合一,项目驱动,目的性较强,弱化了传统模电教材理论性过强、太抽象的特点;既考虑了项目驱动的要求,又兼顾了模电的系统性,充分考虑了读者学习的规律。

本书可以作为高等职业技术学院的电子信息工程、应用电子技术、通信技术、电子检测、计算机主板与维修、自动化等及相关专业的教材,也可作为其他高等工科院校电子类专业的教材,还可供有关教师与工程技术人员参考。本书的主要特点是实用性强,通俗易懂,适合于读者自学。

图书在版编目(CIP)数据

模拟电子技术 / 刘任庆,倪元相,严明主编. -- 2版. -南京:南京大学出版社,2016.9

高职高专"十三五"规划教材. 机电专业

ISBN 978-7-305-17398-1

Ⅰ. ①模… Ⅱ. ①刘… ②倪… ③严… Ⅲ. ①模拟电路—电子技术—高等职业教育—教材 Ⅳ. ①TN710.4

中国版本图书馆 CIP 数据核字(2016)第 192426 号

出版发行	南京大学出版社
社　　址	南京市汉口路 22 号　　邮　编 210093
出 版 人	金鑫荣
丛 书 名	高职高专"十三五"规划教材·机电专业
书　　名	模拟电子技术(第二版)
主　　编	刘任庆　倪元相　严　明
责任编辑	王秉华　吴华　　　编辑热线 025-83597087
照　　排	南京理工大学资产经营有限公司
印　　刷	盐城市华光印刷厂
开　　本	787×1 092　1/16　印张 16.25　字数 405 千
版　　次	2016 年 9 月第 2 版　2016 年 9 月第 1 次印刷

ISBN 978-7-305-17398-1

定　　价 35.00 元

网　　址:http://www.njupco.com
官方微博:http://weibo.com/njupco
微信服务号:njuyuexue
销售咨询:(025)83594756

本书 PPT 下载

前　言

　　模拟电子技术课程是所有电类专业,尤其是电子信息类专业的专业核心基础课程,这门课程的教学质量对这些专业的人才培养质量起着举足轻重的作用,是非常重要的一门课程。该课程理论性很强,也十分抽象。历来是电子信息类和相关专业学生十分难学难懂的一门课程。

　　如何将抽象变得具体,适当降低难度,提高读者学习模拟电子技术的积极性,如何在专业基础课程的学习过程中实现"教学做合一",是我们一直在探讨的一个问题,各高职院校都在不断地探索中,课程改革要从课程培养目标出发,结合学生的实际,在现代职教理论指导下进行研究和实践。模拟电子技术课程是专业核心基础课,其学科知识的完整性、理论的系统性在课程改革中需要尽量兼顾;同时该课程理论性很强,比较抽象,学生学习缺乏动力和参与性,在这些方面需要进行革命性的改革。

　　目前电子类课程存在的一个主要问题是缺乏具有代表性的合适的载体,本书作者通过广泛的调研,开发出了一系列产品作为载体,从而使学习内容形象化、具体化,将模拟电子技术课程的各知识点融入这些产品的认知、检测之中,希望借此提高学习者学习的针对性、目标性,以项目驱动的方式提高学习者的参与性和学习的主动性,以充分体现学习者的主体性。

　　本教材适合于各类高职高专院校电子技术应用、应用电子技术、电子信息工程、电子工程、通信技术、电子检测、计算机主板与维修、自动化等相关专业使用。也可作为其他高等工科院校电子类专业的教材,还可供有关教师与工程技术人员参考。

　　本教材由刘任庆、倪元相、严明任主编,马经权、雷钢、孙翔宇任副主编,彭铁牛、刘小兵、王同业、凌志勇参与编写;王维斌和肖永忠负责该书所有教学PPT的设计与制作,刘任庆负责全书的统稿、修改和定稿工作。

　　在本教材的编写过程中,编著者阅读和参考了有关教材、书籍、杂志、网站等,谨对这些资料的作者表示衷心的感谢!同时本教材的成稿也得到了南京大学出版社、湖南汽车工程职业学院、广东理工学院、福州职业技术学院、武汉信息传播技术学院、郑州信息科技职业学院、郑州工程技术学院领导与相关专业老师的大力支持与帮助,在此也致以衷心的感谢!

　　由于时间匆忙和编者水平有限,错误与不足之处在所难免,恳请读者批评指正。

编者

2016 年 5 月

目　录

项目 1 简易充电器的认识与检测

本项目通过最简单的电子产品——简易充电器来认识电子元器件。由半导体物质所构成的二极管具有单向导电性,能将交流电整流成为脉动的直流,再由两个平面构成的电容将脉动的直流电滤波,使其成为平滑的直流供我们的电子产品使用。电路看起来比较简单但是却包含着丰富的知识,下面我们就一起来学习吧。

1.1 简易充电器的认识

简易充电器在我们的日常生活中经常可以看到,它外形如图 1-1-1 所示。这个东西看起来很小巧但作用却非常大,我们的手机没电了它可以帮忙,我们的电动遥控车跑不动了,它也可以帮忙,还有例如手电筒、MP3 等电压不高、又有充电电池的电子产品,它都可以帮忙,让这些电子产品重新工作起来。讲了这么多大家应该大体上知道这个物品的作用了吧,对了,它的作用就是将我们使用的交流电降压,并把它从交流变换成直流,达到我们所需要的直流电压,起到对电子产品进行充电的效果。

图 1-1-1 简易充电器的实物图

简易充电器内部到底是什么样子呢? 它由哪些元器件构成? 下面我们就看看简易充电器的内部实物图,如图 1-1-2 所示。

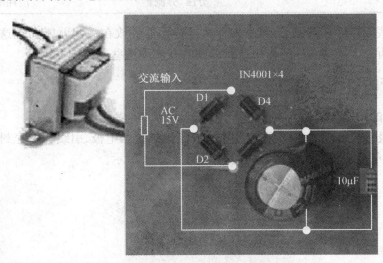

图 1-1-2 简易充电器的内部实物图

　　我们可以看到在这个充电器中共包含有 4 种元器件,下面我们分别来认识一下这 4 种元器件。

　　1. 变压器

　　变压器的作用是将 220 V 的交流电变换成我们所需要的电压值。变压器分为三种:第一种为降压器,将高电压变换成低电压,就像我们这里所用到的;第二种为升压器,将低电压变换为高电压;第三种为隔离变压器,就是不升也不降电压,只是起到与外电回路进行断开的作用。根据以前所学的知识,我们可以采用万用表测量一下变压器的初级端与次级端来判断这个变压器的种类。

　　2. 二极管

　　二极管的作用是将交流电整流成脉动的直流电,将交流变成直流。

　　3. 电容

　　电容的作用是将脉动的直流电变成为平滑的直流电,电容可以分为有极性电容与无极性电容。有极性电容主要用于滤波,而无极性电容主要用于耦合。这里所用到的电容为电解电容,这种电容是有极性电容。请读者自己判别一下此电解电容的极性。

　　4. 电阻

　　电阻是形成电路回路、将电能转换成为其他能量的耗能元件。电阻按结构可以分为可变电阻与固定电阻,电阻阻值的标注方式有直接标注、数字标注、色环标注等几种。读者可以自己查资料找出 3 种标注方式不同之处,读出电阻的阻值。

　　由简易充电器的内部实物图,我们可以知道,它有以下元器件构成,如表 1-1-1 所示。

表 1-1-1　元器件列表

序号	元件名称	作用	备注
1	变压器	将高电压变换成低电压	有初级与次级之分
2	二极管($D_1 \sim D_4$)	整流作用	引脚有 P、N 极之分
3	电解电容(C_1)	滤波作用	引脚有正负极性之分
4	电阻	分压、分流。	消耗电能

　　我们将这些元器件都认识了,但是为什么这些元器件放在一起就能实现这些功能呢?下面我们就来分析一下这些元件的作用、特性,找一找实现这些功能的原因。

1.2　二极管的特性与检测

1.2.1　二极管的结构与符号

　　半导体二极管也称晶体二极管,它是在 PN 结上加接触电极、引线和管壳封装而成的。按其结构,通常有点接触型和面接触型两类,如图 1-2-1 所示。

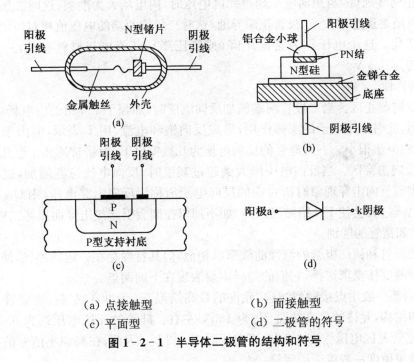

(a) 点接触型   (b) 面接触型

(c) 平面型   (d) 二极管的符号

图 1-2-1 半导体二极管的结构和符号

点接触型二极管，它的特点是结面积小，因而结电容小，适用于高频工作，但不能通过很大的电流。主要应用于小电流的整流和高频时的检波、混频等。

面接触型二极管，它的特点是结面积大，因而结电容大，适用于低频工作，可以通过很大的电流。主要应用于大电流的整流等。

1.2.2 二极管的特性与参数

由于二极管的核心是 PN 结，因此二极管的特性呈单向导电性，为了更准确更全面地理解二极管的单向导电性，可形象地用曲线来描述。加在二极管两端的电压 U 与流过二极管的电流 I 的关系曲线称为伏安特性曲线。

1. 二极管的伏安特性

按制造材料不同，二极管主要分为两大类，即硅管和锗管。可利用晶体管图示仪很方便地测出二极管的正、反向特性。曲线如图 1-2-2 所示。

(1) 正向特性。

OA 段：不导电区或称死区。在这一区间内，虽然加有正向电压，但由于正向电压值很小，外电场不能完全抵消 PN 结的内电场，这时还存在有空间电荷区。二极管呈现一个大电阻，使得正向电流几乎为零，好像设有一个门槛一样，把 A 点对应的正向电压值称为门槛电压，也称死区电压。其值与二极管的材料有关，一般硅管约为 0.5 V，锗管约为 0.1 V。

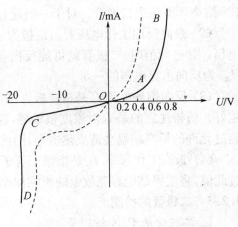

图 1-2-2 二极管 U-I 特性

AB 段：正向导通区，当正向电压超过死区电压时，内电场大为削弱，这时二极管呈现很小的电阻。电流随之迅速增大，二极管正向导通，这时二极管两端的电压值相对恒定几乎不随电流的增大而变化。这个电压称为正向压降（或管压降），其值也与材料有关，一般硅管约为 0.7 V，锗管约为 0.3 V。

（2）反向特性。

OC 段：反向截止区。当二极管两端施加反向电压时，加强了 PN 结的内电场，使二极管呈现很大的电阻，此时由于电子的漂移作用，形成反向饱和电流，用 I_S 表示，但由于电子的数目很少，因此反向电流很小。一般硅管的反向电流为几微安以下，而锗管达几十至几百微安。

CD 段：反向击穿区。当反向电压增大到超过某值时，反向电流急剧增加，这种现象叫做反向击穿。出现反向击穿现象时所对应的反向电压值称为反向击穿电压，用 U_{BR} 表示。发生击穿后由于电流过大会使 PN 结结温升高，如不加以控制会引起热击穿而损坏二极管。

（3）硅管和锗管的区别。

虽然硅二极管和锗二极管的特性曲线形状相似，但其特性存在一定的差异，使得在应用过程使用二极管时要按要求选择，它们的差异主要表现在下面两点。

① 锗管内部一般用点接触型结构，允许的最高结温 T_{jm} 为 90℃左右，而硅管一般为面接触型或平面型结构，允许的最高结温 T_{jm} 为 150℃左右。硅管的死区电压约为 0.5 V，正向压降为 0.7 V，锗管死区电压约为 0.1 V，正向压降为 0.3 V。因此，在高频小信号的检波电路中为提高检波的灵敏度一般应选用锗管。

② 硅管的反向饱和电流较小，受温度的影响小，在几微安以下；而锗管的反向饱和电流为几十至几百微安，且受温度影响大，造成器件使用不稳定。因此在工程实践中，普遍使用的是硅管，很少使用锗管。

2. 二极管的主要参数

二极管有很多功能参数用于描述其各种特性，了解这些参数对于选用器件和设计电路是有用的。在实际应用中最主要的参数为：

（1）最大整流电流 I 是指管子长期使用时允许通过的最大正向平均电流，它的值与 PN 结结面积和外部散热条件有关。如果电路中流过二极管的正向电流超过了此值，引起管子发热量过大，使得 PN 结结温超过允许的最高结温（对硅管 $T_{jm} = 150℃$，锗管 $T_{jm} = 90℃$），使 PN 结烧坏而报废二极管。对于一些通过大电流的二极管，要求使用散热片使其能安全工作。

（2）最高反向工作电压 U_{RM} 是指为了保证二极管不至于反向击穿而允许外加的最大反向电压。超过此值时，二极管就可能反向击穿而损坏。为了保证二极管能安全工作，一般规定 U_{RM} 为反向击穿电压的一半。

（3）反向饱和电流 I_R 是指二极管未击穿时的反向电流，此值越小，表示该管的单向导电性越好。值得注意的是 I_R 对温度很敏感，温度升高会使反向电流急剧增大而使 PN 结结温升高，超过允许的最高结温会造成热击穿，因此使用二极管时要注意温度的影响。

（4）最高工作频率 f_M 是指保证管子正常工作的上限频率。由于 PN 结具有结电容，若超过此值，将使得结电容充放电的影响加剧而影响 PN 结的单向导电性。

1.2.3　二极管的检测

1. 二极管的 P、N 极测量

将万用表置于"欧姆"挡，选择 R×100 量程，用红黑表笔分别接触二极管的两只管脚，测

量其阻值,然后对调表笔,再测量其阻值。指针偏转较小即阻值较大的一次,黑表笔接触的为二极管负极,红表笔接触的为二极管正极;或观察测量指针偏转较大即阻值较小的那次,黑表笔接触的为二极管 P 极,红表笔接触为二极管的 N 极。

2. 二极管的好坏测量

如果两次测量指针偏转均很小,阻值很大,则该二极管内部断线;若两次测量指针偏转均很大,即阻值均很小,则该二极管内部短路或被击穿;若两次测量时阻值有差异但差异不大,说明该二极管能用但性能不太好。理想情况下应是电阻大的一次约为几百千欧。电阻小的应低于几千欧。

二极管正、反向电阻相差越大越好,凡阻值相同或相近都视为坏管。

1.2.4 特殊二极管

前面介绍的整流、开关、检波二极管具有相似的伏安特性,属于普通型二极管。除此之外,为适应不同电路的功能需要,诞生了很多具有特殊用途的二极管,如稳压二极管、变容二极管、光电子器件(发光、光电、激光二极管)等。对这些特殊二极管,分别进行简单的介绍。

1. 稳压二极管

稳压二极管简称稳压管,是一种用特殊工艺制造的面接触型硅二极管,它的电路符号如图 1-2-3(a)所示。

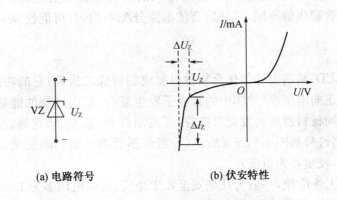

(a) 电路符号   (b) 伏安特性

图 1-2-3 稳压管的电路符号与 U-I 特性

(1) 稳压特性。

稳压管的伏安特性如图 1-2-3(b)所示。由图可看出,它的正向特性与普通二极管相似,而反向特性曲线更陡,几乎与纵轴平行,表现出很好的稳压特性。即当反向电压小于击穿电压时,反向电流很小,当反向电压临近 U_Z 处时反向电流急剧增大,由于这种稳压管的特殊工艺性,发生齐纳击穿,这时电流在很大范围内改变时,管子两端电压基本保持不变,起到了稳压的作用。曲线越陡,动态电阻 $r_Z = \dfrac{\Delta U_Z}{\Delta I_Z}$ 越小,说明稳压管的稳压性能越好。必须注意的是,稳压管在电路应用时一定要串联限流电阻,不能使二极管击穿后电流无限增长,否则会由于 PN 结过热而引起热击穿将 PN 结烧毁。

稳压管最重要的参数是稳定电压值 U_Z,可用晶体管特性图示仪直接测量。如没有图示仪可用一只万用表和一个可调直流稳压电源的方法测得。组成的测量线路接线图如图 1-2-4

所示,慢慢调节可调直流稳压源的输出电压,当电压表指示的电压值不再随可调稳压电源输出电压变化时,电压表上所指示的电压值即为稳压管的稳压值。

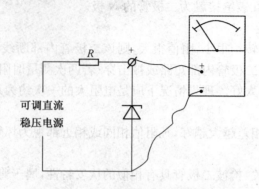

图1-2-4　测量稳压管稳定电压的接线图

在使用稳压二极管时应注意以下几点。

① 稳压管用于稳压时必须接反向电压,这与普通二极管在工作方式上正好相反。

② 为保证稳压管正常工作,必须串接合适的限流电阻。

③ 几只稳压管可以串联使用,串联后的稳压值为各管稳压值之和。稳压管不能并联使用。因为每只稳压管稳压值不同,并联后会使电流分配不均匀,可能使某只稳压管因分流多、电流过大而损坏。

2. 发光二极管

发光二极管(LED)是用半导体化合物材料制成的特殊二极管,它的功能是将电能转换为光能。当两端加上正向电压,半导体中的载流子发生复合,放出过剩的能量,从而引起光子发射产生可见光。不同材料制成的发光二极管,可发出红光、蓝光、绿光等。其外形主要为方形和圆形,外形及电路符号如图1-2-5所示(一般根据管脚长短判断发光二极管正负极,管脚引线较长者为正极,较短者为负极)。

发光二极管的工作电流,一般为几毫安至几十毫安,正向电压多为 $1.5 \sim 2.5$ V 之间,它的质量好坏也可用万用表判别:用万用表的 R×10 K 挡(此时内电池多为 6 V 或 9 V)测其正向及反向电阻值,当正向电阻值小于 50 kΩ,反向电阻值大于 200 kΩ 时均为正常。若万用表没有 R×10 K 挡,可以用 R×100 或 R×1 K 挡再串一个 1.5 V 电池,如图1-2-6,此时,万用表笔两端的电压为 3 V,超过其正向电压值,可使发光二极管正向导通而发亮。

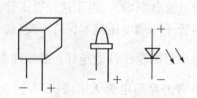

（a）方形　（b）圆形　（c）电路符号

图1-2-5　发光二极管外形及电路符号

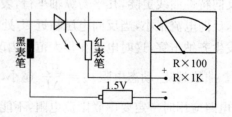

图1-2-6　用万用表检测发光二极管方法

值得注意的是,由于发光二极管属电流控制型器件,不能用电池(或电源)直接点亮,一定要在电路中串接电阻用以限流而保护发光二极管。

3. 光电二极管

光电二极管又称光敏二极管,它的功能是将光能转换为电能。它的工作原理是将光电二极管施加反向电压,当光线通过管壳上的一个玻璃窗口照射在 PN 结上时,能吸收光能且管子中的反向电流随光线照射强度增加而增加,光线越强反向电流越大。其外形、电路符号与特性曲线如图 1-2-7 所示。

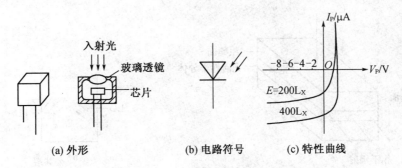

(a) 外形   (b) 电路符号   (c) 特性曲线

图 1-2-7 光电二极管

用万用表可以检测光电二极管的质量。用万用表电阻挡 R×1 K 挡,先盖住光电二极管进光面,测量反向电阻应为∞;然后在自然光照射下测量反向电阻值仅为几千欧,再将受光面朝向灯光或太阳光照射,电阻值将进一步减小,在 1 kΩ 以下。若对光照无反应则说明管子已坏。

光电二极管广泛用于受控、报警及光电传感器之中。使用时应注意的是必须施加反向电压,同时由于光电二极管的光电流较小,用于测量及控制电路时,应先进行放大和处理。

4. 变容二极管

变容二极管是利用 PN 结空间电荷区具有势垒电容效应的原理制成的特殊二极管。它的电路符号和特性曲线如图 1-2-8 所示。

变容二极管的特点是结电容与加到管子上的反向电压成反比。即在一定范围内,反向电压越低,结电容越大;反向电压越高,结电容越小,可利用这种特性作为可变电容器使用。

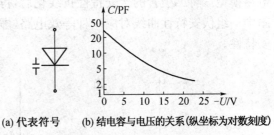

(a) 代表符号   (b) 结电容与电压的关系(纵坐标为对数刻度)

图 1-2-8 变容二极管

变容二极管采用硅或砷化镓材料制成,陶瓷或环氧树脂封装,一般长引脚为变容二极管正极,常用于电视机、收录机等调谐电路和自动频率微调电容中。如在电视机的频道选择器(高频头)中,通过变容二极管微调作用选择电视频道;在调谐电路中利用变容二极管将调制信号电压转换为频率的变化来实现调制;在压控振荡器中利用变容二极管的电容变化实现电压对振荡频率的控制。

5. 激光二极管

激光二极管是用于产生相干的单色光信号的器件,它的物理结构是在发光二极管的结间安置一层具有光活性的半导体,垂直于 PN 结的一对平行面经抛光后构成法布里-珀罗谐振腔,具有部分反射功能,其余两侧相对粗糙,用以消除主方向外其他方向的激光作用。

    激光二极管工作时发射的主要是红外线,广泛用于激光条码阅读器、激光打印机、音频光盘(CD)、视频光盘(VCD)及激光测量等设备上,具有体积小、寿命长、电压低、耗电省等优点,其电路符号如图 1-2-9 所示。从图中可看出,激光二极管由两部分组成,即激光发射部分 LD 和激光接收部分 PD。LD 和 PD 又有公共端点 b,公共端一般用管子的金属外壳相连,即激光二极管有三只脚 a、b、c,如图 1-2-10 所示。

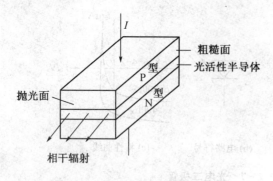 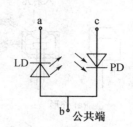

图 1-2-9   激光二极管的结构   图 1-2-10   激光二极管符号

1.3 二极管的应用

1.3.1 二极管的电路模型

    二极管是一种非线性元件,这使电路的分析和计算显得很不方便。为了简便起见,在一定条件的电路中,常用线性元件的电路模型来模拟二极管特性,这种能够模拟二极管特性的电路称为等效电路模型(简称等效电路)。根据二极管在实际工作中的不同要求,可以建立不同的电路模型。将二极管的伏安特性折线化后,得到二极管的三种等效电路,如图 1-3-1 所示。图中一组伏安特性曲线对应一种等效电路,虚线为实际的伏安特性,粗实线则表示等效后的伏安特性。

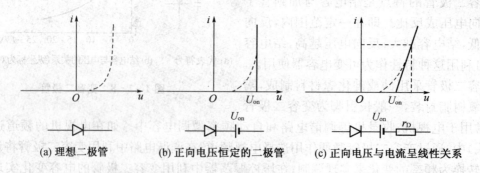

(a) 理想二极管   (b) 正向电压恒定的二极管   (c) 正向电压与电流呈线性关系

图 1-3-1   二极管伏安特性折线近似法的等效电路

1. 理想二极管等效电路

在大信号工作时主要考虑二极管的单向导电性,因而可忽略其导通电压和反向电流,将二极管作为理想二极管,其等效电路加图 1 - 3 - 1(a)所示。折线化的特性表示二极管加正向电压导通时正向电压降为零,加反向电压截止时反向电流为零,即反向截止具有理想的开关特性。理想二极管的符号用去掉中间横线的二极管符号表示。

2. 正向压降恒定的等效电路

由二极管的伏安特性曲线可知,一旦二极管导通之后电压变化范围就很小,可以认为端电压恒定,在不大的信号电压下反向电流为零,因此正向电压恒定的等效电路如图 1 - 3 - 1(b)所示。折线化的特性表明,二极管正向导通时,正向压降为一个常量 U_{on},加反向电压截止时,电流为零。因而等效电路是理想的二极管串联一个电压源组成的,即 $u = U_{on}$。

3. 导通端电压与电流呈线性关系的等效电路

在小信号情况下,为了真实地描述二极管的伏安特性,既考虑正向压降,又能反映电压与电流关系的等效电路如图 1 - 3 - 1(c)所示。折线化的特性说明. 当二极管的正向电压 u 大于导通电压 U_{on} 后,其电流 i 与 u 呈线性关系,即 $u = U_{on} + i_D r_D$。反向偏置时,电流为零,等效电路由理想二极管串联电压源 U_{on} 和电阻 r_D 组成。$r_D = \Delta U/\Delta I$ 为直流电阻,表示直流电压变化量与直流电流变化量之比,也称静态电阻。

当二极管外加大的正向直流电压与小的交流信号时,可用直流电压(或称直流工作点)上的动态电阻 r_d(也称微变电阻)来替代 r_D。动态电阻表示交流电压变化量与交流电流变化量之比,即 $r_d = \Delta u_D/\Delta i_D \mid \Delta \to 0 = du_d/di_d$。由二极管的电流方程式可得到 $r_d = 26/I_D(\Omega)$。

在实际的近似分析时,以上三个等效电路中以图 1 - 3 - 1(a)所示电路的误差最大,图 1 - 3 - 1(c)所示电路的误差最小,一般情况下多采用图 1 - 3 - 1(b)所示的电路。

1.3.2　半波整流电路

半波整流电路是一种最简单的整流电路。它由电源变压器 B、整流二极管 VD 和负载电阻 R_L 组成。变压器把市电电压(220 V)变换为所需要的交变电压 u_2,VD 再把交流电变换为脉动直流电,电路如图 1 - 3 - 2 所示。

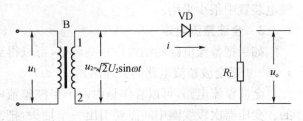

图 1 - 3 - 2　半波整流电路

变压器次级电压 u_2 是一个方向和大小都随时间变化的正弦波电压,它的波形如图 1 - 3 - 3(a)所示。在 0~π 时间内,u_2 为正半周即变压器上端为正下端为负,此时二极管承受正向电压而导通,u_2 通过它加在负载电阻 R_L 上。在 π~2π 时间内,u_2 为负半周,变压器次级下端为正上端为负,这时 VD 承受反向电压不导通,R_L 上无电压。在 2π~3π 时间内,重复 0~π 时间的过程,而在 3π~4π 时间内,又重复 π~2π 时间的过程……这样反复下去,交流电的负半周就被"削"掉了,只有正半周通过 R_L,在 R_L 上获得了一个单向(上正下负)的电压,如图 1 - 3 - 3(b)所示,达到了整流的目的。但是,负载电压 u_d 以及负载电流 i_d 的大小还随时间而变化,因此,通常称它为脉动直流。

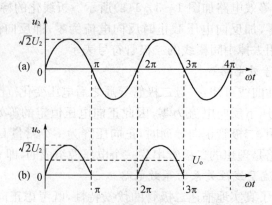

图 1-3-3　半波整流电路整流波形

这种除去半周留下半周的整流方法,叫半波整流。不难看出,半波整流是以"牺牲"一半交流电为代价而换取整流效果的。假设变压器副绕组的交流电压为 u_2,则

$$u_2 = \sqrt{2}U_2\sin\omega t$$

负载两端电压为半波脉动直流电压 u_o,其平均值为

$$U_o = 0.45U_2$$

负载中流过的电流为半波脉动直流电流 i_o,其平均值为

$$I_o = U_o/R_L = 0.45U_2/R_L$$

通过计算表明,这种方式的利用率很低。因此常用在高电压、小电流的场合,而在一般无线电装置中很少采用。

1.3.3　全波整流电路

如果把整流电路的结构作一些调整,可以得到一种能充分利用电能的全波整流电路。图 1-3-4 是全波整流电路的原理图。

全波整流电路,可以看作是由两个半波整流电路组合成的。变压器次级线圈中间需要引出一个抽头,把次级线圈分成两个对称的绕组,从而引出大小相等但极性相反的两个电压 u_{2a}、u_{2b},构成 u_{2a}、VD_1、R_L 与 u_{2b}、VD_2、R_L 两个通电回路。

全波整流电路的工作原理,如图 1-3-5 所示的波形图说明。在 $0\sim\pi$ 间内,u_{2a} 对 VD_1 为正向电压,VD_1 导通,在 R_L 上得到上正下负的电压;u_{2b} 对 VD_2 为反向电压,VD_2 不导通,如图 1-3-5(b)所示。在 $\pi\sim2\pi$ 时间内,u_{2b} 对 VD_2 为正向电压,VD_2 导通,在 R_L 上得到的仍然是上正下负的电压;u_{2a}

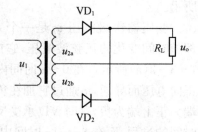

图 1-3-4　全波整流电路

对 VD_1 为反向电压,VD_1 不导通,如图 1-3-5(c)所示。如此反复,由于两个整流元件 VD_1、VD_2 轮流导电,结果负载电阻 R_L 上在正、负两个半周作用期间,都有同一方向的电流通过,如图 1-3-5(d)所示的那样,因此称为全波整流,全波整流不仅利用了正半周,而且还巧妙地利用了负半周。

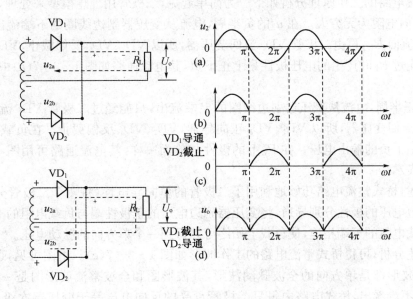

图 1-3-5 全波整流原理图

假设变压器副绕组的交流电压为 u_2，则

$$u_2 = \sqrt{2}U_2\sin\omega t$$

负载两端电压为全波脉动直流电压 u_o，其平均值为

$$U_o = 0.9U_2$$

比半波整流时大一倍，从而大大地提高了整流效率。

图 1-3-5 所示的全波整滤电路，需要的变压器有一个使两端对称的次级中心抽头，这给制作上带来很多的麻烦。另外，这种电路中每只整流二极管承受的最大反向电压，是变压器次级电压最大值的两倍，因此需用能承受较高电压的二极管。

1.3.4 桥式整流电路

桥式整流电路如图 1-3-6 所示，图中 B 为电源变压器，它的作用是将交流电网电压 u_1 变成整流电路要求的交流电压 u_2，R_L 是直流供电的负载电阻，4 只整流二极管 VD$_1$～VD$_4$ 接成电桥的形式，故有桥式整流电路之称。

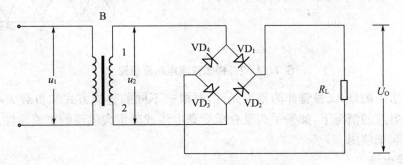

图 1-3-6 桥式整流电路

　　桥式整流电路的工作原理分析如下。为简单起见,二极管用理想模型来处理,即正向导通电阻为零,反向电阻为无穷大。在 u_2 的负半周,电流从变压器副边线圈的下端流出,只能经过二极管 VD$_2$ 流向 R_L,再由二极管 VD$_4$ 流回变压器,所以 VD$_1$、VD$_3$ 反偏截止,VD$_2$、VD$_4$ 正向导通。电流流过 R_L 时产生的电压极性是上正下负,其电流通路如图 1-3-7(a) 中虚线箭头所示。

　　在 u_2 的正半周,电流从变压器副边线圈的上端流出,只能经过二极管 VD$_1$ 流向 R_L,再由二极管 VD$_3$ 流回变压器,所以 VD$_1$、VD$_3$ 正向导通,VD$_2$、VD$_4$ 反偏截止。在负载上产生一个极性仍为上正下负的输出电压。在 R_L 上的极性与前面一样,其电流通路可用图 1-3-7(b)中虚线箭头表示。

　　综上所述,桥式整流电路巧妙地利用了二极管的单向导电性,将 4 个二极管分为两组,根据变压器副边电压的极性分别导通,将变压器副边电压的正极性端与负载电阻的上端相连,负极性端与负载电阻的下端相连,使负载上始终可以得到一个单方向的脉动电压。

　　根据上述分析,可得桥式整流电路的工作波形如图 1-3-7(c)。由图可见,通过负载 R_L 的电压 u_o 的波形都是单方向的全波脉动波形,其波形图和全波整流波形图是一样的。从图 1-3-7 中还不难看出,桥式电路中每只二极管承受的反向电压等于变压器次级电压的最大值,比全波整流电路小一半。

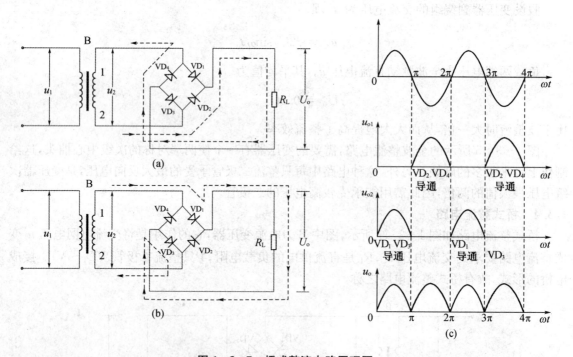

图 1-3-7　桥式整流电路原理图

　　需要特别指出的是,二极管作为整流元件,要根据不同的整流方式和负载大小加以选择。在高电压或大电流的情况下,如果手头没有承受高电压或整定大电流的整流元件,可以把二极管串联或并联起来使用。

1.3.5　滤波器电路

　　整流后得到的直流电是脉动直流电,这种直流电一般不能作为电子电路的供电电源,但可以采用滤波电路滤除其中的交流成分,从而得到较为平滑的直流电。

常用的滤波电路是使用电容、电感等电抗元件构成的。这两种元件对直流电和交流电所表现的阻抗不同,合理地使用它们构成电路,就能实现滤波的功能。常见的滤波电路有单独使用电容或电感元件的电容滤波电路或电感滤波电路,也有使用两种元件组合的复式滤波电路。

1. 电容滤波电路

图 1-3-8 所示是半波整流电容滤波电路,当分别把开关 S 接在 1、2、3 端时,构成不同的滤波器,观察到的波形有所不同,下面简单给出原因分析。

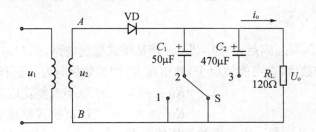

图 1-3-8 半波整流电容滤波电路

(1) 电容滤波电路工作原理。当 S 接 1 端时,没有电容的滤波作用,为半波整流输出波形。当 S 接在 2 端或 3 端时,有电容接入电路,假设开始时电容上电压为零,接通电源 u_2 的正半周从零开始逐渐增大,VD 正偏而导通,导通电流一部分对负载供电形成电流 i_o,另一部分对电容 C 充电,充电电流为 i_c,由于充电回路的时间常数很小,电容上的电压上升很快,当 u_2 达到峰值时,U_c 也几乎达到最大 $U_c = \sqrt{2}U_2$,随后 u_2 按正弦规律下降,$u_2 < U_c$ 时,VD 被反向偏置而截止;此时电容上的电压因对负载供电而放电,电压下降,由于放电回路的时间常数 $R_L C$ 较大,所以电容上的电压下降得较慢。当下一个交流电正半周 u_2 的电压值上升到与该时刻电容上电压值相等时,VD 又具备了导通条件,导通电流一部分对负载 R_L 供电,另一部分对电容充电,补充电容在前面时间放电而损失的电能。如此循环下去,负载就得到了如图 1-3-9(b)、(c) 所示的输出电压。在电容两端,也就是负载两端,即输出端得到了较为平滑的直流电。

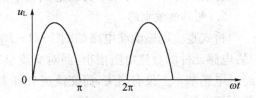

(a) 无滤波电容时输出的脉动波形

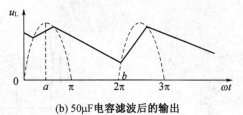

(b) 50μF电容滤波后的输出

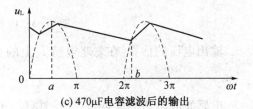

(c) 470μF电容滤波后的输出

图 1-3-9 电容滤波输出波形

(2) 输出直流电压的估算。从图 1-3-9 可以看到,电容滤波后,输出电压波形是由电容充电、放电形成的锯齿形,电压的平均值一般要大于未加电容滤波时的数值,但也容易得出,电压的数值是和充、放电的 τ 有关的($\tau = RC$)。充电时,二极管导通,R 约为二极管导通时的电阻,但很小,所以充电速度快;放电时,二极管截止,

R 为负载电阻 R_L 的值,此值较大,所以放电速度慢。同时,电容越大,τ 越大,输出电压比较高。故一般情况下按下面的经验公式对输出电压进行估计:

$$U_o = 1 \sim 1.1 U_2 \text{(半波整流电路)}$$
$$U_o = 1 \sim 1.2 U_2 \text{(桥式整流电路)}$$

(3) 整流二极管与滤波电容的选择。从图 1-3-9 中可以看到,电容滤波电路使二极管的导通时间大大变短,在导通电流平均值不变的情况下,导通电流的峰值大大增加了。所以在选择整流二极管时,应该对最大整流电流 I_F 参数留有充分的余量,以保证二极管的安全。

$$I_F > I_o$$

最高反向工作电压 U_{RM} 满足,$U_{RM} > 2U_2$。若是桥式整流电路,则 $U_{RM} > U_2$。

对滤波电容 C 的数值,在可能情况下,数值越大,滤波效果越好。选择

$$R_L C > (3 \sim 5)T \text{(半波整流电路)}$$
$$R_L C > (3 \sim 5)T/2 \text{(桥式整流电路)}$$

式中,T 为交流电的周期。电容器的耐压值为 $U_C > 2U_2$。

(4) 电容滤波电路的特点。电路结构简单,输出电压比未加电容滤波时有所提高,输出电压的脉动成分减少,可用于负载电流较小的场合。

2. 电感滤波电路

桥式整流电感滤波电路如图 1-3-10 所示,滤波元件 L 与负载 R_L 是串联的,其工作原理是:电感元件的直流电阻很小,而对交流呈现出很大的阻抗,整流后的脉动直流中的直流成分经过电感基本上没有损失,而交流成分却大部分降在电感上,这样负载 R_L 上便得到较为平滑的直流电压。

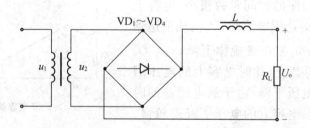

图 1-3-10　桥式整流电感滤波电路

输出电压的估算:在忽略电感 L 上的直流压降时,R_L 上的直流电压为

$$U_o = 0.9U_2$$

电感滤波电路的优点是:外特性(U 与 I 的关系)u 比较平坦,在负载电流较大的场合,脉动反而较小,故这种电路运用于电压低、负载电流较大的场合。缺点是体积大,成本高,存在电磁干扰。

3. 复式滤波电路

为了提高滤波效果,可以采用复式滤波电路。在这种电路中,电感与负载串联衰减交流成分,电容与负载并联对交流成分进行滤波,从而使负载 R_L 上得到更加平滑的直流电。图 1-3-11(a) 所示为反 L 型滤波电路,图 1-3-11(b)、(c) 所示为 π 型滤波电路,其电路结构可以看

作在电容滤波电路的基础上又加了反 L 型滤波电路。图 $1-3-11(c)$ 所示电路用在负载需要的电流较小的情况下,可实现小体积,低成本。

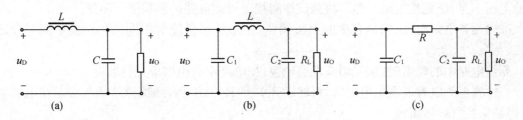

图 $1-3-11$　复式滤波电路

1.4　简易充电器检测

1.4.1　万用表的使用

1. 指针式万用表的使用

(1) MF47 万用表基本功能。

MF47 型是设计新颖的磁电系整流式便携多量程万用电表,可供测量直流电流、交直流电压、直流电阻等,具有 26 个基本量程和电平、电容、电感、晶体管直流参数等 7 个附加参考量程。

(2) 刻度盘与挡位盘。

刻度盘与挡位盘印制成红、绿、黑三色。表盘颜色分别按交流红色,晶体管绿色,其余黑色对应制成,使用时读数便捷。刻度盘共有 6 条刻度,第一条专供测电阻用;第二条供测交直流电压、直流电流之用;第三条供测晶体管放大倍数用;第四条供测量电容之用;第五条供测电感之用;第六条供测音频电平。刻度盘上装有反光镜,以消除视差。

除交直流 2 500 V 和直流 5 A 分别有单独插座之外,其余各挡只需转动一个选择开关,使用方便。

图 $1-4-1$　MF47 万用表

(3) 使用方法。

在使用前应检查指针是否指在机械零位上,如不指在零位时,可旋转表盖的调零器使指针指示在零位上。将测试棒红黑插头分别插入“＋”、“－”插座中,如测量交流直流 2 500 V 或直流 5 A 时,红插头则应分别插到标有“2 500 V”或“5 A”的插座中。

① 直流电流测量。

测量 0.05～500 mA 时,转动开关至所需电流挡,测量 5 A 时,转动开关可放在 500 mA 直流电流量限上,而后将测试棒串接于被测电路中。

② 交直流电压测量。

测量交流 10～1 000 V 或直流 0.25～1 000 V 时,转动开关至所需电压挡,测量交直流 2 500 V 时,开关应分别旋转至交流 1 000 V 或直流 1 000 V 位置上,而后将测试棒跨接于被测电路两端。

③ 直流电阻测量。

装上电池(R14 型 2♯1.5 V 及 6F22 型 9 V 各一只),转动开关至所需测量的电阻挡,将测试棒二端短接,调整零欧姆调整旋钮,使指针对准欧姆"0"位上(若不能指示欧姆零位,则说明电池电压不足,应更换电池),然后将测试棒跨接于被测电路的两端进行测量。

准确测量电阻时,应选择合适的电阻挡位,使指针尽量能够指向表刻度盘中间三分之一区域。

测量电路中的电阻时,应先切断电路电源,如电路中有电容应先行放电。

当检查电解电容器漏电电阻时,可转动开关到 R×1K 挡,测试棒红插头必须接电容器负极,黑插头接电容器正极。

④ 音频电平测量。

在一定的负荷阻抗上,用以测量放大器的增益和线路输送的损耗,测量单位以分贝表示。测量方法与交流电压基本相似,转动开关至相应的交流电压挡,并使指针有较大的偏转. 如被测电路中带有直流电压成分时,可在"+"插座中串接一个 0.1μF 的隔离电容器。

⑤ 电容测量。

转动开关至交流 10 V 位置,被测量电容串接于任一测试棒,而后跨接于 10 V 交流电压电路中进行测量。

⑥ 电感测量。

与电容测量方法相同。

⑦ 晶体管直流参数的测量。

a. 直流放大倍数 hFE 的测量。

先转动开关至晶体管调节 ADJ 位置上,将红黑测试棒短接,调节欧姆电位器,使指针对准 300 hFE 刻度线上,然后转动开关到 hFE 位置,将要测的晶体管脚分别插入晶体管测试座的 ebc 管座内,指针偏转所示数值约为晶体管的直流放大倍数值。N 型晶体管应插入 N 型管孔内,P 型晶体管应插入 P 型管孔内。

b. 二极管极性判别。

测试时选 R×10 K 挡,黑测试棒一端测得阻值小的一极为正极。

万用表在欧姆电路中,红测试棒为电池负极,黑的为电池正极。

注意:以上介绍的测试方法,一般都用 R×100 和 R×1 K 挡;如果用 R×10 K 挡,则因该挡用 15 V 的较高电压供电,可能将被测二极管的 PN 结击穿,若用 R×1 挡测量,因电流过大(约 90 mA),也可能损坏被测二极管。

2. 数字万用表的使用

9804 数字万用表该仪表是一种性能稳定、用电池驱动的高可靠性数字万用表。仪表采用 26 mm 字高 LCD 显示器、读数清晰;背光显示及过载保护功能,更加方便使用。该仪表用来测量直流电压和交流电压、直流电流和交流电流、电阻、电容、二极管、三极管、通断测试等参数。整机以双积分 A/D 转换为核心,是一台性能优越的工具仪表。

(1)操作面板说明。

① 液晶显示器。显示仪表测量的数值及单位;

② POWER 电源开关。开启及关闭电源;

③ LIGHT 背光开关。开启及关闭背光灯;

④ HOLD 保持开关。按下此功能键,仪表当前所测数值保持在液晶显示器上,再次按下,

退出保持功能状态；

⑤ hFE测试插座。用于测量晶体三极管的hFE数值大小；

⑥ 旋钮开关。用于改变测量功能及量程；

⑦ 电压、电阻、频率及温度插座，小于2A电流及温度测试插座，20A电流测试插座，公共地。

（2）使用方法。

1）直流电压测量。

① 将黑表笔插入"COM"插孔，红表笔插入V/Ω/Hz插孔；

② 将量程开关转至相应的DCV量程上，然后将测试表笔跨接在被测电路上，红表笔所接的该点电压与极性显示在屏幕上。

注意：

a. 如果事先对被测电压范围没有概念，应将量程开关转到最高挡位，然后根据显示值转至相应挡位上；

b. 未测量时小电压挡有残留数字，属正常现象不影响测试，如测量时高位显"1"，表明已超过量程范围，须将量程开关转至较高挡位上；

c. 输入电压切勿超过1 000 V，如超过，则有损坏仪表线路的危险；

d. 当测量高压电路时，注意避免触及高压电路。

2）交流电压测量。

① 将黑表笔插入"COM"插孔，红表笔插入V/Ω/Hz插孔；

② 将量程开关转至相应的ACV量程上，然后将测试表笔跨接在被测电路上；

注意：

a. 如果事先对被测电压范围没有概念，应将量程开关转到最高挡位，然后根据显示值转至相应挡位上；

b. 未测量时小电压挡有残留数字，属正常现象不影响测试，如测量时高位显"1"，表明已超过量程范围，须将量程开关转至较高挡位上；

c. 输入电压切勿超过700 V，如超过，则有损坏仪表线路的危险；

d. 当测量高压电路时，注意避免触及高压电路。

3）直流电流测量。

① 将黑表笔插入"COM"插孔，红表笔插入"mA"插孔中（最大为2 A），或红笔插入"20 A"中（最大为20 A）；

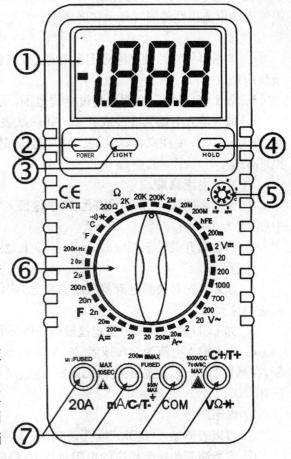

图1-4-2 9804数字万用表

② 将量程开关转至相应的 DCA 挡位上,然后将仪表串入被测电路中,被测电流值及红色表笔点的电流极性将同时显示在屏幕上。

注意:

a. 如果事先对被测电流范围没有概念,应将量程开关转到最高挡位,然后根据显示值转至相应挡位上;

b. 如 LCD 显"1",表明已超过量程范围,须将量程开关调高一挡;

c. 最大输入电流为 2 A 或者 20 A(视红表笔插入位置而定),过大的电流会将保险丝熔断,在测量 20 A 要注意,该挡位没保护,连续测量大电流将会使电路发热,影响测量精度甚至损坏仪表。

4) 交流电流测量。

① 将黑表笔插入"COM"插孔,红表笔插入"mA"插孔中(最大为 2 A),或红笔插入"20 A"中(最大为 20 A);

② 将量程开关转至相应的 ACA 挡位上,然后将仪表串入被测电路中。

注意:

a. 如果事先对被测电流范围没有概念,应将量程开关转到最高挡位,然后按显示值转至相应挡位上;

b. 如 LCD 显"1",表明已超过量程范围,须将量程开关调高一挡;

c. 最大输入电流为 2 A 或者 20 A(视红表笔插入位置而定),过大的电流会将保险丝熔断,在测量 20 A 要注意,该挡位无保护,连续测量大电流将会使电路发热,影响测量精度甚至损坏仪表。

5) 电阻测量。

① 将黑表笔插入"COM"插孔,红表笔插入 V/Ω/Hz 插孔。

② 将所测开关转至相应的电阻量程上,将两表笔跨接在被测电阻上。

注意:

a. 如果电阻值超过所选的量程值,则会显"1",这时应将开关转高一挡;当测量电阻值超过 1 MΩ 以上时,读数需几秒时间才能稳定,这在测量高电阻值时是正常的;

b. 当输入端开路时,则显示过载情形;

c. 测量在线电阻时,要确认被测电路所有电源已关断而所有电容都已完全放电时,才可进行;

d. 请勿在电阻量程输入电压。

6) 电容测量。

① 将量程开关置于相应之电容量程上,将测试电容插入"Cx"插孔;

② 将测试表笔跨接在电容两端进行测量,必要时注意极性。

注意:

a. 如被测电容超过所选量程之最大值,显示器将只显示"1",此时则应将开关转高一挡;

b. 在测试电容之前,LCD 显示可能尚有残留读数,属正常现象,它不会影响测量结果;

c. 大电容挡测严重漏电或击穿电容时,将显示一数字值且不稳定;

d. 在测试电容容量之前,电容应充分地放电,以防止损坏仪表。

7) 三极管 hFE。

① 将量程开关置于 hFE 挡；

② 决定所测晶体管为 NPN 型或 PNP 型，将发射极、基极、集电极分别插入相应插孔。

8）二极管及通断测试。

① 将黑表笔插入"COM"插孔，红表笔插入 V/Ω/Hz 插孔（注意红表笔极性为"＋"）；

② 将量程开关置 ➔➔ 挡，并将表笔连接到待测试二极管，红表笔接二极管正极，读数为二极管正向降压的近似值；

③ 将表笔连接到待测线路的两点，如果内置蜂鸣器发声，则两点之间的电阻值低于约（70±20）Ω。

9）频率测试。

① 将表笔或屏蔽电缆接入"COM"和 V/Ω/Hz 输入端；

② 将量程开关转到频率挡位上，将表笔或电缆跨接在信号源或被测负载上。

注意：

a. 输入超过 10 V 时，可以读数，但不保证准确度；

b. 在噪声环境下，测量信号时最好使用屏蔽电缆；

c. 在测量高电压电路时，千万不要触及高压电路；

d. 禁止输入超过 250 V 直流或交流峰值的电压，以免损坏仪表。

10）温度测量。

将量程开关置于℃或℉量程上，将热电偶传感器的冷端（自由端）负极（黑色插头）插入"mA"插孔中，正极（红色插头）插入 V/Ω/Hz 插孔，热电偶的工作端（测温端）置于待测物上面或内部，可直接从显示器上读取温度值，读数为摄氏度或华氏度。

注意：

a. 温度挡常规显示随机数，测温度时必须将热电偶插入温度测试孔内，为了保证测量数据的精确性，测量温度时须关闭 LIGHT 开关；

b. 本表随机所附 WRNM-010 裸露式接点热电偶极限温度为 250℃（短期内为 300℃）；

c. 请勿随意更改测温传感器，否则不能保证测量准确度；

d. 严禁在温度挡输入电压；

e. 要求测量高温时，需配用专用的测温探头。

11）数据保持。

按下保持开关，当前数据就会保持在显示器上，弹起保持取消持续显示。

12）背光显示。

按下"LIGHT"键，背光灯亮，再按一下，背光取消。

注意：

背光灯亮时，工作电流增大，会造成电池使用寿命缩短及个别功能测量时误差变大。

（3）安全事项。

① 测量电压时，请勿输入超过直流 1 000 V 或交流 700 V 有效值的极限电压；

② 36 V 以下的电压为安全电压，在测高于 36 V 直流、25 V 交流电压时，要检查表笔是否可靠接触、是否正确连接、是否绝缘良好等，以避免电击；

③ 换功能和量程时，表笔应离开测试点；

④ 选择正确的功能和量程，谨防误操作，该系列仪表虽然有全量程保护功能，但为了安全

起见,仍请您多加注意;

　　⑤ 测量电流时,请勿输入超过 20 A 的电流;

　　⑥ 安全符号说明,"⚠"存在危险电压,"⏚"接地,"▣"双绝缘,"⚠"操作者必须参阅说明书,"▱"低电压符号。

1.4.2　参数检测

　　1. 变压器的检测

　　变压器选用 EI 型,外形如图 1-4-3 所示。变压器有初级端与次级端之分,分辨降压变压器的初、次端的方法很多,常用的有两种。

图 1-4-3　变压器实物

　　第一种:用眼睛看两根引出线头,线粗的这一端次级端,线细的这一端为初级端。

　　第二种:用万用表测量,电阻小的这一端为次级端,电阻大的这一端为初级端。

　　用万用表测量变压器的两绕组的阻值分别填入表 1-4-1 中,并判断哪两根线是初级端,哪两根线是次级端。

表 1-4-1　变压器绕组阻值测量表

序号	万用表测量阻值	初级、次级判断
1		
2		

　　2. 二极管检测

　　二极管具有单向导电性,所以测量二极管的好坏,只要测量二极管的正反向电阻就可以了,一个质量合格的二极管,它的正向测量电阻与反向测量电阻的阻值应该是相差很大。

　　读者可以用万用表欧姆挡检测本电路中的 4 个 1N4001 二极管的质量。

　　用万用表欧姆挡测量二极管阻值,正向、反向各测量一次。正向测量时电阻值应该比较小,几百欧姆左右,反向测量时电阻值较大,一般是几千欧姆。两者相差很大,如果两者相近则说明此二极管存在质量问题。

　　3. 电解电容检测

　　电解电容的好坏判断主要是根据电容的充放电过程。读者可以查找相关资料进行下面电容的检测。

（1）判断电解电容正负极。

（2）用万用表欧姆挡检测电容的质量。

（3）利用电容的充放电过程来判断电容的质量。

4. 电路电压检测

电路接好之后，接通电源测量变压器输出电压是否在 15 V 左右，如果远远高于或低于此电压值说明变压器选型不对或者是变压器有问题。

通过二极管整滤波后输出的电压是 17 V 左右。整流滤波后的电压是变压器输出电压的 1.2 倍左右。

5. 故障问题分析

请读者自己分析下列原因会使得输出电压发生什么变化，输出电压值是多少，分别填入下表。

表 1-4-2　整流电路故障表

序号	故障原因	输出电压值
1	D_1、D_2、D_3、D_4 中有一个管子被烧断了，输出电压？	
2	D_1 与 D_3 或 D_2 与 D_4 两管子同时被烧断了，输出电压？	
3	D_1 与 D_2(D_4)或 D_3 与 D_4(D_2)两管子被烧断了，输出电压？	
4	电解电容 C_1 被击穿，输出电压？	
5	电解电容 C_1 漏电，输出电压有何变化？	

输出电压与输出电阻的阻值有关，所以读者在测试时一定要注意。

素质拓展 1　倍压整流和多倍压整流电路

图 1-5-1 表示一个半波二倍压整流电路，图 1-5-1(b)和图 1-5-1(c)绘出了电路的工作过程。为明了起见，假设变压器的瞬间极性如图 1-5-1(b)。此时正处在交流电压的负半周，即变压器下端电压为正，上端电压为负，二极管 VD_A 导通，近似于短路（VD_B 截止），电容器 C_1 被充电，达到变压器输出的峰值电压 $\sqrt{2}U$，充电电压的极性是左负右正。当交流电压为正半周时，二极管 VD_A 截止，VD_B 导通，并向电容 C_2 充电。加到电容器 C_2 上的电压是交流峰值电压加上电容 C_1 上存储电压，即 $2\sqrt{2}U$，如图 1-5-1(c)所示。由此可以看出这个电压也加在处于截止的二极管 VD_A 上，因此 VD_A 承受的反向峰值电压为 $\sqrt{2}U$。在交流电压的下一个负半周，二极管 VD_B 截止，VD_A 导通，此时电容 C_2 上存储电压是 $\sqrt{2}U$，所以 VD_B 承受的反相峰值电压是 $\sqrt{2}U$。对电容 C_1 的最大充电电压为 $2\sqrt{2}U$。

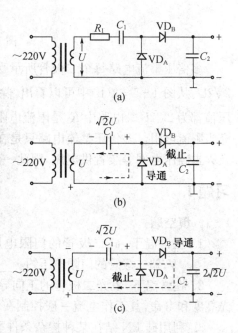

图 1-5-1　半波二倍压整流

如果将图1-5-1(a)改成图1-5-2(a)的形式，可以看出，在这个倍压电路后面再加上一级同样的倍压电路就变成四倍压电路，又加上一级变成六倍压电路，如图1-5-2(b)所示。如此级联下去，既可得到任意的倍压值。

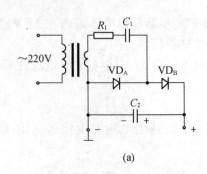

(a)

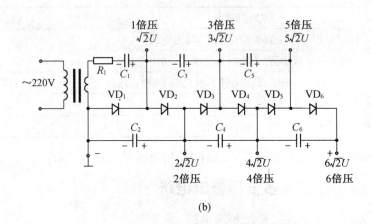

(b)

图1-5-2　多倍压整流

多倍压整流电路每个二极管所承受的最大反向峰值电压与二倍整流电路是相同的，都是$2\sqrt{2}U$。从图1-5-2(b)中可以看出，除了电容C_1所承受的电压为$\sqrt{2}U$，其余电容所承受的耐压值都为$2\sqrt{2}U$。电路中R_1是限流电阻，限制充电电流，避免烧毁二极管，可选择$R_1 = \sqrt{2}U/I$充当限流电阻。多倍压整流电路只是在负载电流很小的情况下使用，例如，为示波管、显像管及灭虫高压电网等装置供电用，因此一般对二极管只要求其耐压值，而不要求其电流值。

习题1

1-1　填空题

1. 在常温下，硅二极管的门限电压约_____V，导通后在较大电流下的正向压降约_____V；锗二极管的门限电压约_____V，导通后在较大电流下的正向压降约_____V。

2. 在常温下，发光二极管的正向导通电压约_____V；考虑发光二极管的发光亮度和寿命，其工作电流一般控制在_____mA。

3. 利用硅PN结在某种掺杂条件下反向击穿特性陡直的特点而制成的二极管，称为_____二极管。请写出这种管子四种主要参数，分别是_____、_____、_____和_____。

1-2 计算题

1. 能否将 1.5 V 的干电池以正向接法接到二极管两端？为什么？

2. 电路如题图 1-1 所示，已知 $u_i = 10\sin\omega t(\text{V})$，试画出 u_i 与 u_o 的波形。设二极管正向导通电压可忽略不计。

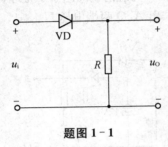

题图 1-1

3. 电路如题图 1-2 所示，已知 $u_i = 5\sin\omega t(\text{V})$，二极管导通电压 VD=0.7 V。试画出 u_i 与 u_o 的波形，并标出幅值。

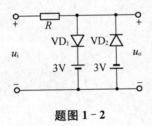

题图 1-2

4. 电路如题图 1-3 所示，其输入电压 u_{i1} 和 u_{i2} 的波形如图(b)所示，二极管导通电压 VD=0.7 V。试画出输出电压 u_o 的波形，并标出幅值。

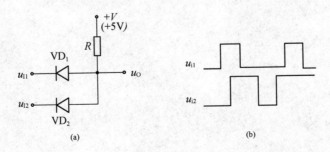

题图 1-3

5. 在题图 1-4 图所示电路中,发光二极管导通电压 $V_D = 1.5$ V,正向电流在 5～15 mA 时才能正常工作。试问:

(1) 开关 S 在什么位置时发光二极管才能发光?

(2) R 的取值范围是多少?

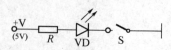

题图 1-4

6. 设在题图 1-5 中的二极管均为理想的(正向可视为短路,反向可视为开路),试判断其中的二极管是导通还是截止,并求出 A、Q 两端电压 U_{AQ}。

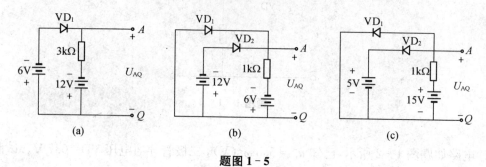

题图 1-5

项目 2　简易扩音器的分析与检测

本项目以简易扩音器为载体,通过对简易扩音器的分析与检测,了解三极管的特性,掌握三极管的检测方法,理解单管放大电路、功放电路的原理,学会示波器的使用,能对这些电路进行分析与检测,并对场效应管和晶闸管有个简单的认识。

2.1　简易扩音器的认识

简易扩音器也叫喊话器,主要作用是把声音放大。常见简易扩音器如图 2-1-1 所示,简易扩音器基本工作原理如图 2-1-2 所示:

图 2-1-1　简易扩音器

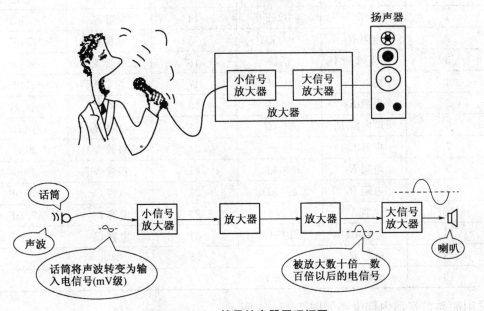

图 2-1-2　简易扩音器原理框图

简易扩音器的话筒将声音转换成电信号,简易扩音器内部电路将小信号放大后通过简易扩音器的扬声器播放出来。

从以上原理图可知,简易扩音器主要由三部分组成:简易扩音器的话筒、简易扩音器的内部电路和简易扩音器的扬声器。本项目重点学习简易扩音器的内部电路及相关知识。

简易扩音器的内部电路实物图如图 2-1-3 所示。

图 2-1-3　简易扩音器的内部电路实物图

元器件清单如表 2-1 所示。

表 2-1　简易扩音器元器件清单

序号	元器件	规格	序号	元器件	规格
1	电容 C_1	10 uF	14	电阻 R_7	47 kΩ
2	电阻 R_1	100 kΩ	15	电容 C_5	47 uF
3	麦克风 BM	话筒	16	三极管 VT_2	9015
4	电容 C_2	10 uF	17	二极管 VD	4148
5	电阻 R_2	22 kΩ	18	电阻 R_8	100 Ω
6	可调电阻 R_P	51 kΩ	19	电阻 R_9	1 kΩ
7	电容 C_3	10 uF	20	三极管 VT_3	3904
8	电阻 R_3	750 kΩ	21	三极管 VT_4	3906
9	电阻 R_4	4.7 kΩ	22	电容 C_6	470 uF
10	三极管 VT_1	9013	23	电容 C_7	470 uF
11	电容 C_4	10 uF	24	电容 C_8	470 uF
12	电阻 R_5	5.6 kΩ	25	喇叭	
13	电阻 R_6	27 kΩ			

常用简易扩音器内部电路如图 2-1-4 所示。

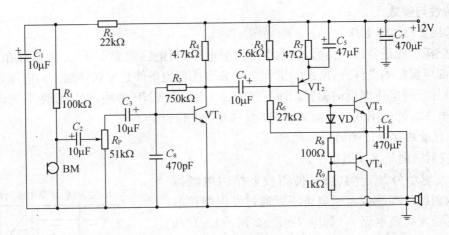

图 2-1-4　简易扩音器电路

2.2　三极管的特性与检测

2.2.1　结构与符号

半导体三极管是电子元器件中种类繁多、外形各异的一类器件。按使用材料分硅管、锗管两大类；按功率分大功率管、中功率管、小功率管；按工作频率分低频管、高频管、超高频管；按用途分放大管、开关管、低噪声管、达林顿管等；按结构分 PNP 型管和 NPN 型管等。其封装形式主要有金属封装和塑料封装。

三极管按结构不同，分为两大类型，即 NPN 型和 PNP 型，如图 2-2-1 为结构示意图用电路符号。

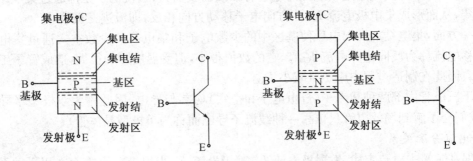

图 2-2-1　三极管的结构与符号

由图可看出，三极管分为三个区，分别称为发射区、基区和集电区。由三个区各自引出三个电极，对应地称为发射极 E、基极 B、集电极 C。有两个 PN 结，发射区与基区交界处的 PN 结称为发射结，集电区与基区交界处的 PN 结称为集电结。

为使三极管具有电流放大作用，在制造工艺中要具备以下内部条件：

① 发射区高掺杂。其掺杂浓度要远大于基区掺杂浓度，能发射足够的载流子；

② 基区做得很薄且掺杂浓度低，以减小载流子在基区的复合机会；

③ 集电结结面积比发射结大，便于收集发射区发射来的载流子及利于散热。

2.2.2　特性与参数

1. 三极管的工作电压

为使三极管能正常放大信号,让发射区发射电子,集电区收集电子,三极管除在工艺制造上满足内部应满足的条件外,所加的工作电压必须具有的条件是发射结加正向电压,即正向偏置,集电结加反向电压即反向偏置。而三极管分 NPN 和 PNP 两种,它们极性不同,工作时所加的电源电压极性也不同。下面对 NPN 型三极管进行讨论。

2. 三极管内部载流子的传输过程

(1) 发射区向基区发射电子。

由于发射结外加正向电压,使得发射结内电场减小,这时发射区的多数载流子电子不断通过发射结扩散到基区,形成发射极电流 I_E(如图 2-2-2 所示)。I_E 的方向与电子流动方向相反,即流出三极管。基区的空穴也会向发射区扩散,但基区杂质浓度很低,空穴形成的电流很小,一般忽略不计。

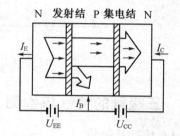

图 2-2-2　三极管载流子传输过程

(2) 电子在基区中扩散与复合。

由于基区很薄且杂质浓度低,同时集电结加的是反向电压,因此从发射区发射到基区的电子与基区内的空穴复合的机会小,只有极小部分与空穴复合,形成基极电流 I_B,且 I_B 值很小,绝大部分电子都会扩散到集电结。

(3) 集电区收集扩散的电子。

由于集电结的反向电压,使集电结电场增强,从而阻碍集电区的电子和基区的空穴通过集电结,但它对扩散来到达集电结边缘的电子有很强的吸引力,可使电子全部通过集电结为集电区所收集,从而形成集电极电流 I_C,I_C 方向电子移动方向相反,即流进三极管。

另一方面,集电结加反向电压使基区中的少数电子和集电区的少数空穴通过集电结形成反向漂移电流称为反向饱和电流 I_{CBO}。它的数值很小,但受温度影响很大,造成管子工作性能不稳定。因此在制造过程中应尽量减小 I_{CBO}。

由于三极管内部两种载流子(自由电子和空穴)均参与导电,因此称为双极型半导体器件(以后我们会了解到场效应管只依靠一种载流子导电而称为单极型晶体管)。

3. 电流分配关系

根据基尔霍夫电流定律,发射极电流 I_E、基极电流 I_B、发射极电流 I_C 存在以下关系

$$I_E = I_C + I_B。$$

由以上分析可知,I_B 值很小,因此有 $I_E \approx I_C$。这就是三极管电流分配关系。

4. 电流放大作用

为观察三极管的电流放大作用,我们接成电路如图 2-2-3 所示。通过调节电位器 R_P 改变基极电流 I_B,从而改变相应的 I_C 值。通过实验发现,当 I_B 有较小的变化会引起 I_C 较大的变化,这就是三极管的电流放大作用。

将输出电流 I_C 与输入电流 I_B 之比定义为共发射极直流电流放大系数 $\bar{\beta}$,定义式为 $\bar{\beta} = \dfrac{I_C}{I_B}$,

将输出电流相应的变化量 Δi_c 与输入电流变化量 Δi_b 之比定义为共发射极交流电流放大系数 β，定义式为 $\beta = \dfrac{\Delta i_c}{\Delta i_b}$。

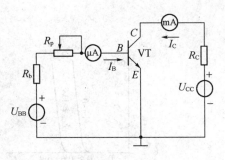

图 2-2-3　三极管电流放大测试电路

一般情况下，$\beta \approx \bar{\beta}$，可以通用，而 β 一般在几十到几百之间。这说明了微弱的基极电流可控制较大的集电极电流 I_c，同时也说明用改变基极电流的方法可控制集电极电流，因此三极管是电流控制电流器件。

综上所述，三极管在同时满足内部和外部条件时，具有电流放大作用，且电流分配关系为：$I_E = I_C + I_B \approx I_C$，$I_B \ll I_C$。

5. 输入特性曲线

输入特性是反映三极管输入回路中电流和电压之间的关系曲线，即当集电极与发射极间电压 U_{CE} 为常数时，基极电流 i_B 与发射结电压 U_{BE} 之间的关系曲线，表达式为 $i_B = f(U_{BE})|_{U_{CE}=常数}$，如图 2-2-4 所示。

从输入特性曲线可看出：

① 当 $U_{CE}=0$ 时，相当于发射极与集电极短接，此时发射结与集电结并联。输入特性与 PN 结的伏安特性相似。

② 当 $U_{CE}=1\,\text{V}$ 时，其特性曲线向右移。这是由于当 $U_{CE}=1\,\text{V}$ 时，在集电结施加了反向电压，增强了集电结内电场，使集电结吸引电子的能力增强，从发射区进入基区的电子更多地被集电结吸引过来而减少在基区与空穴复合的机会。因此对于相同的 U_{BE} 值，基极的电流 i_B 减小了，特性曲线相应向右移动。

③ 当 $U_{CE}>1\,\text{V}$ 时，其特性曲线与 $U_{CE}=1\,\text{V}$ 时的特性曲线基本重合。这是因为对于确定的 U_{CE}，当 U_{CE} 增大到 $1\,\text{V}$ 后，集电结的电场足够强，可以将发射区注入到基区的绝大部分电子都收集到集电结，这时，再增大 U_{CE}，i_B 也不会增大，即 i_B 基本不变，因此 $U_{CE}>1\,\text{V}$ 与 $U_{CE}=1\,\text{V}$ 的特性曲线基本重合。在实际中，U_{CE} 总会大于 $1\,\text{V}$，因此使用的是 $U_{CE}>1\,\text{V}$ 的那条曲线。

从三极管输入特性曲线还可看出，三极管输入特性曲线与 PN 结正向特性曲线相似，即当输入电压很小时，存在一段死区，其死区电压对硅管为 $0.5\,\text{V}$，锗管为 $0.1\,\text{V}$。只有当外加输入电压超过死区电压时，这时三极管才开始导通，正常工作时，发射结的管压降对硅管为 $0.7\,\text{V}$，锗管为 $0.3\,\text{V}$。

6. 输出特性曲线

输出特性曲线是反映三极管输出回路中电流和电压之间的关系曲线，即当基极电流 I_B 为常数时，集电极电流 i_C 与集电极、发射极间电压 U_{CE} 之间的关系曲线，表达式为 $i_C = f(U_{CE})|_{I_B=常数}$，如图 2-2-5 所示。

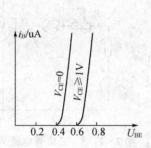

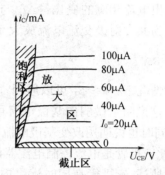

图 2-2-4 NPN 型硅管共射极输入特性曲线　　图 2-2-5 NPN 型硅管共射极输出特性曲线

从图中可看出,改变基极电流 I_B,可得到一组间隔基本均匀,比较平坦的平行直线。严格来说,由于基区宽度调制效应,特性曲线会向上倾斜。讨论输出特性曲线,一般分为三个区域,即截止区、放大区、饱和区。

① 截止区。$I_B=0$ 对应的曲线以下的区域,处于此区域时,三极管发射结处于反向偏置状态或零偏,集电结处反向偏置状态,这种情况相当于三极管内部各电极开路,在 $I_B=0$ 时有很小的集电极电流 I_C,即集电极—发射极反向饱和电流 I_{CEO} 流过,但一般忽略不计。

② 放大区。在这个区域内,发射结处正向偏置状态,集电结处反向偏置状态,此时 I_C 受 I_B 控制,即具有电流放大作用。由于 I_C 与 U_{CE} 无关,特性曲线平坦,呈现恒流特性,当 I_B 按等差变化时,输出特性是一族与横轴平行的等距离直线。

③ 饱和区。输出特性曲线上升到弯曲部分称为饱和区,此时,集电结和发射结均处于正向偏置状态,集电极电流 I_C 处于饱和状态而不受 I_B 控制,即三极管失去电流放大作用,三极管处于饱和状态时对应的管压降称为饱和压降,用 U_{CES} 表示。对于小功率硅管,其值 $U_{CES} \approx 0.3\,\text{V}$,对锗管 $U_{CES} \approx 0.1\,\text{V}$,这时管子的集电极与发射极间呈现低电阻,相当于开关闭合。

输出特性曲线三个工作区域的特性如表 2-2 所示。

讨论可知,三极管具有"开关"和"放大"两大功能,当三极管工作在饱和和截止区时,具有"开关"特性,可应用于数字电路中;当三极管工作在放大区时,具有放大作用,可应用于模拟电路中。

表 2-2 三个工作区域的特性

区域	各结偏置状态		条件 (对 NPN 管)	三极管特性	特点
	发射结	集电结			
截止区	零偏或反偏	反偏	$U_B < U_E$ $U_B < U_C$	相当于开关断开	$I_B=0$,$I_C=I_{CEO}$(穿透电流)
放大区	正偏	反偏	$U_C > U_B > U_E$	放大作用	$I_C = \beta I_B$,具恒流特性,曲线平坦
饱和区	正偏	正偏	$U_B > U_E$ $U_B > U_C$	相当于开关闭合	$U_{CE} = U_{CES}$,I_C 基本不受 I_B 控制

【例 2-2-1】测得某放大电路中三极管的三个电极 A、B、C 的对地电位分别为 $U_A = -8\,\text{V}$,$U_B = -5\,\text{V}$,$U_C = -5.3\,\text{V}$,试分析 A、B、C 端分别属何电极及三极管的类型?

解:由 $U_B = -5\,\text{V}$,$U_C = -5.3\,\text{V}$ 相差 $0.3\,\text{V}$,故必有一为基极,一为发射极,且该管为锗

管。于是 A 是集电极。由于 $U_A = -8$ V，即 U_B、U_C 均高于 U_A 则说明该管为 PNP 管，从而可判断 C 为基极，B 为发射极。

因此可判断该管为 PNP 型锗管且 A 为集电极，B 为发射极，C 为基极。

【例 2 - 2 - 2】 电路如图 2 - 2 - 6 所示。输入信号为幅值 $U_{im} = 3$ V 的方波。若 $R_b = 100$ kΩ，$R_c = 5.1$ kΩ 时，晶体管工作在何种状态?

如果将图中的 R_c 改成 3 kΩ，其余数据不变，$u_i = 3$ V 时，晶体管又工作在何种状态?

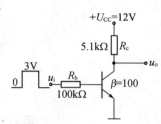

图 2 - 2 - 6 例 2 - 2 - 2 图

解： 当 $u_i = 0$ 时，$U_B = U_E = 0$。所以，$I_B = 0$，$I_C = \beta I_B \approx 0$。则 $U_C \approx U_{CC} = 12$ V，说明晶体管处于截止状态。

当 $u_i = 3$ V 时，取 $U_{BE} = 0.7$ V，则

基极电流 $I_B = \dfrac{u_i - U_{BE}}{R_b} = \dfrac{3 - 0.7}{100 \times 10^3}$ A $= 23 \mu$A；

集电极电流 $I_C = \beta I_B = 100 \times 23 \mu$A $= 2.3$ mA；

集射极电压 $U_{CE} = U_{CC} - I_C R_c = 0.27$ V；

$U_{CE} < U_{CES}$，晶体管工作在饱和状态。

当 R_c 由 5.1 kΩ 减小为 3 kΩ，其余参数不变时，$u_i = 3$ V，I_B、I_C 与前面分析相同。即 $I_B = 23 \mu$A，$I_C = 2.3$ mA。

$U_{CE} = U_{CC} - I_C R_c = 5.1$ V

由 $U_{CC} > U_{CE} > U_{CES}$，可知晶体管工作在放大状态。

7. 三极管的主要参数

表征三极管特性的参数很多，这些参数都是从不同侧面反映三极管的不同特性，也是正确使用和合理选择器件和进行电路设计时的重要依据。

(1) 电流放大系数——反映三极管放大能力的强弱。

一般讨论的是共射极接法的电流放大系数。根据工作状态的不同，分直流和交流两种。

① 共发射极直流电流放大系数 $\bar{\beta}$(hFE)指在没有交流信号输入时，共发射极电路输出的集电极直流电流与基极输入的直流电流之比，即 $\bar{\beta} = \dfrac{I_C}{I_B}$。

② 共发射极交流电流放大系数 β(hFE)指共发射极电路集电极电流的变化量与基极电流的变化量之比，即 $\beta = \dfrac{\Delta i_c}{\Delta i_b}$。

当三极管工作在放大区小信号状态时，$\beta \approx \bar{\beta}$，因此以后不再区分 β 和 $\bar{\beta}$，一律用 β 表示。

电流放大系数是三极管一个重要的参数。在制造过程中，离散性较大，为便于选择三极管，金属封装的三极管采用色点来表示 β 的大小，而塑料封装的三极管一般在型号后加英文字母表示 β 值。

(2) 极间反向电流。

① 集电极—基极反向饱和电流 I_{CBO} 指发射极开路，在集电极与基极之间加上一定的反向电压时所产生的反向电流，如图 2 - 2 - 7 所示，实际上它就是集电结的反向饱和电流，即少子的漂移电流，温度一定时，I_{CBO} 是一个常量。温度升高，I_{CBO} 将增大，它是造成三极管工作不稳定的主要因素。

② 集电极-发射极反向饱和电流 I_{CEO} 指基极开路,集电极与发射极之间加一定反向电压时的反向电流,该电流穿过两个反向串联的 PN 结,故称穿透电流。它的测量电路如图 2-2-8 所示。它与 I_{CBO} 存在这种关系:

$$I_{CEO} = (1 + \beta)I_{CBO}$$

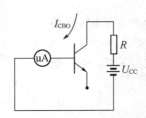
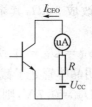

图 2-2-7　I_{CBO} 的测量　　　　**图 2-2-8　I_{CEO} 的测量**

该式说明 I_{CEO} 比 I_{CBO} 要大得多,即测量起来容易些,因此一般用 I_{CEO} 来衡量三极管热稳定性的好坏。

选用三极管时,一般希望反向电流越小越好,而在相同的环境温度下,硅管的反向电流比锗管小得多,因此,目前使用的三极管大多采用的是硅管。

(3) 极限参数。

① 集电极最大允许电流 I_{CM}。三极管正常工作时 β 值基本不变,但当 I_C 很大时,β 值会逐渐下降。一般规定,在 β 下降到额定值的 2/3(或 1/2)时所对应的集电极电流即为 I_{CM},当 $I_C > I_{CM}$ 时,虽然不一定会损坏管子,但 β 值明显下降,因此在应用中,I_C 不允许超过 I_{CM}。

② 集电极最大允许耗散功率 P_{CM}。是指三极管集电结受热而引起其参数的变化,在不超过所规定的允许值时,集电极消耗的最大功率,即 $P_{CM} = I_C \cdot U_{CE}$,超过此值会使集电结温度升高,三极管过热而烧毁。因此 P_{CM} 值决定于三极管的结温,而硅管的最高结温为 150℃,锗管的最高结温为 90℃,超过此结温时,管子特性会明显变坏,直至热击穿而烧毁。对于大功率管,为提高 P_{CM},要加装规定尺寸的散热装置。

③ 极间反向击穿电压。晶体管的某电极开路时,另外两电极间所允许加的最高反向电压称为极间反向击穿电压,这种击穿电压不仅与管子本身的特性有关,而且与外部电路的接法有关。主要包括以下几种:

a. $U_{(BR)EBO}$ 指集电极开路时发射极与基极之间的反向击穿电压,实际上就是发射结所允许加的最高反向电压,一般只有几伏甚至低于 1 V。

b. $U_{(BR)CBO}$ 指发射极开路时集电极与基极之间的反向击穿电压,实际上就是集电结所允许加的最高反向电压,其数值较大。

c. $U_{(BR)CEO}$ 指基极开路时集电极与发射极之间的反向击穿电压,一般取 $U_{(BR)CBO}$ 的一半左右比较安全。

为保证三极管能可靠地工作,由极限参数 I_{CM}、$U_{(BR)CEO}$ 及 P_{CM} 可列出三极管的安全工作区如图 2-2-9 所示。

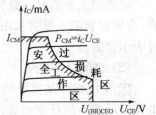

图 2-2-9　三极管的安全工作区

(4) 频率参数是反映三极管电流放大能力与工作频率关系的参数,用于表达三极管的频率适用范围。

① 共发射极截止频率 f_β。三极管 β 值是频率的函数,在中

频段时 $\beta=\beta_0$，几乎与频率无关，但随着频率升高，β 值下降，当 β 值下降到中频段 β_0 的 $1/\sqrt{2}$ 倍时，所对应的频率称为共发射极截止频率 f_β。

② 特征频率 f_T：当三极管 β 值下降到 $\beta=1$ 时所对应的频率称为特征频率。当工作频率 $f>f_T$ 时，三极管就失去了放大作用。

2.2.3 三极管检测

本部分内容主要介绍使用万用表对三极管进行简单的测试，如需精确测量，需使用专门的测试仪器(如晶体管参数测试仪、晶体管特性图示仪等)。

1. 使用指针式万用表对三极管进行简单检测

(1) 三极管管脚极性的判别。

对三极管首先要判断是 NPN 管还是 PNP 型管，然后区别管脚的排列。

将万用表置于电阻 R×100 或 R×1 K 挡，先任意假设三极管的一脚为基极，将红表笔接假定"基极"，黑表笔分别去接触另外两个管脚，如果两次测得的电阻值都很小，则红表笔所接触的管脚为基极，且该管为 PNP 型三极管；如果两次测得的电阻值都很大，则红表笔接触的管脚也为基极，该管为 NPN 型三极管；如果两次测量阻值相差很大，则说明假设"基极"不是实际的基极，可另假定其余管脚为"基极"，重复上述测量步骤，直到满足上述条件，这样可判断出管子类型与基极。

然后判定集电极和发射极，若确定三极管型为 PNP 型和基极 B 后，在剩下的两个管脚中先假设一个脚为集电极，另一个脚为发射极，将红表笔接集电极，黑表笔接发射极，并在基极和集电极之间接一个电阻(也可用手握住基极和集电极，但两个管脚不能接触，这样用手指代替电阻)，观察万用表指针的偏转位置，然后对调红黑表笔再测一次，观察指针偏转并读数，两次测量中指针偏转大(即电阻值小)的那次假设是正确的。若为 NPN 型管，先假设集电极和发射极，将黑表笔接集电极，红表笔接发射极，操作和判断的方法与 PNP 型管的方法一样。

(2) 估测穿透电流 I_{CEO}。

对 NPN 型管，将红表笔与发射极接触，黑表笔与集电极接触，这时对锗管测出的阻值在几十千欧姆以上，硅管测出在几百千欧姆以上时，表示 I_{CEO} 不太大。如果测出的阻值小且指针缓慢地向低阻区移动，说明 I_{CEO} 大且稳定性差，若阻值接近于零说明三极管已被击穿损坏，如果阻值为无穷大，则说明内部已开路。

2. 使用数字万用表对三极管进行简单检测

将万用表置于三极管挡，先任意假设三极管的一脚为基极，将红表笔接假定"基极"，黑表笔分别去接触另外两个管脚，如果两次测得的导通电压值都很小，则红表笔所接触的管脚为基极，且该管为 NPN 型三极管；如果两次测得的导通电压值都很大，则红表笔接触的管脚也为基极，该管为 PNP 型三极管；如果两次测量导通电压值相差很大，则说明假设"基极"不是实际的基极，可另假定其余管脚为"基极"，重复上述测量步骤，直到满足上述条件，这样可判断出管子类型与基极。

在确定了三极管的基极和管型后，将万用表置于 hFE 挡，将三极管的基极按照基极的位置和管型插入到 hFE 值测量孔中，其他两个引脚插入到余下的三个测量孔中的任意两个，观察显示屏上数据的大小，找出三极管的集电极和发射极，交换位置后再测量一下，观察显示屏数值的大小，反复测量四次，对比观察。以所测的数值最大的一次为准，就是三极管的电流放大系数值，相对应插孔的电极即是三极管的集电极和发射极。

2.3　单管放大电路的分析与检测

2.3.1　基本放大电路分析

放大电路有三种基本组态。下面以应用最多的共射电路为例,介绍放大电路的组成、各元件的作用及电路的习惯画法。

1. 共射放大电路的组成

图2-3-1(a)是共射接法的基本放大电路,整个电路分为输入回路和输出回路两部分。AO 端为放大电路的输入端,用来接收待放大的信号。BO 端为输出端,用来输出放大后的信号。图中"⊥"表示公共端,也称为"地",并非真正接大地,而是表示接机壳或接底板。必须指出,"⊥"表示电路中的参考零电位,电路中的其他各点电位都是相对"⊥"而言。为了分析方便,通常规定:电压的正方向是以公共端为负端,其他各点为正端。图中标出的"+"、"−"分别表示各电压的参考极性,电流的参考方向如图中的箭头所示。

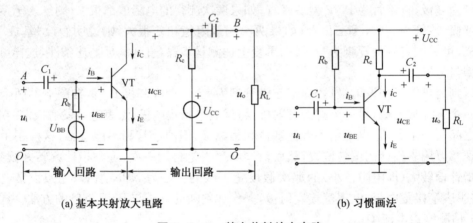

(a) 基本共射放大电路　　　　　　　　　　　(b) 习惯画法

图2-3-1　基本共射放大电路

2. 放大电路中各元件的作用

(1) 三极管 VT。

图中采用的是 NPN 型硅管,具有电流放大作用,是放大电路中的核心元件。

(2) 集电极直流电源 U_{CC}。

U_{CC} 的正极通过 R_c 接三极管的集电极,负极接三极管的发射极。其作用是使发射结获得正向偏置,集电结获得反向偏置,为三极管创造放大条件。U_{CC} 一般为几伏到几十伏。

(3) 基极直流电源 U_{BB}。

U_{BB} 的作用是使发射结处于正向偏置,提供基极偏置电流。

(4) 集电极负载电阻 R_c。

R_c 又称集电极电阻,它的作用主要是将集电极电流的变化转换成电压的变化,以实现电压放大功能。另一方面,电源 U_{CC} 可通过 R_c 加到三极管上,使三极管获得正常的工作电压,所以 R_c 也起直流负载的作用。R_c 的阻值一般为几千欧到几十千欧。

(5) 基极偏置电阻 R_b。

R_b 又称偏置电阻,它的作用是向三极管的基极提供合适的偏置电流,并使发射结获得必需的正向偏置电压。改变 R_b 的大小可使三极管获得合适的静态工作点,R_b 的阻值一般取几十千欧到几百千欧。

(6) 耦合电容 C_1 和 C_2。

C_1 和 C_2 又称隔直电容。它们分别接在放大电路的输入端和输出端。一方面它们起着隔离直流的作用,即 C_1 用来隔断放大电路与信号源之间的直流通路,C_2 用来隔断放大电路与负载之间的直流通路。另一方面又起着交流耦合作用,保证交流信号畅通无阻地通过放大电路,沟通信号源、放大电路和负载三者之间的联系,即概括为"隔离直流,传递交流"。因此,电容量一般较大,通常为几微法到几十微法,一般用电解电容,连接时电容的正极接高电位,负极接低电位。

(7) 负载电阻 R_L。

R_L 是放大电路的外接负载,它可以是耳机、扬声器或其他执行机构,也可以是后级放大电路的输入电阻。

3. 电路的习惯画法

在实际电路中,基极回路不必使用单独的电源,而是通过基极偏置电阻 R_b 直接取自集电极电源来获得基极直流电压,使电路变得较为简单。如图 2-3-1(b)所示,U_{CC} 和 U_{BB} 全用一个电源 U_{CC} 代替。此外,在画电路图时,往往省略电源的图形符号,而用其电位的极性和数值来表示。如 $+U_{CC}$ 表示该点接电源的正极,而参考零电位(用符号"⊥"表示)接电源的负极。这样就得到了图 2-3-1(b)所示的习惯画法。

4. 电路中电流、电压的符号规定

从前面的分析可知,放大电路中既含有直流又含有交流,是交直流共存的电路。直流(又称偏置)为放大建立条件;交流是需要放大的信号。为了便于讨论,对电路中电流、电压的符号统一规定如表 2-3 中。

表 2-3　放大电路中的电流、电压符号

名　称	总电流或总电压	直流量(静态值)	交流量		基本关系式
			瞬时值	有效值	
基极电流	i_B	I_B	i_b	I_b	$i_B = I_B + i_b$
集电极电流	i_C	I_C	i_c	I_c	$t_C = I_c + i_c$
基—射电压	u_{BE}	U_{BE}	u_{be}	U_{be}	$u_{BE} = U_{BE} + u_{be}$
集—射电压	u_{CE}	U_{CE}	u_{ce}	U_{ce}	$u_{CE} = U_{CE} + u_{ce}$

5. 电路中电流、电压的波形

在图 2-3-1(b)中,当无信号输入时,电路中只存在直流电流和直流电压,此时放大电路的工作状态称之为静态。

当交流信号电压 u_i 通过耦合电容 C_1 加到放大电路的基极和发射极之间时,即在基极直流电压 U_{BE} 的基础上叠加了一个交流电压 u_i,使得基极—发射极之间总电压变为 $u_{BE} = U_{BE} + u_i$。

由于 $i_c = \beta i_b$,所以 i_c 随 i_b 变化,i_b 对 i_c 进行控制,因此有

$$i_C = \beta i_B = \beta(I_B + i_b) = \beta I_B + \beta i_b = I_C + i_c$$

可见,集电极总电流 i_C 也是静态的集电极电流 I_C 和交变的信号电流 i_c 的叠加。

同样,集电极总电压也是由静态电压 U_{CE} 和交流电压 u_{ce} 叠加而成。由电压关系式 $u_{CE} =$

$U_{CC} - i_C R_C$ 可知,当 i_C 增大时,u_{CE} 反而减小;当 i_C 减小时,u_{CE} 反而增大,所以 u_{CE} 的波形是在直流 U_{CE} 上叠加了一个与 i_C 变化方向相反的交流电压 u_{ce}。

由以上分析可知:

(1) 放大电路工作在动态时,u_{BE}、i_B、u_{CE} 和 i_C 都是由直流分量和交流分量组成,其波形也是由两种分量合成的结果;

(2) 在共发射极电路中,输入信号电压 u_i、基极信号电流 i_b 和集电极信号电流 i_c 相位相同,而输出电压 u_o 与输入信号 u_i 相位相反,这在放大电路中称之为"反相";

(3) 如果参数选择恰当,u_o 的幅值就远大于 u_i 的幅值,即将直流电能转化为交流电能输出,这就是通常所说的放大作用。电路中各极电流、电压的波形如图 2-3-2 所示。

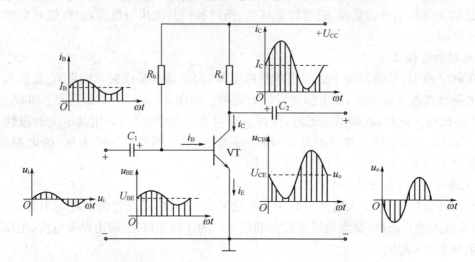

图 2-3-2　共射放大电路中的电压、电流波形

6. 放大电路中的直流通路与交流通路

(1) 直流通路。

直流通路是指放大电路中直流电流通过的路径。计算放大电路的静态工作点(如 I_{BQ}、I_{CQ}、U_{CEQ} 等)时用直流通路,画直流通路时,电容视为开路,电感视为短路,其他不变。如图 2-3-3(b)所示。

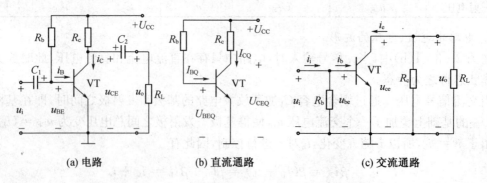

(a) 电路　　　　　　　(b) 直流通路　　　　　　　(c) 交流通路

图 2-3-3　基本共射放大电路的交、直流通路

（2）交流通路。

交流通路是指放大电路中交流电流通过的路径。计算放大电路的放大倍数、输入电阻、输出电阻时用交流通路。由于容抗小的电容以及内阻小的直流电源，其交流压降很小，可以看作短路，因此其交流通路如图 2 - 3 - 3(c)所示。

如果已经给定了三极管的有关参数和特性曲线，以及电路中元件和电源电压等数值，就可根据放大电路的直流通路和交流通路来分析放大电路。常用的分析方法有图解分析法和微变等效电路分析法。

8. 静态工作情况分析

静态工作情况分析是指求出三极管的静态电流（I_{BQ}、I_{CQ}）和静态电压（U_{BEQ}、U_{CEQ}）的值（Q 表示在三极管特性曲线上静态电流、电压值所对应的点，即静态工作点）。由于发射结导通直流压降 U_{BEQ} 在估算时可以认为是定值（硅管约 0.7 V，锗管约 0.3 V），因此 I_{BQ} 可通过直流通路的基极回路估算得到。

9. 动态工作情况分析

当放大电路加上输入信号后，电路中的电压、电流均在静态值的基础上作相应的变化，通常把放大电路有输入信号时的工作状态称之为动态。

10. 静态工作点与波形失真的关系

波形失真是指输出波形不能很好地重现输入波形的形状，即输出波形相对于输入波形发生了变形。对一个放大电路来说，要求输出波形的失真尽可能小。但是，当静态工作点位置选择不当时，将出现严重的非线性失真。设正常情况下静态工作点位于 Q 点，则可以得到失真很小的 i_C 和 u_{CE} 波形，如果静态工作点的位置定得太低或太高，这都将使输出波形产生严重失真。

当 Q 点位置选得太高，接近饱和区时，见图 2 - 3 - 4 中的 Q_1 点，这时尽管 i_B 的波形完好，但 i_C 的正半周和 u_{CE} 的负半周都出现了畸变，这种由于动态工作点进入饱和区而引起的失真，称为"饱和"失真。

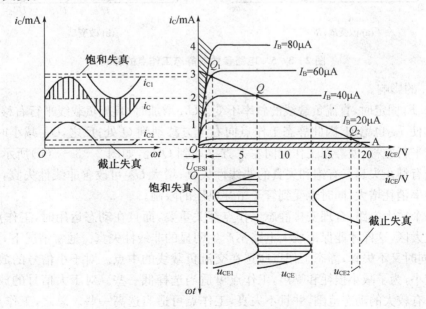

图 2 - 3 - 4 静态工作点与波形失真的关系

当 Q 点位置选得太低，接近截止区时，见图 $2-3-4$ 中的 Q_2 点，这时由于在输入信号的负半周，动态工作点进入管子的截止区，使 i_C 的负半周和 u_{CE} 的正半周波形产生畸变，这种因工作点进入截止区而产生的失真称为"截止"失真。

饱和失真和截止失真都是由于三极管工作在特性曲线的非线性区域所引起的，因此都叫做非线性失真。

11. 电路参数对静态工作点的影响

(1) R_b 的影响。

当 U_{CC}、R_c 不变时，输出回路直流负载线不变。这时增大 R_b，I_{BQ} 将减小，静态工作点沿直流负载线下移，由 Q 点移向 Q_1 点，见图 $2-3-5(a)$。反之，减小 R_b，I_{BQ} 将增大，静态工作点沿直流负载线上移，由 Q 点移向 Q_2 点。可见，调节 R_b 能改变 I_{BQ}、I_{CQ} 和 U_{CEQ} 的大小，亦即改变静态工作点的位置。这是最常用的调整静态工作点的方法。

(2) R_c 的影响。

当 U_{CC}、R_b 不变时，I_{BQ} 也不变。改变 R_c 即改变了直流负载线的斜率，静态工作点也将随之改变。R_c 增加，直流负载线变得平坦，静态工作点由 Q 点移向 Q_3 点；反之，当 R_c 减小时，直流负载线变陡，静态工作点移向 Q_4 点，如图 $2-3-5(a)$ 所示。R_c 太大，Q_3 点左移太多，U_{CEQ} 减小，易引起饱和失真；R_c 太小，交流负载电阻减小，交流负载线变陡，使输出电压幅度随之减小。

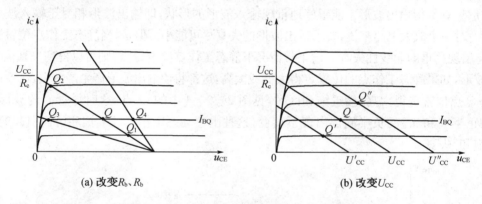

(a) 改变R_b、R_b　　　　(b) 改变U_{CC}

图 $2-3-5$　电路参数对静态工作点的影响

(3) U_{CC} 的影响。

当 R_c 和 R_b 固定时，直流负载线的斜率不变。U_{CC} 增加时，直流负载线平行右移，因为 R_b 不变，U_{CC} 增加使 I_{BQ} 也增加，因此静态工作点向右上方移动到 Q'' 处；反之，U_{CC} 减小时，I_{BQ} 减小，直流负载线平行左移，使静态工作点向左下方移动到 Q' 处，如图 $2-3-5(b)$ 所示。减小 U_{CC} 容易造成既有截止失真又有饱和失真的非线性失真；增大 U_{CC} 可改善非线性失真，但 U_{CC} 增大会使电路功率消耗增大，同时也受到管子击穿电压的限制。

对于一个放大电路，合理安排静态工作点至关重要，而且在动态运用时，工作点的移动还不能超出放大区，这样才能保证放大电路不产生明显的非线性失真。通常情况下，为了使输出幅值较大，同时又不失真，静态工作点应选在交流负载线的中点。对于小信号的放大电路，失真可能性较小，为了减小损耗和噪声，工作点可适当选择低一些。对于大信号的放大电路，为了保证输出有较大的动态范围，并且不失真，工作点可适当选高一些。总之，工作点的选择应该视具体情况而定。

12. 微变等效电路分析法

(1) 静态工作点的估算。

静态值可以通过直流通路求得。由图 2-3-3(b)可知

$$I_{BQ} = \frac{U_{CC} - U_{BEQ}}{R_b} \approx \frac{U_{cc}}{R_b} \tag{2-1}$$

$$I_{CQ} \approx \beta I_{BQ} \tag{2-2}$$

$$U_{CEQ} = U_{CC} - I_{CQ}R_c \tag{2-3}$$

式中各量的下标 Q 表示它们是静态值。三极管的 U_{BEQ} 很小,对于硅管取 0.7 V,对锗管取 0.3 V,与电源 U_{CC} 相比可忽略不计。

(2) 微变等效电路与动态分析。

① 三极管的简化微变等效电路。

由于放大电路中含有非线性元件——三极管,通常不能用计算线性电路的方法来计算含有非线性元件的放大电路。但是,当输入、输出都是小信号时,信号只是在静态工作点附近的小范围内变动,三极管的特性曲线可以近似地看成是线性的,此时,三极管可以用一个等效的线性电路来代替,这样就可以用计算线性电路的方法来分析放大电路了。

a. 三极管输入回路等效电路。

当输入信号较小时,三极管 B、E 间就相当于一个线性电阻 r_{be},如图 2-3-6 所示。结合输入特性曲线,则三极管的输入电阻可定义为 $r_{be} = \frac{\Delta U_{BE}}{\Delta I_B} = \frac{u_{be}}{i_b}$。

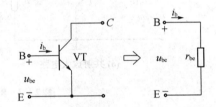

图 2-3-6 三极管的输入等效电路

r_{be}(手册中通常用 h_{ie} 表示)叫三极管的输入电阻。它是从三极管的输入端(B、E 端)看进去的交流等效电阻,显然 r_{be} 的大小与静态工作点的位置有关,通常 r_{be} 的值在几百欧到几千欧之间,对于小功率管,当 $I_E = 1 \sim 2$ mA 时,r_{be} 为 1 kΩ 左右。在 0.1 mA $<$ $I_E <$ 5 mA 范围内,工程上常用下式来估算

$$r_{be} = r'_{bb} + (1+\beta)\frac{26 \text{ mV}}{I_E \text{ mA}} = r'_{bb} + \frac{26 \text{ mV}}{I_B \text{ mA}} \tag{2-4}$$

式中 r'_{bb} 叫三极管的基区体电阻,对于低频小功率管,通常取 300 Ω 为估算值。

b. 三极管输出回路的等效电路。

三极管在输入信号电流 i_b 作用下,相应地产生输出信号电流 i_c,并且有 $i_c = \beta i_b$,即集电极电流只受基极电流控制。因此,从输出端 C、E 间看三极管是一个受控电流源,由于三极管的输出电阻 r_{ce} 极大(输出恒流特性),所以在画微变等效电路时并不画出。

为此,可画出三极管的简化微变等效电路如图 2-3-7(b)所示。

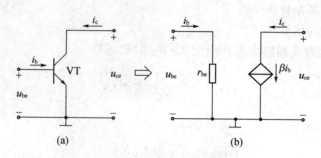

图 2-3-7　三极管的微变等效电路

② 动态分析。

a. 共射放大电路的简化微变等效电路。

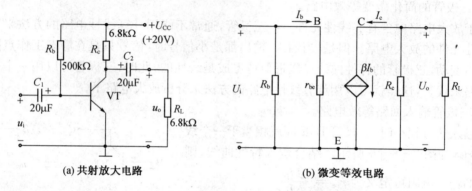

（a）共射放大电路　　　　　　　（b）微变等效电路

图 2-3-8　共射放大电路的微变等效电路

　　共射放大电路以图 2-3-8(a) 进行分析，先画出共射放大电路的交流通路，再用三极管的微变等效电路去替换交流通路中的三极管，即为简化微变等效电路。由于放大电路的输入信号是采用正弦波信号，因此图中的各量均应用向量表示。为了表示的方便，这里正弦交流量均以有效值表示，如图 2-3-8(b) 所示。

b. 电压放大倍数 A_u。

　　A_u 定义为放大电路输出电压 U_o 与输入电压 U_i 之比，是衡量放大电路电压放大能力的指标，即

$$A_u = \frac{U_o}{U_i} \tag{2-5}$$

　　由图 2-3-8(b) 可知，$U_i = I_b r_{be}$，$I_c = \beta I_b$，放大电路的交流负载 $R'_L = R_c \, // \, R_L$，按照图中所标注的电流和电压正方向有 $U_o = -I_C R'_L = -\beta I_b R'_L$，所以

$$A_u = \frac{U_o}{U_i} = -\frac{I_c R'_L}{I_b r_{be}} = -\beta \frac{R'_L}{r_{be}} \tag{2-6}$$

A_u 为负值，表示输出电压与输入电压的相位相反。

　　如果放大电路不带负载，则电压放大倍数

$$A_u = -\beta \frac{R_c}{r_{be}} \tag{2-7}$$

由于 $R'_L = R_c /\!/ R_L$，其值比 R_c 小，所以不接负载时放大倍数 A_u 较大，接上负载时放大倍数 A_u 下降。

c. 放大电路的输入电阻 R_i。

放大电路的输入电阻 R_i 是从其输入端看进去的等效电阻，如图 2-3-9(a) 所示。如果把一个内阻为 R_s 的信号源 u_S 加到放大电路的输入端时，放大电路的输入电阻 R_i 就相当于信号源的负载电阻，由图可知

$$R_i = \frac{U_i}{I_i} \tag{2-8}$$

R_i 的大小反映了放大电路对信号源的影响程度，R_i 愈大，放大电路从信号源吸取的电流愈小，即对信号源的影响愈小。特别是测量仪器中用的前置放大器，输入电阻愈高，其测量精度愈高。

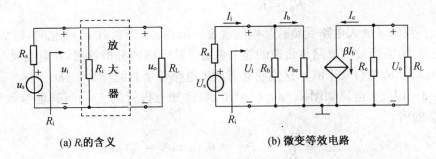

(a) R_i 的含义   (b) 微变等效电路

图 2-3-9 基本共射电路的输入电阻

由图 2-3-9(b) 可求得放大电路的输入电阻

$$R_i = R_b /\!/ r_{be} \tag{2-9}$$

在共射极放大电路中，通常 $R_b \gg r_{be}$，因此有

$$R_i \approx r_{be} \tag{2-10}$$

d. 放大电路的输出电阻 R_o。

从前面分析可知，放大电路接上负载 R_L 以后，输出电压 u_o 下降，所以从放大电路的输出端（不包括负载电阻 R_L）看进去，放大电路相当于一个具有等效电阻 R_o 和等效电动势为 u'_o 的电压源，如图 2-3-10(a) 所示。这个等效电源的内阻 R_o 就是放大电路的输出电阻。

求输出电阻的常用方法是，先将图 2-3-10(a) 输入端信号源 u_S 短接，并保留信号源内阻 R_s，再将输出端的负载 R_L 拿掉，然后在输出端加入探察电压 U_P，在 U_P 的作用下，输出端将产生一相应的探察电流 I_P，则输出电阻为

$$R_o = \frac{U_P}{I_P} \tag{2-11}$$

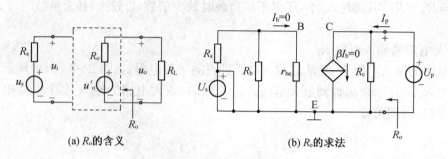

(a) R_o 的含义　　　　　　　　　　　(b) R_o 的求法

图 2 - 3 - 10　放大电路的输出电阻

按照求 R_o 的分析方法,可画出求 R_o 的等效电路如图 2 - 3 - 10(b)所示。在该电路中,当 $U_s = 0$ 时, $I_b = 0$, $I_c = 0$(电流源开路),由 $U_P = I_P R_o$ 可知

$$R_o = R_c \tag{2-12}$$

R_o 的大小反映了放大电路受负载影响的程度。R_o 愈小,当负载 R_L 变化时,放大电路输出电压变化也愈小,因而放大电路带负载的能力愈强。从上面的分析看出,共射放大电路的输出电阻并不小($R_o = R_c$ 约有几千欧),这说明共射放大电路带负载的能力不强。

【例 2 - 3 - 1】放大电路如图 2 - 3 - 8(a)所示,已知三极管的 $\beta = 45$,其他参数见图,试求 A_u、R_i 和 R_o 的值。

解:

$$I_{BQ} \approx \frac{U_{CC}}{R_b} = \frac{20}{500} = 0.04 \text{ mA} = 40 \ \mu\text{A}$$

$$r_{be} = 300 + \frac{26}{I_{BQ}} = 300 + \frac{26}{0.04} = 950 \ \Omega \approx 1 \text{ k}\Omega$$

$$A_u = -\beta \frac{R'_L}{r_{be}} = -45 \times \frac{6.8 /\!/ 6.8}{1} = -153$$

$$R_i = R_b /\!/ r_{be} \approx 1 \text{ k}\Omega$$

$$R_o = R_c = 6.8 \text{ k}\Omega$$

2.3.2　静态工作点稳定电路分析

1. 温度变化对静态工作点的影响

为了使放大电路能对输入信号进行不失真的放大,必须给放大电路设置合适的静态工作点。但是,理论和实践都证明,即使设置了合适的静态工作点,由于周围环境温度的变化、电源电压的波动和更换不同 β 值的三极管等,都可能引起静态工作点的变化,特别是温度的变化对静态工作点影响最大。当温度变化时,三极管的电流放大系数 β、集电结反向饱和电流 I_{CBO}、穿透电流 I_{CEO} 以及发射结压降 U_{BE} 等都会随之发生改变,从而使静态工作点发生变动。例如,当温度升高时,三极管的 U_{BE} 降低、而 β、I_{CBO}、和 I_{CEO} 增大,输出特性曲线上移,如图 2 - 3 - 11 所示,对于同样的 I_{BQ}(如 40 μA)在温度由 25℃ 上升至 75℃ 时,输出特性曲线上移(见图中虚线),静态工作点由 Q 点移至 Q' 点,严重时,将使三极管进入饱和区而失去放大能力;又如,当更换 β 值不相同的管子时,由于 I_{BQ} 固定,则 I_{CQ} 会随 β 的改变而改变。

为了使放大电路能减少温度的影响,通常采用改变偏置的方式或者利用热敏器件补偿等办法来稳定静态工作点,下面介绍三种常用的稳定静态工作点的偏置电路。

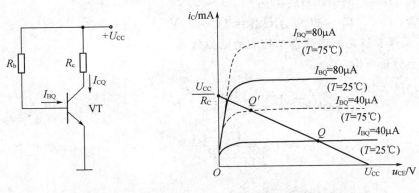

(a) 固定偏置电路　　　　　(b) 温度对静态工作点的影响

图 2-3-11　固定偏置电路中温度对静态工作点的影响

2. 分压式偏置稳定电路及其特点

分压式偏置稳定电路如图 2-3-12 所示,该电路具有如下特点:

(1) 利用基极偏置电阻 R_{b1} 和 R_{b2} 分压来稳定基极电位。设流过电阻 R_{b1} 和 R_{b2} 的电流分别为 I_1 和 I_2,并且 $I_1 = I_2 + I_{BQ}$,一般 I_{BQ} 很小,$I_2 \gg I_{BQ}$,所以近似认为 $I_1 \approx I_2$。这样,基极电位 U_B 就完全取决 R_{b2} 上的分压,即

$$U_B \approx U_{CC} \frac{R_{b2}}{R_{b1} + R_{b2}} \qquad (2-13)$$

从上式看出,在 $I_2 \gg I_{BQ}$ 的条件下,基极电位 U_B 由电源 U_{CC} 经 R_{b1} 和 R_{b2} 分压所决定,其值不受温度影响,且与三极管参数无关。

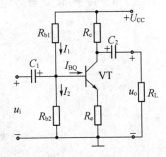

图 2-3-12　分压式偏置稳定电路

(2) 利用发射极电阻 R_e 来获得反映电流 I_{EQ} 变化的信号,反馈到输入端,自动调节 I_{BQ} 的大小,实现工作点稳定。其过程可表示为

$$T(\text{℃}) \uparrow \rightarrow I_{CQ} \uparrow \rightarrow I_{EQ} \uparrow \rightarrow U_{EQ} \uparrow \rightarrow U_{BEQ} \downarrow \rightarrow I_{BQ} \downarrow$$
$$I_{CQ} \downarrow \longleftarrow$$

上述过程中的符号 ↑ 表示增大,↓ 表示减小,→ 表示引起后面的变化。

如果 $U_{BQ} \gg U_{BEQ}$,则发射极电流为

$$I_{EQ} = \frac{U_{BQ} - U_{BEQ}}{R_e} \approx \frac{U_{BQ}}{R_e} = \frac{R_{b2} U_{CC}}{(R_{b1} + R_{b2}) R_e} \qquad (2-14)$$

从上面分析来看,静态工作点稳定是在满足 $I_1 \gg I_{BQ}$ 和 $U_{BQ} \gg U_{BEQ}$ 两式的条件下获得的。I_1 和 U_{BQ} 越大,则工作点稳定性越好。但是 I_1 也不能太大,因为一方面 I_1 太大使电阻 R_{b1} 和 R_{b2} 上的能量消耗太大;另一方面 I_1 太大,要求 R_{b1} 很小,这样对信号源的分流作用加大了,当信号源有内阻时,使信号源内部压降增大,有效输入信号减小,降低了放大电路的放大倍数。同样 U_{BQ} 也不能太大,如果 U_{BQ} 太大,必然 U_E 太大,导致 U_{CEQ} 减小,甚至影响放大电路的正常工作。

在工程上,通常这样考虑:

对于硅管:$I_1 = (5 \sim 10)I_{BQ}$,$U_{BQ} = (3 \sim 5)\text{V}$ $\qquad\qquad$ (2-15)

对于锗管:$I_1 = (10 \sim 20)I_{BQ}$,$U_{BQ} = (1 \sim 3)\text{V}$ $\qquad\qquad$ (2-16)

3. 分压式偏置稳定电路静态工作点的近似估算

根据以上分析可得

$$U_B \approx U_{CC}\frac{R_{b2}}{R_{b1}+R_{b2}}$$

$$I_{CQ} \approx I_{EQ} = \frac{U_B - U_{BEQ}}{R_e} \qquad\qquad (2-17)$$

$$I_{BQ} \approx \frac{I_{CQ}}{\beta} \qquad\qquad (2-18)$$

$$U_{CEQ} = U_{CC} - I_{CQ}(R_c + R_e) \qquad\qquad (2-19)$$

这样就可根据以上各式来估算静态工作点。

4. 分压式偏置稳定电路电压放大倍数的估算

图 2-3-12 的微变等效电路如图 2-3-13 所示。

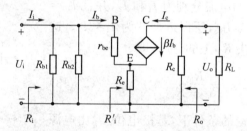

图 2-3-13　分压式偏置稳定电路的微变等效电路

由图可以得到

$$U_o = -\beta I_b R'_L$$

其中 $R'_L = R_c /\!/ R_L$

$$U_i = I_b r_{be} + I_e R_e = I_b[r_{be} + (1+\beta)R_e]$$

$$A_u = \frac{U_o}{U_i} = -\frac{\beta I_b R'_L}{I_b[r_{be}+(1+\beta)R_e]} = -\frac{\beta R'_L}{r_{be}+(1+\beta)R_e}$$

即 $\qquad\qquad\qquad A_u = -\dfrac{\beta R'_L}{r_{be}+(1+\beta)R_e} \qquad\qquad (2-20)$

由式(2-20)可知,由于 R_e 的接入,虽然给稳定静态工作点带来了好处,但却使放大倍数明显下降,并且 R_e 越大,下降越多。为了解决这个问题,通常在 R_e 上并联一个大容量的电容(大约几十到几百微法);对交流来讲,C_e 的接入可看成是发射极直接接地,故称 C_e 为射极交流旁路电容。加入旁路电容后,电压放大倍数 A_u 和式(2-1)完全相同了。这样既稳定了静态工作点,又没有降低电压放大倍数。

5. 分压式偏置稳定电路输入电阻和输出电阻的估算

由图 2-3-13 可得

$$U_i = I_b r_{be} + I_e R_e = I_b r_{be} + (1+\beta) I_b R_e$$

$$R'_i = \frac{U_i}{I_b} = r_{be} + (1+\beta) R_e$$

则输入电阻为

$$R_i = R'_i \mathbin{/\mkern-5mu/} R_b \tag{2-21}$$

通常 $R_b (R_b = R_{b1} \mathbin{/\mkern-5mu/} R_{b2})$ 较大,如果不考虑 R_b 的影响,则输入电阻为

$$R_i = R'_i = r_{be} + (1+\beta) R_e \tag{2-22}$$

式(2-22)表明,加入 R_e 后,输入电阻提高了很多。如果电路中接入了发射极旁路电容 C_e,则输入电阻 R_i 的表达式与式(2-10)就没有区别了。

按照前面求输出电阻的方法,由图 2-3-13 可求得输出电阻为:$R_o \approx R_c$,和式(2-12)完全相同。

【**例 2-3-2**】电路如图 2-3-14 所示,已知三极管的 $\beta = 40$,$U_{CC} = 12\,\text{V}$,$R_L = 4\,\text{k}\Omega$,$R_c = 2\,\text{k}\Omega$,$R_e = 2\,\text{k}\Omega$,$R_{b1} = 20\,\text{k}\Omega$,$R_{b2} = 10\,\text{k}\Omega$,$C_e$ 足够大。试求:

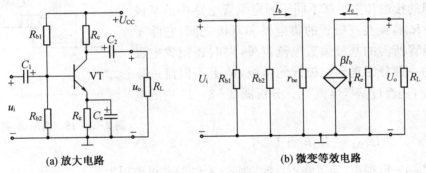

(a) 放大电路　　　　　　　(b) 微变等效电路

图 2-3-14　例 2-3-2 图

(1) 静态值 I_{CQ} 和 U_{CEQ};
(2) 电压放大倍数;
(3) 输入、输出电阻。

解:(1)估算静态值 I_{CQ} 和 U_{CEQ}。

$$U_B \approx \frac{R_{b2}}{R_{b1} + R_{b2}} U_{CC} = \frac{10}{10+20} \times 12 = 4\,\text{V}$$

$$I_{CQ} \approx I_{EQ} = \frac{U_B - U_{BEQ}}{R_e} = 1.65\,\text{mA}$$

$$U_{CEQ} \approx U_{CC} - I_{CQ}(R_c + R_e) = 12 - 1.65 \times (2+2) = 5.4\,\text{V}$$

(2) 估算电压放大倍数。

$$\because r_{be} = 300 + (1+\beta)\frac{26\,\text{mV}}{I_{EQ}\text{mA}} = 300 + 41 \times \frac{26}{1.65} = 946\,\Omega \approx 0.95\,\text{k}\Omega$$

$$R'_{\mathrm{L}} = R_{\mathrm{c}} \mathbin{/\mkern-5mu/} R_{\mathrm{L}} = \frac{2 \times 4}{2 + 4} = 1.33 \ \mathrm{k\Omega}$$

$$\therefore A_{\mathrm{u}} = -\beta \frac{R'_{\mathrm{L}}}{r_{\mathrm{be}}} = -40 \times \frac{1.33}{0.95} = -56$$

如果不接旁路电容 C_{e}，则

$$A_{\mathrm{u}} = -\beta \frac{R'_{\mathrm{L}}}{r_{\mathrm{be}} + (1+\beta)R_{\mathrm{e}}} = -40 \times \frac{1.33}{0.95 + 41 \times 2} = -0.64$$

可见电压放大倍数下降很多。

（3）估算输入电阻和输出电阻。

由图 2-19 的等效电路可以看出，输入电阻为

$$R_{\mathrm{i}} = r_{\mathrm{be}} \mathbin{/\mkern-5mu/} R_{\mathrm{b1}} \mathbin{/\mkern-5mu/} R_{\mathrm{b2}} = 0.83 \ \mathrm{k\Omega}$$

输出电阻为

$$R_{\mathrm{o}} \approx R_{\mathrm{c}} = 2 \ \mathrm{k\Omega}$$

6. 集电极—基极偏置电路

图 2-3-15 所示的集电极—基极偏置电路，是另一种
具有稳定静态工作点的偏置电路。这个电路的特点是，基
极偏置电阻的接法和作用都不同于固定偏置电路中的基极
偏置电阻。R_{b} 跨接在三极管的集电极和基极之间，它除了
提供给三极管所需的基极偏置电流以外，同时还把集电极
输出电压的一部分回送到三极管的基极，R_{c} 上不但流过集
电极电流 I_{c}，还流过基极电流 I_{B}。分析图 2-3-15 中的电
量关系，有

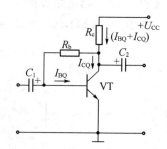

图 2-3-15　集电极-基极偏置电路

$$U_{\mathrm{CEQ}} = I_{\mathrm{BQ}} R_{\mathrm{b}} + U_{\mathrm{BEQ}} \qquad (2-23)$$

由于 U_{BEQ} 一般很小，当忽略不计时，则式（2-23）又可改写为

$$I_{\mathrm{BQ}} = \frac{U_{\mathrm{CEQ}} - U_{\mathrm{BEQ}}}{R_{\mathrm{b}}} \approx \frac{U_{\mathrm{CEQ}}}{R_{\mathrm{b}}} \qquad (2-24)$$

此外，U_{CEQ} 还满足下列关系

$$U_{\mathrm{CEQ}} = U_{\mathrm{CC}} - (I_{\mathrm{CQ}} + I_{\mathrm{BQ}})R_{\mathrm{c}} \qquad (2-25)$$

稳定静态工作点的工作原理如下：由式（2-24）可知，当 R_{b} 选定后，I_{BQ} 与 U_{CEQ} 成正比，当
环境温度升高使集电极电流 I_{CQ} 增加时，则在集电极电阻 R_{c} 上的电压降 $I_{\mathrm{CQ}} R_{\mathrm{c}}$ 也增大，由于电
源 U_{CC} 是不变的，因此从式（2-25）可知 U_{CEQ} 就要降低，使 I_{BQ} 相应减小，从而牵制了 I_{CQ} 的
增加。

显然，这个电路稳定静态工作点的实质是利用 U_{CEQ} 的变化通过 R_{b} 回送到三极管的输入
端，由 I_{BQ} 来抑制 I_{CQ} 的变化。它的稳定效果与 R_{c} 和 R_{b} 的阻值大小有关。R_{c} 阻值越大，同样的
I_{CQ} 变化引起 U_{CEQ} 的变化就越大，稳定性能就越好；R_{b} 的阻值越小，同样的 U_{CEQ} 变化引起 I_{BQ} 的
变化就越大，稳定性能也越好。当然，R_{b} 的选择不单要考虑稳定性方面，还要兼顾到保证正常

的偏流 I_{BQ}，以获得合适的工作点，一般取 $R_b = (20 \sim 100)R_c$。

　7. 温度补偿电路

　　以上讨论的两种偏置电路，都是利用集电极电流 I_{CQ} 的变化反映到输入回路的方法来稳定静态工作点的。它们并不能完全消除温度对静态工作点的影响。对于稳定性要求较高的放大电路，常利用热敏电阻(或二极管)等对温度敏感的元器件，来补偿三极管参数随温度变化而带来的影响，从而使静态工作点保持稳定，这种偏置电路通常称为温度补偿电路。

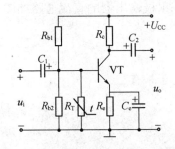

图 2 - 3 - 16　热敏电阻温度补偿电路

　　热敏电阻具有负的温度系数特性时，温度升高，阻值减小。图 2 - 3 - 16 是一种利用负温度系数热敏电阻进行温度补偿的电路。

　　其补偿过程和工作原理是：当温度升高使 I_{CQ} 增大时，热敏电阻 R_T 的阻值减小，$R_{b2}//R_T$ 的并联值也减小，使得三极管的基极电位 U_{BQ} 下降，导致基极偏置电流 I_{BQ} 减小，从而使集电极电流 I_{CQ} 也减小，抵消了集电极电流 I_{CQ} 因温度升高而增大的变化，其补偿过程可表示为

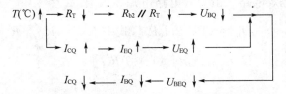

　　这种偏置电路，只要热敏电阻 R_T 参数选择合适，可以使温度在较大范围内变化时，I_{CQ} 基本保持不变。当用二极管作温度补偿时，是在图 2 - 3 - 16 中的下偏置电阻 R_{b2} 支路中串入温度补偿器件二极管实现的，它是利用二极管的正向压降和正向电阻随温度升高而减小，反向电流随温度升高而增大的特性实现补偿的，其补偿原理留给读者自行分析。

2.3.3　共集放大电路和共基极放大电路分析

　1. 共集放大电路电路构成

　　共集电极放大电路如图 2 - 3 - 17(a)所示。它是由基极输入信号，发射极输出信号。交流通路如图 2 - 3 - 17(b)所示，集电极是输入回路与输出回路的共同端，故称共集电路。又因为信号是从发射极输出，所以又叫射极输出器。

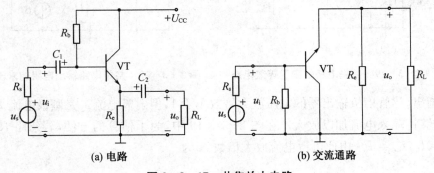

(a) 电路　　　　　　　　　　　　　　(b) 交流通路

图 2 - 3 - 17　共集放大电路

2. 射极输出器的特点

（1）静态工作点比较稳定。

射极输出器的直流通路如图 2-3-18 所示。由图可知

$$U_{CC} = I_{BQ}R_b + U_{BEQ} + I_{EQ}R_e, I_{BQ} = \frac{I_{EQ}}{1+\beta}$$

于是有

$$I_{CQ} \approx I_{EQ} = \frac{U_{CC} - U_{BEQ}}{R_e + \dfrac{R_b}{1+\beta}} \qquad (2-26)$$

$$U_{CEQ} \approx U_{CC} - I_{CQ}R_e \qquad (2-27)$$

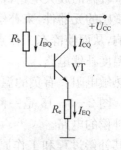

射极输出器中的电阻 R_e，还具有稳定静态工作点的作用。例如，当温度升高时，由于 I_{CQ} 增大，使 R_e 上的压降上升，导致 U_{BEQ} 下降，从而牵制了 I_{CQ} 的上升。

图 2-3-18　共集电路的直流通路

（2）电压放大倍数小于 1（近似为 1）。

画出对应的微变等效电路。由等效电路可知

$$U_o = (1+\beta)I_o R'_L, 式中 R'_L = R_e \mathbin{/\mkern-5mu/} R_L$$

$$U_i = I_b[r_{be} + (1+\beta)R'_L]$$

于是可得

$$A_u = \frac{U_o}{U_i} = \frac{(1+\beta)R'_L}{r_{be} + (1+\beta)R'_L} \qquad (2-28)$$

在式（2-28）中，一般有 $(1+\beta)R'_L \gg r_{be}$，所以射极输出器的电压放大倍数小于 1（接近 1），正因为输出电压接近输入电压，两者的相位又相同，故射极输出器又称为射极跟随器。

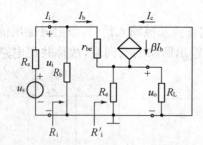
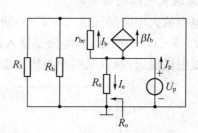

图 2-3-19　共集电路的微变等效电路　　图 2-3-20　共集电路输出电阻的求法

应当指出，尽管射极输出器的电压放大倍数小于 1，但射极电流 I_e 是基极电流 I_b 的 $(1+\beta)$ 倍，仍然能够将输入电流加以放大。在图 2-3-19 中，为了估算的方便，若忽略 R_b 的分流影响，则 $I_i = I_b, I_o = I_e$，由此可得电流放大倍数 A_i 为

$$A_i = \frac{I_o}{I_i} \approx \frac{I_e}{I_b} = 1+\beta \qquad (2-29)$$

所以说，射极输出器虽然没有电压放大，但具有电流放大和功率放大作用。

(3) 输入电阻高。

由图 2-3-19 可知

$$R'_i = r_{be} + (1+\beta)R'_L$$

$$R_i = R_b \mathbin{/\!/} R'_i = R_b \mathbin{/\!/} [r_{be} + (1+\beta)R'_L] \tag{2-30}$$

可见，射极输出器的输入电阻是由偏置电阻 R_b 和基极回路电阻 $[r_{be}+(1+\beta)R'_L]$ 并联而成的。因 R'_L 上流过的电流比 I_b 大 $(1+\beta)$ 倍，故把 R'_L 折算到基极回路应扩大 $(1+\beta)$ 倍。通常 R_b 的值较大(几十至几百千欧)，同时 $[r_{be}+(1+\beta)R'_L]$ 也比 r_{be} 大得多，因此，射极输出器的输入电阻可高达几十千欧到几百千欧。

(4) 输出电阻低。

根据求输出电阻的方法，将图 2-3-19 中的 u_s 短路，拿掉 R_L，再加上探察电压 U_p，这样可得到求输出电阻的等效电路如图 2-3-20 所示。

从图中可以看出，由输出端看进去，有三条支路并联：即发射极支路、基极支路和受控源支路。而发射极支路电阻为 R_e；基极支路电阻为 $r_{be}+R'_s$，其中 $R'_s = R_s \mathbin{/\!/} R_b$；受控源支路的电流是基极电流的 β 倍，所以此支路的等效电阻应为基极支路电阻的 $1/\beta$ 倍，即 $\dfrac{r_{be}+R'_s}{\beta}$。于是这个电路的输出电阻为

$$R_o = \frac{U_P}{I_P}$$

$$= R_e \mathbin{/\!/} \frac{r_{be}+R'_s}{1+\beta}$$

$$= R_e \mathbin{/\!/} \frac{r_{be}+(R_b \mathbin{/\!/} R_s)}{1+\beta} \tag{2-31}$$

若不计信号源内阻 $(R_s=0)$，则有

$$R_o = R_e \mathbin{/\!/} \frac{r_{be}}{1+\beta}$$

这就是说，射极输出器的输出电阻是两个电阻的并联，一个是 R_e，另一个是 $[r_{be}+(R_s \mathbin{/\!/} R_b)]/(1+\beta)$，$r_{be}+(R_s \mathbin{/\!/} R_b)$ 是基极回路的总电阻。由于射极输出器的输出电阻是从发射极看进去的，发射极电流是基极电流的 $(1+\beta)$，所以将基极回路的总电阻 $[r_{be}+(R_s \mathbin{/\!/} R_b)]$ 折算到发射极回路来时需除以 $(1+\beta)$。

一般情况下 $\qquad\qquad R_e \gg \dfrac{r_{be}+(R_s \mathbin{/\!/} R_b)}{1+\beta}$

所以 $\qquad\qquad R_o \approx \dfrac{r_{be}+(R_s \mathbin{/\!/} R_b)}{1+\beta} \tag{2-32}$

从以上分析可知，射极输出器具有很小的输出电阻(一般为几欧至几百欧)，为了进一步降低输出电阻，还可选用 β 值较大的管子。

【例 2-3-3】共集放大电路如图 2-3-17(a)所示，其中 $R_b = 51\,\mathrm{k\Omega}$，$R_e = 1\,\mathrm{k\Omega}$，$U_{CC} = 12\,\mathrm{V}$，

$R_L = 1\,\text{k}\Omega, R_s = 1\,\text{k}\Omega, \beta = 70, U_{BE} = 0.7\,\text{V}$。试估算:(1) 静态工作点;(2) 电压放大倍数 A_u、输入电阻 R_i 和输出电阻 R_o。

解:(1) 估算静态工作点。

$$I_{CQ} \approx I_{EQ} = \frac{U_{CC} - U_{BEQ}}{R_e + \dfrac{R_b}{1+\beta}} = \frac{12 - 0.7}{1 + \dfrac{51}{1+70}} = 6.5\,\text{mA}$$

$$I_{BQ} = \frac{6.5\,\text{mA}}{70} = 0.093\,\text{mA}$$

$$U_{CEQ} \approx U_{CC} - I_{CQ}R_e = 12 - 6.5 \times 1 = 5.5\,\text{V}$$

(2) 估算 A_u、R_i 和 R_o。

$$r_{be} = 300 + (1+\beta)\frac{26\,\text{mV}}{I_{EQ}\text{mA}} = 300 + 71 \times \frac{26}{6.5 + 0.093} = 0.58\,\text{k}\Omega$$

$$R'_L = R_c \,/\!/\, R_L = 0.5\,\text{k}\Omega$$

$$A_u = \frac{(1+\beta)R'_L}{r_{be} + (1+\beta)R'_L} = \frac{71 \times 0.5}{0.58 + 71 \times 0.5} = 0.984 \approx 1$$

$$R_i = R_b \,/\!/\, [r_{be} + (1+\beta)R'_L] = 51 \,/\!/\, [0.58 + (1+70) \times 0.5] = 21.1\,\text{k}\Omega$$

$$R_o = R_e \,/\!/\, \frac{r_{be} + (R_b \,/\!/\, R_s)}{1+\beta} = 1 \,/\!/\, \frac{0.58 + 51 \,/\!/\, 1}{1+70} = 22\,\Omega$$

3. 射极输出器的主要用途

由于射极输出器有输入电阻高和输出电阻低的特点,所以它在电子电路中的应用很广泛。常用来作为多级放大电路的输入级、中间隔离级和输出级。

(1) 用作高输入电阻的输入级。

在要求输入电阻较高的放大电路中,经常采用射极输出器作为输入级。利用它输入电阻高的特点,使流过信号源的电流减小,从而使信号源内阻上的压降减小,使大部分信号电压能传送到放大电路的输入端。对测量仪器中的放大器来讲,其放大器的输入电阻越高,对被测电路的影响也就越小,测量精度也就越高。

(2) 用作低输出电阻的输出级。

由于射极输出器输出电阻低,当负载电流变动较大时,其输出电压变化较小,因此带负载能力强。即当放大电路接入负载或负载变化时,对放大电路的影响小,有利于输出电压的稳定。

(3) 用作中间隔离级。

在多级放大电路中,将射极输出器接在两级共射电路之间,利用其输入电阻高的特点,以提高前一级的电压放大倍数;利用其输出电阻低的特点,以减小后一级信号源内阻,从而提高了前后两级的电压放大倍数,隔离了两级耦合时的不良影响。这种插在中间的隔离级又称为缓冲级。

4. 共基放大电路电路构成

共基放大电路如图 2-3-21(a)所示。它是由发射极输入信号,集电极输出信号。交流通路如图 2-3-21(c)所示,基极是输入回路和输出回路的公共端,所以称为共基极放大电路。下面简要分析其静态和动态参数。

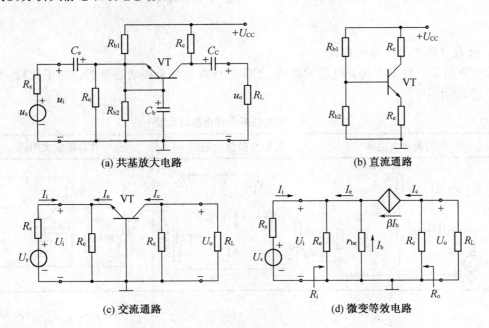

(a) 共基放大电路   (b) 直流通路

(c) 交流通路   (d) 微变等效电路

图 2-3-21 共基极放大电路

5. 共基放大电路静态工作点

由图 2-3-21(b)直流通路可知,该图与共发射极接法的分压式偏置电路的直流通路完全相同,所以静态工作点的估算方法也完全一样,这里就不再赘述。

6. 共基放大电路电压放大倍数

由图 2-3-21(d)等效电路可以看出

$$U_o = -I_C R'_L = -\beta I_b R'_L$$

式中
$$R'_L = \frac{R_c R_L}{R_c + R_L},又因 U_i = -I_b r_{be}$$

所以
$$A_u = \frac{U_o}{U_i} = \frac{-\beta I_b R'_L}{-I_b r_{be}} = \beta \frac{R'_L}{r_{be}} \tag{2-33}$$

式(2-33)表明,共基放大电路的电压放大倍数与共射放大电路大小相同,符号相反。

7. 共基放大电路输入电阻

在图 2-3-21(d)中,从输入端看进去有三条支路并联:即 R_e 支路、r_{be} 支路和受控源的等效电阻支路。受控源电流是基极电流 I_b 的 β 倍,所以受控源的等效电阻为 r_{be} 的 $1/\beta$ 倍。这样放大电路的输入电阻为

$$R_i = \frac{U_i}{I_i} = R_e \mathbin{/\mkern-5mu/} r_{be} \mathbin{/\mkern-5mu/} \frac{r_{be}}{\beta}$$

$$= R_e \mathbin{/\mkern-5mu/} \frac{r_{be}}{1+\beta} \tag{2-34}$$

8. 共基放大电路输出电阻

当 $U_i = 0$ 时，$I_b = 0$，受控源 $\beta I_b = 0$，所以输出电阻近似为

$$R_o \approx R_c \tag{2-35}$$

9. 放大电路三种组态的比较

前面介绍了三种基本放大电路的结构、工作特点以及静态和动态分析。为了比较，现将它们列于表 2-4 中。

表 2-4 放大电路三种组态的比较

	共射极放大电路	共集电极放大电路	共基极放大电路
电路图			
静态工作点	$I_{BQ} \approx \dfrac{U_{CC}}{R_b}$ $I_{CQ} = \beta I_{BQ}$ $U_{CEQ} = U_{CC} - I_{CQ}R_c$	$I_{BQ} \approx \dfrac{U_{CC}}{R_b + (1+\beta)R_e}$ $I_{CQ} = \beta I_{BQ}$ $U_{CEQ} \approx U_{CC} - I_{CQ}R_e$	$U_{BQ} \approx \dfrac{U_{CC}}{R_{b1} + R_{b2}}R_{b2}$ $I_{CQ} \approx I_{EQ} \approx \dfrac{U_B}{R_e}$ $I_{BQ} = \dfrac{I_{CQ}}{\beta}$ $U_{CEQ} \approx U_{CC} - I_{CQ}(R_c + R_e)$
微变等效电路			
A_u	$\dfrac{-\beta R'_L}{r_{be}}$	$\dfrac{(1+\beta)R'_L}{r_{be} + (1+\beta)R'_L}$	$\dfrac{\beta R'_L}{r_{be}}$
R_i	$R_b \mathbin{/\mkern-5mu/} r_{be}$（中）	$R_b \mathbin{/\mkern-5mu/} [r_{be} + (1+\beta)R'_L]$（大）	$R_e \mathbin{/\mkern-5mu/} \dfrac{r_{be}}{1+\beta}$（小）
R_o	R_c	$R_e \mathbin{/\mkern-5mu/} \dfrac{r_{be} + R'_s}{1+\beta}, R'_s = R_S \mathbin{/\mkern-5mu/} R_b$	R_c
用途	多级放大器的中间级	输入、输出或缓冲级	高频或宽频带放大电路

2.3.4 场效应管及其应用

场效应管是一种电压控制型半导体器件。这种器件不仅兼有半导体三极管体积小，耗电

省,寿命长等特点,而且具有输入电阻高(10 MΩ以上)、噪声低、热稳定好、抗辐射能力强等优点,因此在近代微电子学中得到了广泛应用。场效应管分为两大类,即结型场效应管和绝缘栅场效应管。

1. 结型场效应管

(1) 结构。

结型场效应管的结构及符号如图 2-3-22 所示。在一块 N 型半导体两侧做出两个高掺杂的 P 区,从而形成了两个 PN 结。两侧 P 区相接后引出的电极称为栅极(G),在 N 型半导体两端分别引出的两个电极称为源极(S)和漏极(D)。由于 N 型区结构对称,因此漏极和源极可以互换使用。两个 PN 结中间的 N 型区域称为导电沟道。具有这种结构的结型场效应管称为 N 沟道结型场效应管。图中电路符号的箭头方向是由 P 指向 N。结型场效应管有 N 沟道和 P 沟道两种类型,如图 2-3-22(b)。两者结构不同,但工作原理完全相同,下面以 N 沟道结型场效应管为例进行讨论。

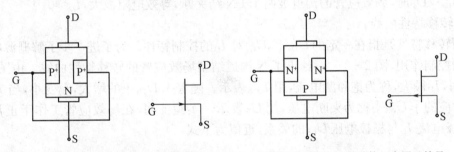

(a) N沟道结型场效应管结构示意图及符号　　　(b) P沟道结型场效应管结构示意图及符号

图 2-3-22　结型场效应管结构示意图及符号

(2) 工作原理。

图 2-3-23 所示的是 N 沟道结型场效应管工作原理示意图。在漏源电压 U_{DS} 的作用下,产生沟道电流 I_D,为了保证高输入电阻,通常栅极与源极之间加反向偏置电压 U_{GS},当输入电压 U_{GS} 改变时,PN 结的反偏电压也随之改变,引起沟道两侧耗尽层的宽度改变;这将导致 N 型导电沟道的宽度发生变化,也就是沟道电阻发生了变化;沟道电阻的变化又将引

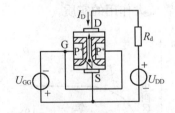

图 2-3-23　N 沟道结型场效应管工作原理示意图

起沟道电流 I_D 的变化。由此可见,栅极电压 U_{GS} 起着控制漏极电流 I_D 大小的作用,可以看作是由电压控制的电流源。

由于 I_D 通过沟道时产生自漏极到源极的电压降,使沟道上各点电位不同,靠近漏极处电位最高,PN 结上的反偏电压最高,耗尽层最宽;而沟道上靠近源极的地方,PN 结上反偏电压最低,耗尽层最窄。所以漏源电压 U_{DS} 使导电沟道产生不等宽性,靠近漏极处沟道最窄,靠近源极处沟道最宽,沟道形状呈楔型。若改变 U_{GS} 或 U_{DS},使靠近漏极处两侧耗尽层相遇时,称为预夹断。预夹断后漏极电流 I_D 将基本不随 U_{DS} 的增大而增大,趋近于饱和而呈现恒流特性。场效应管用于放大时,就工作在恒流区(放大区)。如果在预夹断后,继续增加 U_{GS} 的负值到一定程度时,两边耗尽层合拢,导电沟道完全夹断,$I_D \approx 0$,称场效应管处于夹断状态。

（3）输出特性曲线。

输出特性是指在 U_{GS} 一定时,I_D 与 U_{DS} 之间的关系。图 2 - 3 - 24 为某 N 沟道结型场效应管的输出特性曲线。由图可以看出,特性曲线可分为三个区域。

a. 可变电阻区。

曲线呈上升趋势,基本上可看做通过原点的一条直线,管子的漏-源之间可等效为一个电阻,此电阻的大小随 U_{GS} 而变,故称为可变电阻区。

b. 恒流区。

随着 U_{DS} 增大,曲线趋于平坦(曲线由上升变为平坦时的转折点即为预夹断点),I_D 不再随 U_{DS} 的增大而增大,故称为恒流区。此时 I_D 的大小只受 U_{GS} 控制,这正体现了场效应管电压控制电流的放大作用。

c. 夹断区。

当 $U_{GS} < U_P$ 时,场效应管的沟道被两个 PN 结夹断,等效电阻极大,$I_D \approx 0$。

（4）转移特性曲线。

所谓转移特性是指在一定的 U_{DS} 下,U_{GS} 对 I_D 的控制特性。为了进一步了解栅源电压对漏极电流的控制作用,图 2 - 3 - 25 给出了 N 沟道结型场效应管的转移特性曲线。由图可知,当 $U_{GS} = 0$ 时,I_D 最大,称为饱和漏电流,用 I_{DSS} 表示。随着 $|U_{GS}|$ 的增大,I_D 变小,当 I_D 接近于零时所对应的 $|U_{GS}|$ 称为夹断电压,用 U_P 表示。实验证明,在场效应管工作于正常的恒流区时,漏极电流 I_D 与栅极电压 U_{GS} 的关系,近似为下式

$$I_D = I_{DSS} \left(1 - \frac{U_{GS}}{U_P} \right)^2 \tag{2-36}$$

此式可用于场效应管放大电路的静态分析。

由以上分析可知,结型场效应管可以通过栅源极电压的变化来控制漏极电流的变化,这就是场效应管放大作用的实质。

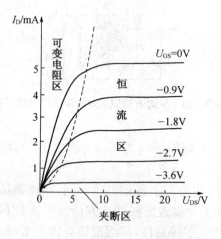
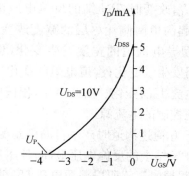

图 2 - 3 - 24　N 沟道结型场效应管的输出特性　　**图 2 - 3 - 25　N 沟道结型场效应管的转移特性**

2. 绝缘栅场效应管

结型场效应的输入电阻一般在 $10^7 \Omega$ 以上,此电阻是 PN 结的反偏电阻,很难进一步提高。

绝缘栅场效应管和结型场效应管的不同点在于它是利用感应电荷的多少来改变导电沟道的宽度。由于绝缘栅场效应管的栅极与沟道是绝缘的,因此,它的输入电阻高达 $10^9\,\Omega$ 以上。绝缘栅场效应管是一种金属—氧化物—半导体结构的场效应管,简称 MOS 管。

绝缘栅场效应管也有 N 沟道和 P 沟道两类,其中每类又有增强型和耗尽型之分。下面以 N 沟道 MOS 管为例来说明绝缘栅场效应管的工作原理。

(1) N 沟道增强型 NMOS 管。

a. 结构。

图 2-3-26 为 N 沟道增强型 MOS 管的结构和符号。在一块 P 型硅片(衬底)上,扩散形成两个 N 区作为漏极和源极,两个 N 区中间的半导体表面上有一层二氧化硅薄层,氧化层上的金属电极称为栅极(G)。由于栅极与其他两个电极是绝缘的,故称为绝缘栅。图中符号的箭头方向表示衬底与沟道间是由 P 指向 N,据此可识别该管为 N 沟道。

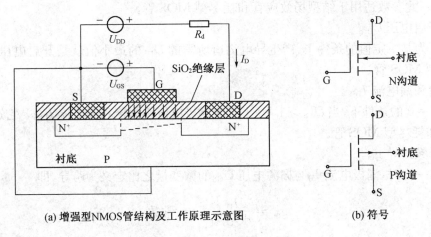

(a) 增强型NMOS管结构及工作原理示意图　　(b) 符号

图 2-3-26　增强型 MOS 管

b. 工作原理。

在图 2-3-26 中,当 $U_{GS}=0$ 时,漏极、源极之间形成两个反向串联的 PN 结,没有导电沟道,基本上没有电流通过。若 $U_{GS}>0$ 时,栅极与衬底间以 SiO_2 为介质构成的电容器被充电,产生垂直于半导体表面的电场。此电场吸引 P 型衬底的电子并排斥空穴,当 U_{GS} 到达 U_T(称为开启电压)时,在栅极附近形成一个 N 型薄层,称为"反型层"或"感生沟道"。与结型场效应管类似,漏源电压 U_{DS} 将使感生沟道产生不等宽性。

显然,U_{GS} 越高,电场就越强,感生沟道越宽,沟道电阻也就越小,漏极电流 I_D 就越大。因此可以通过改变 U_{GS} 电压高低来控制 I_D 的大小。

(2) N 沟道耗尽型 MOS 管。

如果在制造 MOS 管的过程中,在二氧化硅绝缘层中掺入大量的正离子,即使在 $U_{GS}=0$ 时,半导体表面也有垂直电场作用,并形成 N 型导电沟道。这种管子有原始导电沟道,故称之为耗尽型 MOS 管。MOS 管一旦制成,原始沟道的宽度也就固定了。图 2-3-27 为耗尽型 MOS 管的符号,图中箭头的方向表示由 P 指向 N。

绝缘栅场效应管特性曲线与结型管类似,此处不再赘述。应该指出的是,由于耗尽型绝缘栅场效应管有原始导电沟道,因此可以在正、负及零栅源电压下工作,灵活性较大。

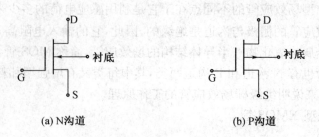

(a) N沟道　　　　　　　　　　　　　(b) P沟道

图 2 - 3 - 27　耗尽型 MOS 管

3. 场效应管的主要参数

(1) 夹断电压 U_P。

在 U_{DS} 为一定的条件下,使 I_D 等于一个微弱电流(如 50 μA)时,栅源之间所加电压称为夹断电压 U_P。此参数适用于结型场效应管和耗尽型 MOS 管。

(2) 开启电压 U_T。

在 U_{DS} 为某一定值的条件下,产生导电沟道所需的 U_{GS} 的最小值就是开启电压 U_T。它适用于增强型 MOS 管。

(3) 饱和漏电流 I_{DSS}。

在 $U_{GS}=0$ 的条件下,当 $U_{DS}>|U_P|$ 时的漏极电流称为饱和漏电流 I_{DSS}。它适用于结型场效应管和耗尽型 MOS 管。

(4) 低频跨导 g_m。

在 U_{DS} 一定时,漏极电流 I_D 与栅源电压 U_{GS} 的微变量之比定义为跨导,即

$$g_m = \frac{dI_D}{dU_{GS}}\bigg|_{U_{DS}} = 常数 \tag{2-37}$$

g_m 是表征场效应管放大能力的重要参数(相当于三极管的电流放大系数 β),其数值可通过在转移特性曲线上求取工作点处切线的斜率而得到,也可以在输出特性曲线上求得,单位为 mS(毫西门子)。g_m 的大小与管子工作点的位置有关。

对于工作于恒流区的结型场效应管和耗尽型 MOS 管,g_m 值也可根据式(2-38)计算:

$$g_m = \frac{d\left[I_{DSS}\left(1-\frac{U_{GS}}{U_P}\right)^2\right]}{dU_{GS}} = -\frac{2I_{DSS}}{U_P}\left(1-\frac{U_{GS}}{U_P}\right) = -\frac{2}{U_P}\sqrt{I_{DSS}I_D} \tag{2-38}$$

(5) 直流输入电阻 R_{GS}。

栅源极之间的电压与栅极电流之比定义为直流输入电阻 R_{GS}。绝缘栅场效应管的 R_{GS} 比结型场效应管大,可达 $10^9\,\Omega$ 以上。

(6) 栅源击穿电压 $U_{(BR)GS}$。

对于结型场效应管,反向饱和电流急剧增加时的 U_{GS} 即为栅源击穿电压 $U_{(BR)GS}$。对于绝缘栅场效应管,$U_{(BR)GS}$ 是使二氧化硅绝缘层击穿的电压,击穿会造成管子损坏。

4. 场效应管的特性比较及主要特点

(1) 特性比较。

前面以 N 沟道管为例,分别对结型场效应管和 MOS 型场效应管的结构、符号、工作原理及特性曲线进行了介绍。对于 P 沟道管,其工作原理与 N 沟道管类似,但各极电压和电源电压的极性与 N 沟道管有差异。为了便于对比,将各种场效应管的特性列于表 2-5 中,供参考使用。

表 2-5　各种场效应管的符号、电压极性及特性曲线

种　类	工作方式	符号及电流方向	电源极性 U_{GS}	电源极性 U_{DS}	转移特性	输出特性
N 沟道结型场效应管	耗尽型	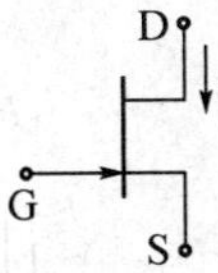	−	+	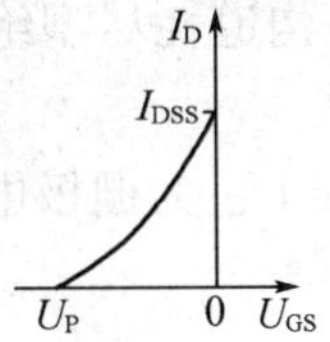	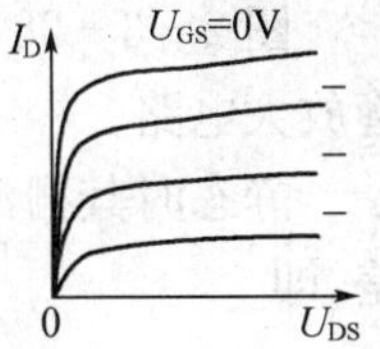
P 沟道结型场效应管	耗尽型	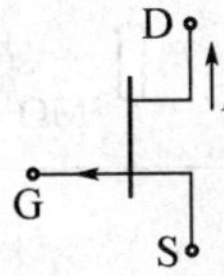	+	−	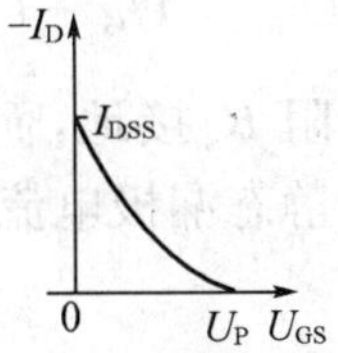	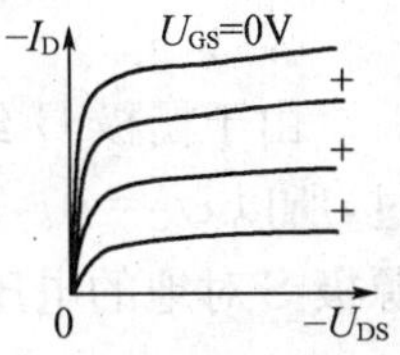
N 沟道 MOS 场效应管	耗尽型	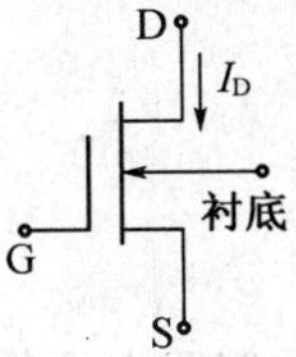	− +	+	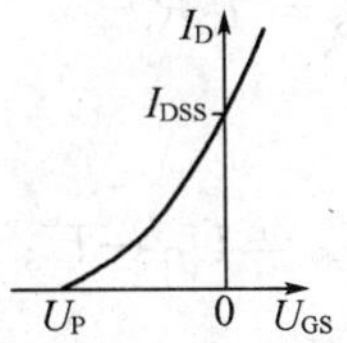	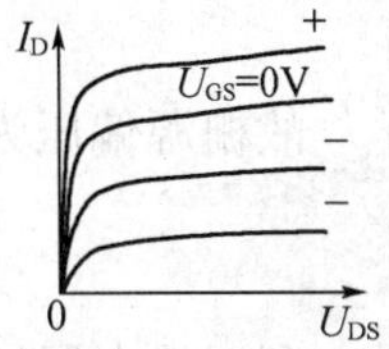
	增强型	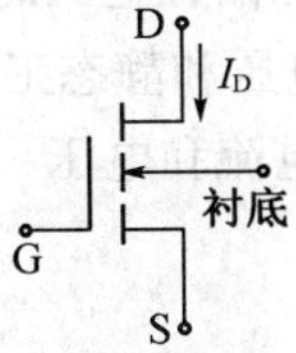	+	+	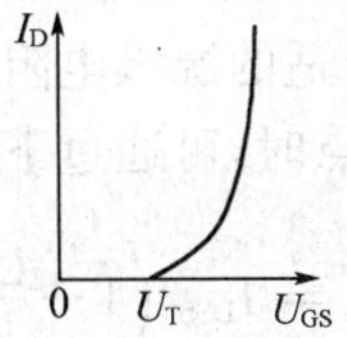	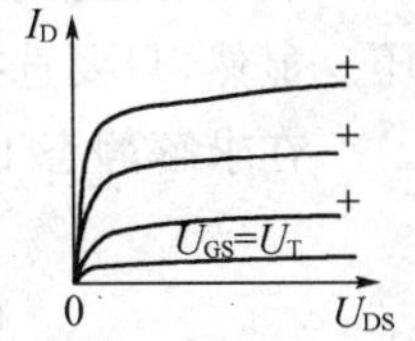
P 沟道 MOS 场效应管	耗尽型	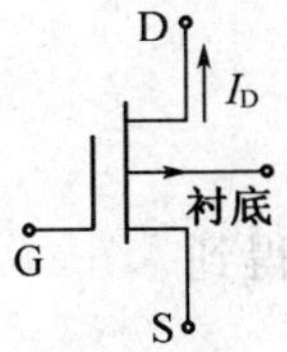	+ −	−	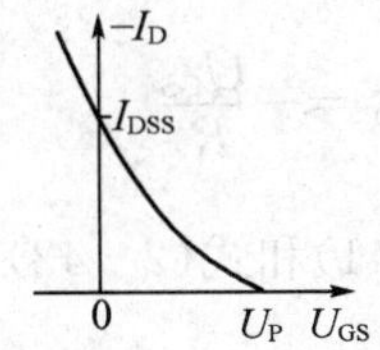	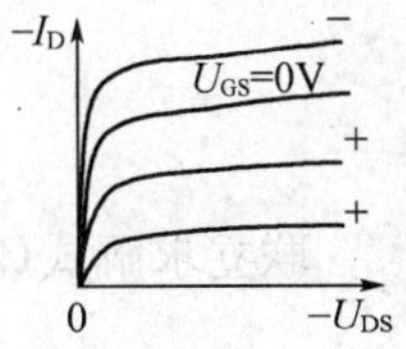
	增强型	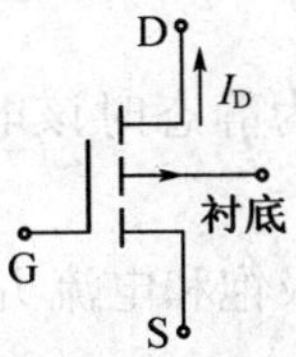	−	−	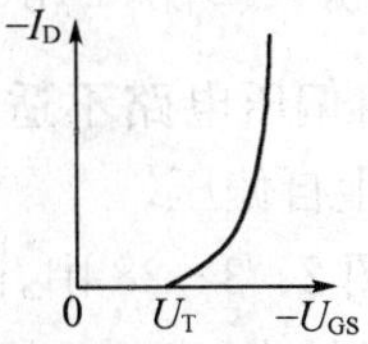	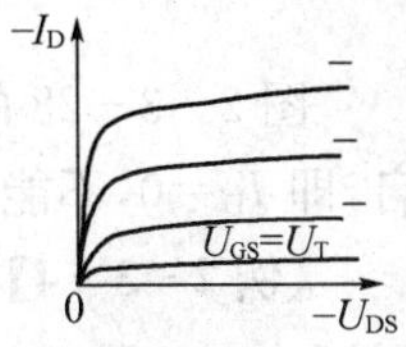

(2) 主要特点

　　a. 场效应管是一种电压控制器件,栅极几乎不取电流,所以其直流输入电阻和交流输入电阻极高。

　　b. 场效应管是单极型器件,即只由一种多数载流子(如 N 沟道的自由电子)导电,不易受温度和辐射的影响。

　　5. 场效应管基本放大电路

　　(1) 场效应管的直流偏置电路和静态分析。

　　为了不失真地放大变化信号,场效应管放大电路与双极型三极管放大电路一样,要建立合适的静态工作点。场效应管是电压控制器件,没有偏置电流,关键是要有合适的栅偏压 U_{GS}。在实际应用中,常用的偏置电路有两种形式。

　　a. 自偏压电路。

　　图 2-3-28 为 N 沟道耗尽型绝缘栅场效应管组成的单管放大电路。

　　静态时其栅源电压 U_{GS} 为栅极电位 U_G 与源极电位 U_S 之差,即

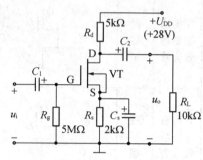

$$U_{GS} = U_G - U_S \tag{2-39}$$

　　由于栅极 G 经电阻 R_g 接地,而 R_g 中又无直流电流通过,所以 $U_G = 0$。由于静态漏极电流 I_D 通过源极电阻 R_s,使源极 S 对地的电压为

图 2-3-28　自偏压电路

$$U_S = I_D R_s$$

故栅源偏压为

$$U_{GS} = U_G - U_S = 0 - U_S = -I_D R_s \tag{2-40}$$

　　利用静态漏极电流 I_D 在源极电阻 R_s 上产生电压降作为栅源偏置电压的方式,称为自给偏压。显然,只要选择合适的源极电阻 R_s,就可获得合适的偏置电压和静态工作点了。

　　在求解静态工作点时,可通过下列关系式求得工作点上的电流和电压

$$I_D = I_{DSS} \left(1 - \frac{U_{GS}}{U_P}\right)^2 \tag{2-41}$$

$$I_D = -\frac{U_{GS}}{R_s} \tag{2-42}$$

　　联立求解式(2-41)和式(2-42),可求得 I_D 和 U_{GS},并由此得到

$$U_{DS} = U_{DD} - I_D(R_d + R_s) \tag{2-43}$$

　　图 2-3-28 的自偏压电路不适用于增强型场效应管,因为静态时该电路不能使管子开启,即 $I_D = 0$,不能产生自偏压。

　　【例 2-3-4】在图 2-3-28 中,已知耗尽型场效应管的漏极饱和电流 $I_{DSS} = 4$ mA,夹断电压 $U_P = -4$ V,电容足够大,求静态参数 I_D、U_{GS} 和 U_{DS}。

　　解:根据式(2-41)和式(2-42)可得

$$\begin{cases} U_{\mathrm{GS}} = -2I_{\mathrm{D}} \\ I_{\mathrm{D}} = 4 \times \left(1 - \dfrac{U_{\mathrm{GS}}}{-4}\right)^2 \end{cases}$$

解方程组可得两组解,即 $I_{\mathrm{D}}=4$ mA、$U_{\mathrm{GS}}=-8$ V 和 $I_{\mathrm{D}}=1$ mA,$U_{\mathrm{GS}}=-2$ V。第一组解中,$U_{\mathrm{GS}}=-8$ V$<U_{\mathrm{P}}$,所以此解不成立,其结果应为 $I_{\mathrm{D}}=1$ mA,$U_{\mathrm{GS}}=-2$ V。又根据式(2-43)可得

$$U_{\mathrm{DS}} = U_{\mathrm{DD}} - I_{\mathrm{D}}(R_{\mathrm{d}} + R_{\mathrm{s}}) = 28 - 1 \times (5 + 2) = 21 \text{ V}$$

(2) 分压式自偏压电路。

分压式自偏压电路是在自给偏压放大电路的基础上加上分压电阻 R_{g_1} 和 R_{g_2} 构成的,如图 2-3-29 所示。这个电路的栅源电压除与 R_{s} 有关外,还随 R_{g_1} 和 R_{g_2} 的分压比而改变,因此适应性较大。它既适用于耗尽型场效应管,又适用于增强型场效应管。

由于场效应管栅源间电阻极高,根本没有栅极电流流过电阻 R_{g},所以,栅极电位为电源 U_{DD} 在 R_{g_1}、R_{g_2} 上的分压,即

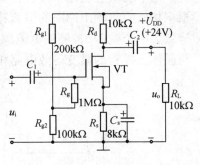

$$U_{\mathrm{G}} = \frac{R_{\mathrm{g}_2}}{R_{\mathrm{g}_1} + R_{\mathrm{g}_2}} \times U_{\mathrm{DD}} \qquad (2-44)$$

图 2-3-29 分压式自偏压电路

而场效应管的栅源电压

$$U_{\mathrm{GS}} = U_{\mathrm{G}} - U_{\mathrm{S}} = \frac{R_{\mathrm{g}_2}}{R_{\mathrm{g}_1} + R_{\mathrm{g}_2}} U_{\mathrm{DD}} - I_{\mathrm{D}}R_{\mathrm{s}} \qquad (2-45)$$

从上式可知,只要适当选择 R_{g1}、R_{g2} 的阻值,就可获得正、负及零三种偏压。R_{g} 用来减小 R_{g1}、R_{g2} 对信号的分流作用,保持场效应管放大电路输入电阻高的优点。

对于图 2-3-29 分压式自偏压电路,静态工作点可用下面两式联立求解

$$\begin{cases} I_{\mathrm{D}} = I_{\mathrm{DSS}} \times \left(1 - \dfrac{U_{\mathrm{GS}}}{U_{\mathrm{P}}}\right)^2 \\ U_{\mathrm{GS}} = \dfrac{R_{\mathrm{g2}}}{R_{\mathrm{g1}} + R_{\mathrm{g2}}} \times U_{\mathrm{DD}} - I_{\mathrm{D}}R_{\mathrm{s}} \end{cases}$$

得到 U_{GS} 和 I_{D},再求得 U_{DS} 值。

【例 2-3-5】在图 2-3-29 中,已知:$U_{\mathrm{P}}=-2$ V,$I_{\mathrm{DSS}}=1$ mA,试确定静态参数 I_{D}、U_{GS} 和 U_{DS}。

解:根据式(2-41)和式(2-45)有

$$\begin{cases} I_{\mathrm{D}} = 1 \times \left(1 + \dfrac{U_{\mathrm{GS}}}{2}\right)^2 \\ U_{\mathrm{GS}} = \dfrac{100}{200 + 100} \times 24 - 8 \times I_{\mathrm{D}} \end{cases}$$

将上式中 I_{D} 的表达式代入 U_{GS} 表达式得

$$U_{GS} = 8 - 8 \times \left(1 + \frac{U_{GS}}{2}\right)^2$$

由此可得两组解，即 $U_{GS} = 0$ V、$I_D = 1$ mA 及 $U_{GS} = -3.5$ V、$I_D = 1.56$ mA。第二组解 $U_{GS} = -3.5$ V$< U_P$，所以此解不成立。其结果为 $U_{GS} = 0$ V，$I_D = 1$ mA。

根据式（2-43）可求得 $U_{DS} = U_{DD} - I_D(R_d + R_s) = 24 - 1 \times (10 + 8) = 6$ V

从计算结果来看，图 2-3-29 所示电路中的耗尽型场效应管正好工作在零偏压状态下。

（2）场效应管放大电路的微变等效电路分析法。

① 场效应管微变等效电路。

由于场效应管基本没有栅流，输入电阻 R_{gs} 极大，所以场效应管栅源之间可视为开路。又根据场效应管输出回路的恒流特性，场效应管的输出电阻 r_{ds} 可视为无穷大，因此，输出回路可等效为一个受 U_{gs} 控制的电流源，即 $I_d = g_m U_{gs}$。图 2-3-30 是场效应管的微变等效电路，它与晶体三极管的微变等效电路相比更为简单。

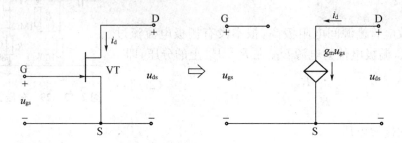

图 2-3-30　场效应管微变等效电路

② 场效应管共源放大电路微变等效电路。

场效应管共源放大电路和晶体三极管共发射极放大电路相对应。前面介绍的图 2-3-29 分压式自偏压电路就是一种共源极放大电路。它的微变等效电路如图 2-3-31 所示。

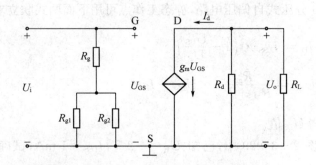

图 2-3-31　分压式自偏压电路微变等效电路

从图中不难求出放大电路的 A_u、R_i 及 R_o 三个动态指标。

a. 电压放大倍数 A_u。

由图 2-3-31 可推导出电压放大倍数的表达式为

$$A_u = \frac{U_o}{U_i} = \frac{-I_D R'_L}{U_{GS}} = \frac{-g_m U_{GS} R'_L}{U_{GS}} = -g_m R'_L \tag{2-46}$$

式中

$$R'_{L} = R_{d} \mathbin{/\mkern-5mu/} R_{L}$$

式(2-46)表明,场效应管共源极放大电路的电压放大倍数与跨导成正比,且输出电压与输入电压反相。

由于场效应管跨导不大,因此单级共源放大电路的电压放大倍数要比三极管的单级共射放大电路的电压放大倍数小。在【例2-3-5】中,当$R_{d}=R_{L}=10\ \text{k}\Omega$,$g_{m}=1.0\ \text{ms}$时,$A_{u}=-g_{m}R'_{L}=-1.0\times5=-5$。

b. 输入电阻R_{i}。

由图2-3-31可得:

$$R_{i} = R_{g} + \frac{R_{g1}R_{g2}}{R_{g1}+R_{g2}} \tag{2-47}$$

将【例2-3-5】中数据代入上式,则输入电阻

$$R_{i} = 1\ 000 + \frac{200\times100}{200+100} = 1.066\ \text{M}\Omega$$

可见场效应管放大电路的输入电阻很大,且主要由偏置电阻R_{g}决定。

c. 输出电阻R_{o}。

场效应管共源放大电路的输出电阻,与共射放大电路相似,求取方法也相同,其大小由漏极电阻R_{d}决定,即

$$R_{o} \approx R_{d} \tag{2-48}$$

将【例2-3-5】中数据代入得:$R_{o}\approx R_{d}=10\ \text{k}\Omega$

在图2-3-29中,与源极电阻R_{s}并联的电容C_{s},其作用与共射放大电路射极旁路电容C_{e}的作用相同。若将图2-3-29中的C_{s}断开,则电路变为具有交流电流负反馈的共源放大电路。仿照前面的方法,不难画出它的微变等效电路,并求得其放大倍数为:

$$A_{u} = \frac{U_{O}}{U_{i}} = -\frac{g_{m}R'_{L}}{1+g_{m}R_{s}} \tag{2-49}$$

③ 共漏极放大电路——源极输出器。

与射极输出器一样,场效应管也可组成具有高输入电阻、低输出电阻的源极输出器,如图2-3-32所示。下面简单分析该电路的性能指标。

a. 电压放大倍数A_{u}。

由图2-3-32(b)可知

$$A_{u} = \frac{U_{o}}{U_{i}} = \frac{I_{D}R'_{L}}{U_{GS}+U_{o}} = \frac{U_{GS}g_{m}R'_{L}}{U_{GS}+U_{GS}g_{m}R'_{L}}$$

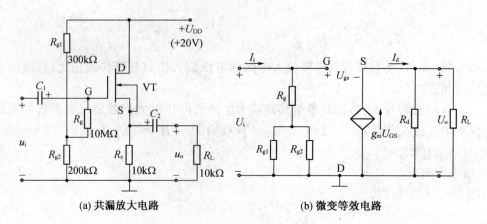

(a) 共漏放大电路   (b) 微变等效电路

图 2 - 3 - 32   源极输出器

即
$$A_u = \frac{g_m R'_L}{1 + g_m R'_L} \tag{2-50}$$

式中
$$R'_L = R_s \; /\!/ \; R_L$$

设静态工作点的 $g_m = 3\ \text{ms}$，将 $R_s = 10\ \text{k}\Omega$，$R_L = 10\ \text{k}\Omega$，代入上式得

$$A_u = \frac{3 \times \dfrac{10 \times 10}{10 + 10}}{1 + 3 \times \dfrac{10 \times 10}{10 + 10}} \approx 0.94$$

可见，源极输出器与射极输出器一样，其电压放大倍数小于 1，输出电压与输入电压同相。

b. 输入电阻 R_i。

由图 2 - 3 - 32(b) 可得

$$R_i = R_g + (R_{g1} \; /\!/ \; R_{g2}) \approx R_g = 10\ \text{M}\Omega$$

c. 输出电阻 R_o。

按照求输出电阻的分析方法，令图 2 - 3 - 32(b) 中的 $U_i = 0$（短路），断开 R_L，在输出端加一交流探察电压 U_p，如图 2 - 3 - 33 所示。

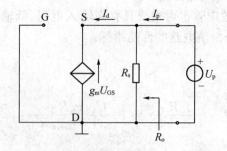

图 2 - 3 - 33   共漏电路输出电阻的求法

由该等效电路即可求出输出电阻为

$$R_o = R_s \mathbin{/\mkern-5mu/} \frac{U_P}{I_D}$$

其中，$\dfrac{U_P}{I_D} = \dfrac{U_P}{-g_m U_{GS}} = \dfrac{U_P}{-g_m(-U_P)} = \dfrac{1}{g_m}$

$$R_o = \frac{U_P}{I_P} = R_s \mathbin{/\mkern-5mu/} \frac{1}{g_m} \tag{2-51}$$

$$= 10 \mathbin{/\mkern-5mu/} \frac{1}{3} \approx 0.32\ \text{k}\Omega$$

由此可知，源极输出器的输出电阻除了与源极电阻 R_s 有关外，还与跨导有关，跨导越大，输出电阻越小。

和双极型三极管一样，场效应管放大电路，除共源极、共漏极电路外，还有共栅极电路，它的电路形式和特点类似于双极型三极管共基极电路，这里不再讨论。

2.4 晶闸管的特性与检测

2.4.1 晶闸管简介

晶闸管是一种既具有开关作用，又具有整流作用的大功率半导体器件。它是晶体闸流管的简称，俗称可控硅整流器，简称可控硅。主要应用于可控整流、变频、逆变及无触点开关等多种电路。它能以小功率信号去控制大功率系统，从而构成了弱电和强电领域的桥梁。晶闸管诞生以来，技术发展迅速，新兴的派生器件越来越多，功率越来越大，性能越来越好，已形成了一个晶闸管大家族。包括普通晶闸管、快速晶闸管、逆导晶闸管、双向晶闸管、可关断晶闸管和光控晶闸管。

1. 晶闸管的结构

晶闸管是一种大功率的半导体器件，可以把它看作是一个带有控制极的特殊整流管。应用它可以实现整流、变频等功能。目前常用的大功率晶闸管，外形有螺栓式和平板式两种。如图 2-4-1(a)所示。每种晶闸管都有三个电极：阳极 A、阴极 K 外加控制极 G。如图 2-4-1(b)所示。

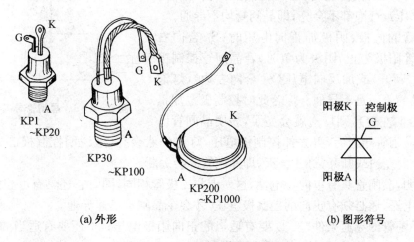

图 2-4-1 晶闸管外形和符号

螺栓式晶闸管的螺栓是阳极,粗辫子线是阴极,细辫子线是控制极。因螺栓式晶闸管的阳极是紧栓在散热器上的,所以安装和更换容易,但因为仅靠阳极散热器散热,散热效果较差,一般仅适用于额定电流小于 200 A 的晶闸管。

平板式晶闸管又分为凹台形和凸台形。对于凹台形的晶闸管,夹在两台面中间的金属引出端为控制极,距离控制极近的台面为阴极,距离控制极远的台面为阳极。两个电极都带有散热器,所以散热效果好,但更换麻烦。一般用于额定电流为 200 A 以上的晶闸管。

晶闸管的内部结构及符号如图 2 - 4 - 2 所示。它是具有三个 PN 结的四层半导体结构,分别标为 P_1、N_1、P_2、N_2 四个区,具有 J_1、J_2、J_3 三个 PN 结。

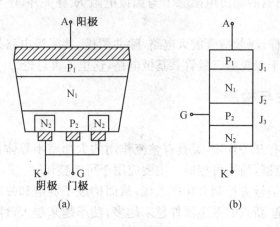

图 2 - 4 - 2　晶闸管的内部结构

2. 晶闸管的工作原理

为了弄清晶闸管是怎样进行工作的,可用如下的实验来说明。在图 2 - 4 - 3 中,由电源 E_A、双掷开关 S_1、灯泡和晶闸管的阳极和阴极形成了主回路;而电源 E_G、双掷开关 S_2 经由晶闸管的控制极和阴极形成了晶闸管的触发电路。

当晶闸管的阳极、阴极加反向电压时(S_1 合向左边),即阳极为负、阴极为正时,不管控制极如何(断开、负电压、正电压),灯泡都不会亮,即晶闸管均不导通。

当晶闸管的阳极、阴极加正向电压时(S_1 合向右边),即晶闸管阳极为正、阴极为负时,若晶闸管控制极不加电压(S_2 断开)或加反向电压(S_2 合向右边),灯泡也不会亮,晶闸管还是不导通。但若此时控制极也加正向电压(S_2 合向左边),则灯泡就会亮了,表明晶闸管已

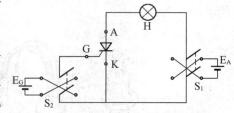

图 2 - 4 - 3　晶闸管导电特性实验

导通。一旦晶闸管导通后,再去掉控制极电压,灯泡仍然会亮,这说明控制极已失去作用了。只有将 S_1 合向左边或断开,灯才会灭,即晶闸管才会关断。

实验表明,晶闸管具有单向导电性,这一点与二极管相同;同时它还具有可控性,除了要有正向的阳极电压,还必须有正向的控制极电压,才会令晶闸管迅速导通。

因此,晶闸管的导通条件是:① 要有适当的正向阳极电压;② 还要有适当的正向的控制极电压,且一旦晶闸管导通,控制极将失去作用。

要使导通的晶闸管关断,只能利用外加电压和外电路的作用使流过晶闸管的电流降到接

近于零的某一数值(称为维持电流)以下,因此可以采取去掉晶闸管的阳极电压,或者给晶闸管阳极加反向电压,或者降低正向阳极电流等方式来使晶闸管关断。

晶闸管的导通为何具有以上特性呢?我们可以通过晶闸管的内部等效电路来解释。如图2-4-4所示。将晶闸管等效为一对互补的三极管。工作原理如下:

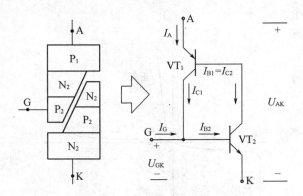

图 2-4-4 晶闸管的内部等效电路

当在晶闸管的阳极和阴极间加反向电压时,由于 PN 结 J_1、J_3 均承受反向电压,无论有无控制电压,晶闸管都不会导通。

当在阳极与阴极间加上正向电压 U_{AK}、控制极与阴极间加上正向电压 U_{GK} 后,就产生了控制电流 I_G(即 I_{B2})。经放大后得 $I_{C2}=\beta_2 I_{B2}$,I_{C2} 同时又是 VT_1 的基极电流 I_{B1},故 $I_{C1}=\beta_1 I_{B1}=\beta_2 I_{C2}=\beta_1 \beta_2 I_{B2}$,此电流又作为 VT_2 的基极电流再进行放大。若 $\beta_1 \beta_2 > 1$,上述过程就是一个强烈的正反馈过程,两只三极管迅速进入饱和导通状态。管子内部的正反馈作用足以维持这种导通状态,即使没有控制极电流 I_G,其导通状态也不会改变。要想使晶闸管由导通变为阻断状态,必须减小阳极电流 I_A。当 I_A 下降时,三极管 VT_1、VT_2 的集电极电流相应减小,$\beta_1 \beta_2$ 变低。当 $\beta_1 \beta_2 < 1$ 时,晶闸管内部正反馈过程不能维持,管子随即由导通状态变为阻断状态。

由此,晶闸管具有以下几种状态:

(1)正向阻断。晶闸管加正向电压,且其值不超过晶闸管的额定电压,控制极未加电压的情况下,即 $I_G = 0$ 时,正向漏电流很小。

(2)触发导通。加正向阳极电压的同时加正向控制极电压,当控制极电流 I_G 增大到一定程度,发射极电流也增大,晶闸管处于导通状态,阳极电流的值由外接负载限制。

(3)硬开通。若给晶闸管加正向阳极电压,但不加控制极电压,此时若增大正向阳极电压,则正向漏电流也会随着阳极电压的增大而增大,当增大到一定程度时,晶闸管也会导通,这种使晶闸管导通的方式称为硬开通。多次硬开通会造成管子永久性损坏。

(4)晶闸管关断。当流过晶闸管的阳极电流降低至小于维持电流时,晶闸管恢复阻断状态。

(5)反向阻断。当晶闸管阳极加反向电压时,由于 VT_1、VT_2 处于反压状态,不能工作,所以无论有无控制极电压,晶闸管都不会导通。

另外,还有几种情况可以使晶闸管导通。如:温度较高,晶闸管承受的阳极电压上升率 du/dt 过高;光的作用,即光直接照射在硅片上等,都会使晶闸管导通。但在所有使晶闸管导通的情况中,除光触发可用于光控晶闸管外,只有控制极触发是精确、迅速、可靠的控制手段,其他均属非正常导通情况。

3. 晶闸管的特性

（1）晶闸管的阳极伏安特性。

晶闸管的阳极伏安特性是指阳极和阴极之间的电压与阳极电流的关系,简称伏安特性。如图 2-4-5 所示。

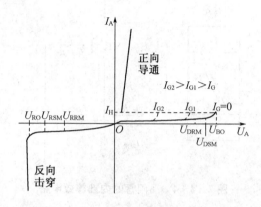

图 2-4-5　晶闸管的阳极伏安特性曲线

第 Ⅰ 象限为晶闸管的正向特性,第 Ⅲ 象限为晶闸管的反向特性。当控制极断开时电流为零,虽有正向阳极电压,但由于 J_2 反偏,晶闸管仍处于正向阻断状态,只有很小的正向漏电流。但当正向电压增大到一定程度到转折电压 U_{BO} 时,漏电流急剧增大,晶闸管处于正向导通状态。

正常工作时,不允许把正向阳极电压加到正向转折电压 U_{BO},而是给控制极加上正向电压,I_G 越大,则元件的正向转折电压就会越低。

导通后的晶闸管其通态压降很小,在 1 V 左右。若导通期间,阳极电流降至维持电流 I_H 以下时,晶闸管就又回到正向阻断状态。

晶闸管加反向阳极电压(第 Ⅲ 象限特性)时,此时晶闸管的 J_1、J_3 均为反向偏置,处于反向阻断状态。阻断状态时的晶闸管特性和二极管的反向特性相似,只有很小的反向漏电流。但当反向电压增大到一定程度,漏电流的急剧增大会导致元件的发热损坏。

（2）晶闸管的控制极伏安特性。

晶闸管的控制极和阴极间有一个 PN 结 J_3,它的伏安特性称为控制极的伏安特性。它的正向特性不像普通二极管一样正向电阻很小而反向电阻很大,它的正、反向电阻是很接近的。在这个特性中表示了晶闸管确定产生导通控制极电压、电流的范围。

晶闸管出厂时给出的保证该型号器件触发的最小触发电压和电流,一般通用于同型号的晶闸管。在设计电路时,应使其产生的触发脉冲的电压和电流大于标准规定的控制极电压和电流,以保证任何一个合格的器件都能正常工作。而在器件不触发时,触发电路输出的漏电压和电流应较低,有时为了避免误动作,还要在晶闸管的控制极上加一负偏压。

因此,元件的触发电压和电流要适中,太大会造成损耗增大和易损害晶闸管;太小又造成触发困难。另外,在设计触发电路时还要考虑到温度的影响,温度升高,触发电压和电流会降低,反之增大。

4. 晶闸管的参数

正确使用晶闸管,不仅要了解晶闸管的特性和工作原理,还要理解晶闸管的主要参数所代表的重要意义。

(1) 断态重复峰值电压 U_{DRM}。

当控制极断开,元件处于额定结温时,允许重复加在器件上的正向峰值电压为断态重复峰值电压,用 U_{DRM} 表示。普通晶闸管的断态重复峰值电压 U_{DRM} 一般为 100~3 000 V。

(2) 反向重复峰值电压 U_{RRM}。

类似的,当控制极断开,元件处于额定结温时,允许重复加在器件上的反向峰值电压为晶闸管的反向重复峰值电压,用 U_{RRM} 表示。普通晶闸管的反向重复峰值电压 U_{RRM} 一般为 100~3 000 V。

(3) 额定电压 U_{Tn}。

因为晶闸管的额定电压为瞬时值,一般取正向峰值电压 U_{DRM} 和反向重复峰值电压 U_{RRM} 的较小值,再取相应的标准电压等级中偏小的电压值。为防止温度升高和异常电压的出现,在实际选用时额定电压要留有一定的裕量,一般为实际工作时晶闸管承受的峰值电压的 2~3 倍。

(4) 通态平均电流 $I_{T(AV)}$。

在环境温度为+40℃和规定的冷却条件下,晶闸管在电阻性负载的单相工频正弦半波、导通角不小于 170°的电路中,结温不超过额定结温且稳定时,晶闸管所允许通过的最大电流的平均值。其值一般为 1~1 000 A。

(5) 维持电流 I_H。

指在室温下控制极断开时,晶闸管从较大的通态电流降至刚好能保持导通所必需的最小的阳极电流。一般为几十到几百毫安。维持电流与结温有关,结温越高,则维持电流 I_H 越小。

(6) 擎住电流 I_L。

指晶闸管加上触发电压,当元件从阻断状态刚转入通态就去除触发电压,此时要维持元件导通所需要的最小阳极电流。对同一晶闸管来说,通常 I_L 为 I_H 的 2~4 倍。

(7) 断态重复峰值电流 I_{DRM} 和反向重复峰值电流 I_{RRM}。

二者分别是对应于晶闸管承受断态重复峰值电压 U_{DRM} 和反向重复峰值电压 U_{RRM} 时的电流。

(8) 浪涌电流 I_{TSM}。

是一种由于电路异常情况引起的使结温超过额定结温的不重复性最大正向过载电流,用峰值表示。它是用来设计保护电路的。

2.4.2 单相桥式半控整流电路

用晶闸管全部或部分取代前面讲述的单相整流电路中的二极管,就可以制成输出电压可调的单相可控整流电路。单相桥式半控整流电路如图 2-4-6(a)所示,其中变压器二次侧电压为 u_2,四个整流元件中 VT_1、VT_2 为可控晶闸管,受引入的触发脉冲信号控制导通时间,VD_1、VD_2 为整流二极管,R_L 为负载。

在 u_2 的正半周(a 端为正)时,VT_1 和 VD_2 承受正向电压。这时如对晶闸管 VT_1 引入触发信号,则 VT_1 和 VD_2 导通,电流的通路为 a 端→VT_1→R_L→VD_2→b 端,而 VT_2 和 VD_1 都因承受反向电压而截止。同样,在 u_2 的负半周(b 端为正)时,VT_2 和 VD_1 承受正向电压。这时如对晶闸管 VT₂ 引入触发信号,则 VT₂ 和 VD₁ 导通,电流的通路为 b 端→VT₂→R_L→VD₁→a 端,而 VT₁ 和 VD₂ 处于截止状态。

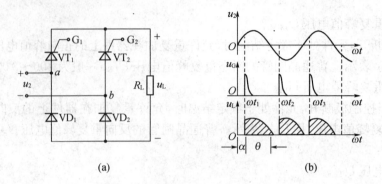

图 2-4-6　单相桥式半控整流电路

把晶闸管从承受正向电压到触发导通之间的电角度 α 称为控制角,与晶闸管导通时间对应的电角度 θ 则称为导通角,显然有:$\alpha+\theta=180°$。

如果在晶闸管承受正向电压的时间内,改变控制极触发脉冲的输入时刻(即改变控制角 α),负载上得到的电压波形就随着改变,这样就控制了负载上输出电压的大小。导通角 θ 愈大,输出电压愈高。在正负半周,电路均有一组管子轮流导通,所以其二次侧电流 i_2 的波形是正负对称的缺角的正弦波,无直流分量,但存在奇次谐波电流,控制角 $\alpha=90°$时,谐波分量最大,对电网有不利影响,要尽量避免。

当可控整流电路接电阻性负载时,单相半控桥的电压与电流的波形如图 2-4-6(b)所示,整流输出电压的平均值可用下式表示

$$U_l = \frac{1}{\pi}\int_{\alpha}^{\pi}\sqrt{2}U_2\sin\omega t\,\mathrm{d}(\omega t)$$
$$= 0.9U_2\frac{1+\cos\alpha}{2} \tag{2-52}$$

从上式可以看出,当 $\alpha=0°$,($\theta=180°$)时,晶闸管在正半周全导通,输出电压最大,若 $\alpha=180°$,晶闸管全关断,无输出电压。

直流输出电流的平均值 I_l 为

$$I_l = \frac{U_l}{R_l} = 0.9\frac{U_2}{R_l}\cdot\frac{1+\cos\alpha}{2} \tag{2-53}$$

可控整流电路由于负载性质不同,电路工作情况也有所不同。实际工作中遇到较多的是电感性负载,如各种电机的励磁绕组,各种电感线圈等。在电路为感性负载时,桥式半控整流电路会发生失控现象,只有在主电路中接入续流二极管,才能消除这些弊端。

在电力电子电路中,虽然晶闸管有很多优点,但它们的过载能力很差,所以使用时除了器件参数选择合适、驱动电路设计良好外,采用合适的过电压保护、过电流保护、$\mathrm{d}u/\mathrm{d}t$ 保护和 $\mathrm{d}i/\mathrm{d}t$ 保护是非常必要的。

2.5 功放电路分析

2.5.1 功放电路概述

放大电路的输出级,不但要向负载提供大的信号电压,而且要向负载提供大的信号电流。这种以供给负载足够大的信号功率为目的的放大电路,称为功率放大电路。

1. 功率放大电路的特点和要求

功率放大电路常常出现在多级放大电路的输出级,直接用于驱动负载,如电动机的控制绕组、收音机的扬声器等。因此,功率放大电路和前面讨论过的电压放大电路要完成的任务有一些区别,也会产生一些电压放大电路中没有出现过的特殊问题,概括起来有如下几个方面:

(1) 功率放大电路要求输出功率尽可能大。

电压放大电路的主要要求是使负载获得不失真的电压信号,一般工作于小信号状态,而功率放大电路则以获得一定的不失真或较小失真的输出功率为主要任务,电路的输出电压、电流幅度都很大。因此,功率放大管的动态工作范围很大,其上的电压、电流都处于大信号状态,一般以不超过晶体管的极限参数为限度。

(2) 非线性失真要小。

由于功率放大电路工作于大信号状态,三极管通常工作于饱和区和截止区的边缘,往往会产生非线性失真。而且功率管的输出功率越大,其非线性失真将越严重,这是功率放大器设计过程中所必须解决的一对矛盾:既要输出尽可能大的功率,又要使非线性失真限制在负载所允许的范围内。

(3) 效率要高,管耗要小。

从能量转换的观点来看,功率放大电路提供给负载的交流功率是在输入交流信号的控制下从直流电源提供的能量转换而来。但是任何电路都只能将直流电能的一部分转换成交流能量输出,其余的部分主要是以热能的形式损耗在功率管和电阻上,并且主要是功率管的损耗。所以功率管的外形通常制造得更有利于散热。对于同样功率的直流电能,转换成的交流输出能量越多,功率放大电路的效率就越高。而低效率不仅会意味着能源的浪费,还可能引起功率管因过度发热而损毁。

因为功率放大电路在工作任务上具有上述的一些特殊性,所以它的主要技术指标也不同于电压放大电路。电压放大电路的任务是向负载提供不失真的电压信号,因此以电压放大倍数、输入电阻、输出电阻为主要技术指标。而功率放大电路的任务是向负载提供尽可能大的功率,所以将输出功率、管耗和效率等参数作为它的主要指标。

2. 功率放大电路的分类

如前所述,功率放大电路因为工作于大信号状态,往往产生非线性失真,所以分析电压放大电路所用的微变等效电路法已不再适用,通常采用图解法。

利用图解分析法可以看到,根据晶体管静态工作点设置的不同,可以将放大电路分成三种类型:

(1) 甲类放大。

甲类放大的典型工作状态如图 2-5-1(a)所示,工作点设置在放大区的中间,这种电路的优点是在输入信号的整个周期内三极管都处于导通状态,输出信号失真较小(前面讨论的电压放大器都工作在这种状态),缺点是三极管有较大的静态电流 I_{CQ},因而管耗 P_T 大,电路能量转换效率低。可以证明，甲类放大电路即使在理想情况下，效率最高也只能达到 50%。而实际效率一般不超过 40%。

（2）甲乙类放大。

甲乙类放大电路的工作点较低，靠近截止区，如图 2-5-1(b)所示。静态时三极管处于微导通状态，电流较小，因而管耗也较小，能量转换的效率较高。存在的问题是，有部分信号波形进入截止区，不能被放大，产生非线性失真。

（3）乙类放大。

乙类放大器的工作点设置在截止区，三极管的静态电流 $I_{CQ}=0$，如图 2-5-1(c)所示。这类功率放大器管耗更小，能量转换效率也更高，它的缺点是只能对半个周期的输入信号进行放大，存在严重的非线性失真。

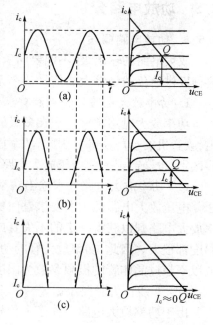

图 2-5-1　功率放大器三种工作状态
(a) 甲类　(b) 甲乙类　(c) 乙类

2.5.2　互补对称功率放大电路分析

上一节提到的乙类和甲乙类功率放大器，虽然减小了管耗，提高了效率，但都出现了严重的失真。如果既要保持静态时管耗小，又要使失真不严重，就必须在电路结构上采取措施。下面介绍的 OCL 和 OTL 电路就是常见的采用互补对称结构的功率放大电路。

1. OCL 电路

（1）电路组成。

工作在乙类的放大电路，输入信号的半个波形因进入截止区而被削掉了，如果采用两个管子，使之都工作在乙类放大状态，其中一个工作在正半周，另一个工作在负半周，而将两管的输出波形都加在负载上，在负载上就可以获得完整的波形了。

图 2-5-2 电路是一个基本的互补对称电路。电路采用无输出电容器的直接耦合方式，因此被称为 OCL 电路（OCL 是 Output Capacitorless，"无输出电容器"的缩写）。图中 VT$_1$ 为 NPN 型晶体管，VT$_2$ 为 PNP 型晶体管，两个管子的基极和发射极相互连接在一起，信号从发射极输出，构成对称的射极输出器形式。当输入正弦信号 u_i 为正半周时，VT$_1$ 的发射结为正向偏置，VT$_2$ 的发射结为反向偏置，于是 VT$_1$ 管导通，VT$_2$ 管截止。此时的 $i_{e1} \approx i_{c1}$ 流过负载 R_L。当输入信号 u_i 为负半周时，VT$_1$ 管为反向偏置，VT$_2$ 管为正向偏置，VT$_1$ 管截止，VT$_2$ 管导通，此时有电流 $i_{e2} \approx i_{c2}$ 通过负载 R_L。这种 VT$_1$、VT$_2$ 两管在

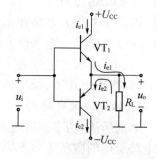

图 2-5-2　基本互补对称电路

输入信号的作用下交替导通，交替起到放大作用的工作方式称为推挽式工作方式。在这种工作方式下，两个管子性能对称，互补对方的不足，使负载得到了完整的波形，因此这种电路被称作互补对称电路。

（2）分析计算。

图 2-5-3 是基本 OCL 乙类互补对称电路的图解分析。为简化分析,在此假定,对于 VT_1,只要 $u_{BE}>0$,管子就导通。显然在一个周期内 VT_1 导通时间为半个周期,即 u_i 正半周时 VT_1 导通,同理,u_i 的负半周 VT_2 将导通。为了便于分析,将 VT_2 的输出特性曲线倒置在 VT_1 的输出特性曲线下方,并令二者在 Q 点,即 $u_{CE}=U_{CC}$ 处重合,形成 VT_1 和 VT_2 的所谓合成曲线。这时负载线通过 U_{CC} 点形成一条斜线,其斜率为 $-1/R_L$。显然,允许的 i_c 的最大变化范围为 $2I_{cm}$,u_{ce} 的变化范围为 $2(U_{CC}-U_{CES})=2U_{cem}=2I_{cm}R_L$。如果忽略管子的饱和压降 U_{CES},则 $U_{cem}=I_{cm}R_L\approx U_{CC}$。

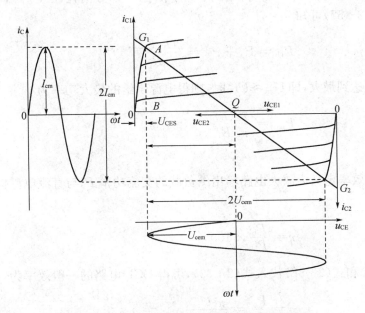

图 2-5-3 OCL 乙类互补对称电路的图解分析

根据以上分析,可以求出图 2-5-2 中 OCL 电路的输出功率、管耗、直流电源供给的功率和效率。

a. 输出功率 P_o。

输出功率用输出电压有效值 U_o 和输出电流有效值 I_o 的乘积来表示。设输出电压的幅值为 U_{om},则

$$P_o = U_o I_o = \frac{U_{om}}{\sqrt{2}} \frac{U_{om}}{\sqrt{2}R_L} = \frac{1}{2} \frac{U_{om}^2}{R_L} \tag{2-54}$$

因为 VT_1、VT_2 工作在射极输出器状态,$A_u \approx 1$,$U_{im} \approx U_{om}$。当输入信号足够大,使 $U_{im} \approx U_{om}=U_{cem}=U_{CC}-U_{CES}$、$I_{om}=I_{cm}$ 时,可获得最大的输出功率,若忽略 U_{CES},则

$$P_{om} = \frac{1}{2} \frac{U_{om}^2}{R_L} = \frac{1}{2} \frac{U_{cem}^2}{R_L} \approx \frac{1}{2} \frac{U_{CC}^2}{R_L} \tag{2-55}$$

b. 管耗 P_T。

由于 VT_1 和 VT_2 是对称的两管,而且在一个信号周期内各导通半周,总管耗的计算,只需先求出单管的损耗然后乘以 2 就行了。根据计算可得,当输出电压幅度为 U_{om} 时,VT_1 的管耗为

$$P_{T_1} = \frac{1}{R_L}\left(\frac{U_{CC}U_{om}}{\pi} - \frac{U_{om}^2}{4}\right) \tag{2-56}$$

则两管的总管耗为

$$P_T = P_{T_1} + P_{T_2} = \frac{2}{R_L}\left(\frac{U_{CC}U_{om}}{\pi} - \frac{U_{om}^2}{4}\right) \tag{2-57}$$

c. 直流电源供给的功率 P_U。

直流电源供给的功率 P_U 一部分成为信号功率,另一部分消耗在 VT_1、VT_2 的上,因此,由式(2-54)和式(2-57)可知

$$P_U = P_o + P_T = \frac{2U_{CC}U_{om}}{\pi R_L} \tag{2-58}$$

当输出电压幅值达到最大,即 $U_{om} \approx U_{CC}$ 时,则得电源供给的最大功率为

$$P_{um} = \frac{2}{\pi}\frac{U_{CC}^2}{R_L} \tag{2-59}$$

d. 效率 η。

放大电路的效率定义为放大电路输出给负载的交流功率 P_o 与直流电源提供的功率 P_U 之比,即

$$\eta = \frac{P_o}{P_U} \times 100\% \tag{2-60}$$

将式(2-54)和式(2-58)代入式(2-60),可得 OCL 电路的一般效率为

$$\eta = \frac{P_o}{P_U} = \frac{\pi}{4}\frac{U_{om}}{U_{CC}} \tag{2-61}$$

当 $U_{om} \approx U_{CC}$ 时,

$$\eta = \frac{P_o}{P_U} = \frac{\pi}{4} \approx 78.5\% \tag{2-62}$$

此时为电路效率最高的状态。这个结论是假定负载电阻为理想值,忽略管子的饱和压降 U_{CES} 和输入信号足够大情况下得来的,实际效率比这个数值要低些。

(3) 功率管的选择。

因为功率放大电路中功率常管处于接近极限工作状态。因此,在选择功率管时特别要注意以下三个参数。

a. 功率管的最大允许管耗 P_{CM}。

由式(2-56)可知,乙类互补对称放大电路的管耗是输出电压幅度 U_{om} 的函数,对式(2-56)中 P_{T1} 求极值可得,当 $U_{om} = 2U_{CC}/\pi \approx 0.6U_{CC}$ 时,具有最大管耗,此时

$$P_{T_{1m}} = \frac{1}{\pi^2}\frac{U_{CC}^2}{R_L} \tag{2-63}$$

考虑到最大输出功率 $P_{om} = U_{CC}^2/2R_L$,则每管的最大管耗和电路的最大输出功率之间有如下关系

$$P_{T_{1m}} = \frac{1}{\pi^2} \frac{U_{CC}^2}{R_L} \approx 0.2 P_{om} \qquad (2-64)$$

在选择功率管时,可按(2-64)式考虑其最大允许管耗。例如,如果要求输出功率为10 W,则只要功率管的最大允许管耗大于 2 W 就可以了。

此外,功率管的散热问题会影响管子的 P_{CM}。因为功率管的管耗直接表现为使管子的结温升高。当结温升高到一定程度(硅管一般为了 150℃,锗管一般为了 90℃),管子就会损坏,因此,散热状况将限制功率管的最大允许管耗。通常采取适当的散热措施可以充分发挥功率管的潜力。以 3AD6 为例,不加散热装置时,最大允许功耗仅为 1 W,如果加上 $120 \times 120 \times 4$ mm³ 的散热板时,最大允许功耗可增加至 10 W。所以,为了提高 P_{CM},通常要加上散热装置。

b. 集电极最大允许电流 I_{CM}。

因为通过功率管的最大集电极电流为 U_{CC}/R_L,功率管的 I_{CM} 应当大于此值。

c. 集射极间反向击穿电压 $U_{BR(CEO)}$。

当 VT_1 导通且 $u_{CE1} \approx 0$ 时,在 VT_2 上加的反向电压 $|u_{CE2}|$ 具有最大值,约为 $|2U_{CC}|$。因此,应选用 $U_{BR(CEO)} > 2U_{CC}$ 的管子。

(4) 交越失真及其消除。

前面对乙类互补对称功率放大电路输出功率、效率和管耗的分析计算过程基于一个重要的假定:对于 VT_1,只要 $u_{BE} > 0$,管子就导通,并据此认为,VT_1 恰好导通半周,同理可得 VT_2 也正好导通半周。但实际上,三极管都存在死区电压,$|u_{BE}|$ 必须在大于死区电压时,三极管才有放大作用。由于前面的基本互补对称放大电路静态时处于零偏置,当输入信号 u_i 低于死区电压时,VT_1 和 VT_2 都截止,i_{C1} 和 i_{C2} 基本为零,负载 R_L 上无电流通过,出现波形的缺失,如图2-5-4所示。这种现象称为交越失真。

克服交越失真的办法就是给电路提供一定的直流偏置,将电路改换成甲乙类互补对称放大电路。图2-5-5和图2-5-6为两种常用的甲乙类 OCL 电路。

图2-5-5所示的电路利用二极管 VD_1 和 VD_2 上产生的压降为 VT_1 和 VT_2 提供了适当的偏压,使之处于微导通状态。由于电路对称,静态时 $i_{C1} = i_{C2}$,$i_L = 0$,$u_O = 0$。有信号时,电路工作在甲乙类,基本上可以线性地进行放大。但这种偏置电路也存在缺点,即偏置电压不容易调整。

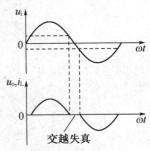

图 2-5-4 交越失真

图2-5-6电路采用电阻 R_1、R_2 和 VT_4 构成的 u_{BE} 扩大电路为 VT_1 和 VT_2 提供偏压,由于流入 VT_4 基极的电流远小于流过 R_1、R_2 电阻的电流,因此可求得

$$U_{B1B2} = U_{R1} + U_{R2} = U_{BE4} + \frac{U_{BE4}}{R_1} R_2 = U_{BE4} \left(1 + \frac{R_2}{R_1}\right) \qquad (2-65)$$

式(2-65)中 U_{BE4} 基本为一固定值,因此,只要适当调节 R_1、R_2 的阻值,就可改变 VT_1 和 VT_2 的偏压。

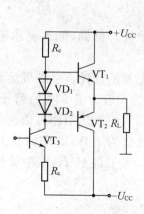

图 2 - 5 - 5　利用二极管提供偏置的甲乙类 OCL 电路

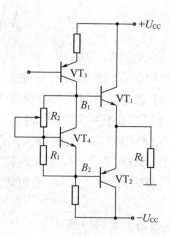

图 2 - 5 - 6　利用 U_{BE} 扩大电路提供偏置的甲乙类 OCL 电路

2. OTL 电路

前面介绍的 OCL 电路均由正负对称的两个电源供电,对电源的要求相对较高。图 2 - 5 - 7 所示电路为单电源供电的互补对称电路,这种电路的输出通过电容器与负载耦合,而不用变压器,所以又称 OTL 电路(OTL 是 Output Transformerless,"无输出变压器"的缩写)。

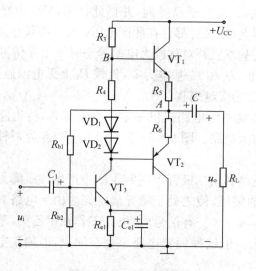

图 2 - 5 - 7　OTL 电路

电路中 C 为输出耦合电容。在无输入信号时,VT_1、VT_2 中只有很小的穿透电流通过,若两管的特性对称,则电容 C 将被充电,使得 A 点电位为 $U_{CC}/2$。

当输入信号 u_i(设为正弦电压)在负半周时,经前置级 VT_3 倒相后,VT_1 的发射结正向偏置而导通,VT_2 的发射结反向偏置而截止,有电流经 VT_1 通过 R_L,同时 U_{CC} 经 VT_1 对电容器 C 充电;当输入信号 u_i 在正半周时,VT_1 的发射结反向偏置而截止,VT_2 的发射结为正向偏置而导通。这时已充的电容器 C 起负电源的作用,通过 VT_2 和负载电阻 R_L 放电。使负载获得了随输入信号而变化的电流波形。通常将 C 的容量选择得足够大,使充放电的时间常数也足够大,使 A 点的电位基本稳定在 $U_{CC}/2$,这样就可以认为用电容 C 和一个电源 U_{CC} 代替了原来两个电源的作用,只是加在每个管子上的工作电压由原来的U_{CC}变成了$U_{CC}/2$。这也使得前面导出的计算P_o、P_T和P_U的公式必须加以修正。例如,理想情况下,OTL电路的最大输出功率为

$$P_{om} = \frac{1}{2}\left[\frac{(U_{CC}/2)^2}{R_L}\right] = \frac{1}{8}\frac{U_{CC}^2}{R_L} \tag{2-66}$$

为了进一步稳定工作点,即稳定A点的电位,常将前置放大级的偏置电阻R_{b1}接到A点以取得直流电压负反馈。例如,当环境温度升高使$U_A\uparrow$,则

$$U_A\uparrow \rightarrow U_{B3}\uparrow \rightarrow I_{B3}\uparrow \rightarrow I_{C3}\uparrow \rightarrow U_{C3}\downarrow \rightarrow U_A\downarrow$$

负反馈的引入,使U_A更加稳定。此外,R_{b1}和R_{b2}同时引入了交流负反馈,使放大电路的动态性能也得到了改善。

图中R_4、VD_1和VD_2用来提供VT_1和VT_2基极的偏压,使两管工作于甲乙类放大状态以消除交越失真;R_5、R_6是一对小电阻,若负载短路,它们对VT_1、VT_2有一定的限流保护作用。

3. 采用复合管的互补对称功率放大电路

在上述互补对称电路中,若要求输出较大功率,则要求功率管采用中功率或大功率管。这就产生了如下问题:一是大功率的PNP和NPN两种类型管子配对相对困难;二是输出大功率时功放管的峰值电流大,并不因为功放管具有特别大的β值,而是要求其前置级有较大推动电流,如果前级是电压放大器就难以做到。为了解决上述问题,可采用复合管互补对称电路。

(1) 复合管及其特点。

复合管是由两个或两个以上三极管按一定的方式连接而成的,又称为达林顿管。连接时,应遵守两条规则:第一,在串联点,必须保证电流的连续性;第二,在并接点,必须保证对外部电流为两个管子电流之和。根据这两条规则,可以得到复合管的四种形式,如图2-5-8所示。其中(a)、(b)为同类型管子组成的复合管,(c)、(d)是不同类型管子组成的互补型复合管。

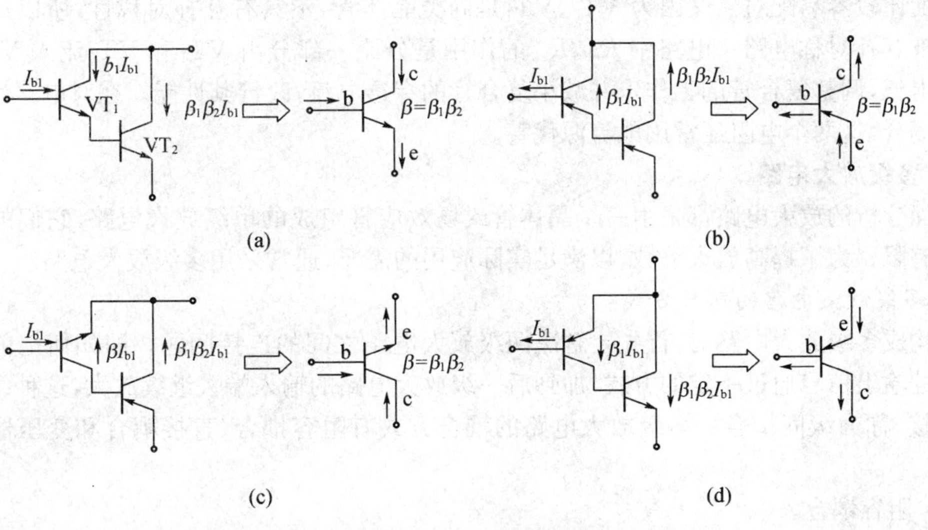

(a)

(b)

(c)

(d)

图2-5-8 复合管的四种形式

图2-5-8中对四种形式的复合管的电流方向及大小作了简略的分析,从中可以总结出

复合管的两大特点。

a. 复合管的管型和电极取决于第一管。如图(a)中 VT_1 为 NPN 管,则复合管就为 NPN 型。

b. 复合管的等效电流放大系数是两管电流放大系数的乘积。

(2) 采用复合管的互补对称功率放大电路。

图 2-5-9 所示为采用复合管的 OCL 电路,复合管由同类型管组成。由前述复合管的特点可知,复合管具有很大的电流放大系数,因此,采用复合管作为功放管,降低了对前级推动电流的要求。不过,电路中直接向负载 R_L 提供电流的两个末级对管 VT_3、VT_4 的类型不同,大功率情况下两者很难选配到完全对称。

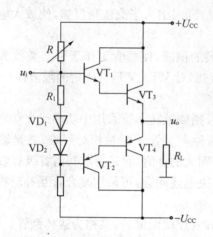

图 2-5-9 采用复合管的 OCL 电路

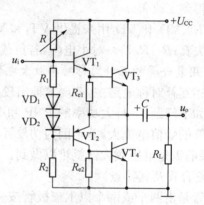

图 2-5-10 采用复合管的 OTL 电路

图 2-5-10 电路则是一个 OTL 电路,而且与图 2-5-9 不同的是,VT_2、VT_4 采用了不同类管组成的互补型复合管,这使得 VT_3、VT_4 两个末级对管是同一类型的(图中均为 NPN 型),因而比较容易配对。又因为 VT_3、VT_4 是同类晶体管,不具有互补对称性,所以这种电路又称为准互补对称电路。电路中 R_{e1}、R_{e2} 的作用是分流一部分由 VT_1 和 VT_2 流入 VT_3、VT_4 基极的电流,调整复合管的工作点并减小复合管的穿透电流,改善其性能。在对电路性能要求更高的场合,这两个电阻还常用电流源代替。

2.5.3 多级放大电路

前面分析的放大电路都是由一个晶体管或场效应管组成的单级放大电路,它们的放大倍数极其有限。为了提高放大倍数,以满足实际应用的需要,通常采用多级放大电路。

1. 多级放大电路的耦合方式

在构成多级放大电路时,首先要解决两级放大电路之间的连接问题。即如何把前一级放大电路的输出信号通过一定的方式,加到后一级放大电路的输入端去继续放大,这种级与级之间的连接,称为级间耦合。多级放大电路的耦合方式有阻容耦合、直接耦合和变压器耦合等方式。

(1) 阻容耦合。

图 2-5-11 为两级阻容耦合放大电路。

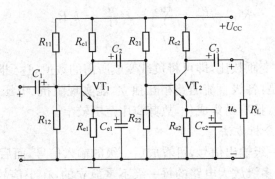

图 2-5-11　典型的两级阻容耦合放大电路

图中两级都有各自独立的分压式偏置电路,以便稳定各级的静态工作点。前后两级之间通过电容 C_2 和后一级的输入电阻相连接,所以叫阻容耦合放大电路。阻容耦合的优点是:前后级直流通路彼此隔开,每一级的静态工作点都相互独立,互不影响,便于分析、设计和应用。缺点是:不能传递直流信号和变化缓慢的信号,信号在通过耦合电容加到下一级时会有较大衰减。在集成电路里因制造大电容很困难,所以阻容耦合只适用于分立元件电路。

(2) 直接耦合。

直接耦合是将前后级直接相连的一种耦合方式,如图 2-5-12 所示。直接耦合的优点是:所用元件少,体积小,低频特性好,既可放大和传递交流信号,也可放大和传递变化缓慢的信号或直流信号,便于集成化。其缺点是:前后级直流通路相通,各级静态工作点互相牵制、互相影响。另外还存在零点漂移现象。因此,在设计时必须解决级间电平配置和工作点漂移两个问题,以保证各级有合适的、稳定的静态工作点。

(3) 变压器耦合。

变压器耦合是用变压器将前级的输出端与后级的输入端连接起来的耦合方式。常用来传送交变信号。采用变压器耦合的一个重要目的是耦合变压器在传送信号的同时能起变换阻抗的作用。

变压器实现阻抗变换的作用如图 2-5-13 所示。图中 N_1 为原边的匝数,N_2 为副边的匝数,$k = N_1/N_2$ 称为匝数比。则有

$$\frac{u_1}{u_2} = \frac{N_1}{N_2} = k \qquad \frac{i_1}{i_2} = \frac{N_2}{N_1} = \frac{1}{k}$$

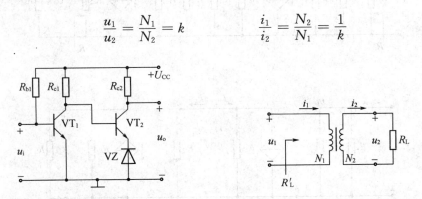

图 2-5-12　直接耦合两级放大电路　　图 2-5-13　变压器的阻抗变换作用

当认为变压器理想时,其副边所接的负载电阻 R_L 从原边看进去可等效为

$$R'_L = \frac{u_1}{i_1} = \frac{ku_2}{\dfrac{i_2}{k}} = k^2\frac{u_2}{i_2} = k^2 R_L \tag{2-67}$$

由上式可知,只要改变匝数比,即可将负载变成所需的数值,达到阻抗匹配的目的。

变压器耦合的优点是:各级直流通路相互独立,能实现阻抗、电压、电流变换。其缺点是:体积大,频率特性比较差,且不易集成化,故其应用范围较窄。

2. 多级放大电路的分析方法

多级放大电路的前一级输出信号,可看成后一级的输入信号,而后一级的输入电阻又是前一级的负载电阻。因此,多级放大电路的每一级不是孤立的,在小信号放大的情况下,运用微变等效电路法,能够方便地计算输入电阻、输出电阻和电压放大倍数。

(1) 输入电阻和输出电阻。

图 2-5-11 两级阻容耦合放大电路的微变等效电路如图 2-5-14 所示。根据输入电阻、输出电阻的概念,由图 2-5-14 可以看出整个多级放大电路的输入电阻即为从第一级看进去的输入电阻。对于图 2-5-14 有

$$R_i = \frac{U_i}{I_i} = R_{11} /\!/ R_{12} /\!/ r_{be1} = R_1 /\!/ r_{be1}$$

其中,$R_1 = R_{11} /\!/ R_{12}$ 为第一级的等效偏流电阻。

同理多级放大电路的输出电阻即为从最后一级看进去的输出电阻,对于图 2-5-14 有

$$R_o = R_{o2} \approx R_{c2}$$

(2) 电压放大倍数

由图 2-5-14(b)可知,第一级的电压放大倍数为

$$A_{u1} = \frac{U_{o1}}{U_i}$$

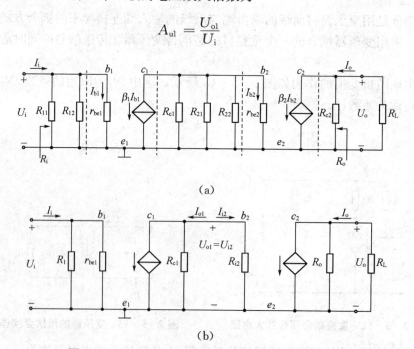

(a)

(b)

图 2-5-14　两级 RC 耦合放大电路的微变等效电路

第二级的电压放大倍数为

$$A_{u2} = \frac{U_o}{U_{i2}} = \frac{U_o}{U_{o1}}$$

总的电压放大倍数为

$$A_u = \frac{U_o}{U_i} = \frac{U_{o1}}{U_i} \times \frac{U_o}{U_{i2}} = A_{u1} \cdot A_{u2} \tag{2-68}$$

推广到 n 级放大电路,总的电压放大倍数为

$$A_u = A_{u1} \cdot A_{u2} \cdots A_{un} \tag{2-69}$$

需要强调的是,在计算每一级的电压放大倍数时,要把后一级的输入电阻视为它的负载电阻。

在式(2-68)中

$$A_{u1} = -\beta_1 \frac{R'_{L1}}{r_{be1}} \tag{2-70}$$

其中,$R'_{L1} = R_{c1} /\!/ R_{i2}$,即 R'_{L1} 为 R_{c1}、R_{21}、R_{22} 和 r_{be2} 四个电阻并联。

$$A_{u2} = -\beta_2 \frac{R'_{L2}}{r_{be2}} \tag{2-71}$$

其中,$R'_{L2} = R_{c2} /\!/ R_L$,所以

$$A_u = A_{u1} \cdot A_{u2} = \left(-\beta_1 \frac{R'_{L1}}{r_{be1}}\right) \cdot \left(-\beta_2 \frac{R'_{L2}}{r_{be2}}\right) \tag{2-72}$$

在中频范围内,共发射极放大电路每级相移为 π,则 n 级放大电路的总相移为 $n\pi$。因此,对于奇数级总相移为 π,即输出电压与输入电压反相;对于偶数级总相移为零,即输出电压与输入电压同相。这样总的电压放大倍数表示式可写成

$$A_u = (-1)^n A_{u1} \cdot A_{u2} \cdots A_{un} \tag{2-73}$$

在现代电子设备中,放大倍数往往很高,为了表示和计算的方便,常采用对数表示,称为增益。增益的单位常用"分贝"(dB)。

功率增益

$$A_p = 10\lg \frac{P_o}{P_i} (\text{dB}) \tag{2-74}$$

由于在给定的电阻下,电功率与电压或电流的平方成正比,因此电压或电流的增益可表示为:

电压增益

$$A_u = 20\lg \frac{U_o}{U_i} (\text{dB}) \tag{2-75}$$

电流增益

$$A_i = 20\lg \frac{I_o}{I_i} (\text{dB}) \tag{2-76}$$

增益采用分贝表示的最大优点在于:① 可以将多级放大电路放大倍数的相乘关系转化为

对数的相加关系,② 读数和计算方便。

3. 放大电路的频率特性

(1) 单级共射阻容耦合放大电路的频率特性。

a. 频率响应。

前面讨论的低频放大电路都是以单一频率的正弦波作为输入信号的,而实际上,放大电路的输入信号并不是单一频率的正弦信号,而是在一段频率范围之内变化。例如广播中的音乐信号,其频率范围通常在 20 Hz 至 20 000 Hz 之间;又如电视中的图像信号的频率范围一般在 0 至 6 MHz,其他信号也都有特定的频率范围。作为一个放大电路,一般都有电容和电感等电抗元件,由于它们在各种频率下的电抗值不相同,因而使放大电路对不同频率信号的放大效果不完全一样,通常把放大器对不同频率的正弦信号的放大效果称为频率响应。

放大电路的频率响应可直接用放大电路的电压放大倍数对频率的关系来描述,即

$$A_u = A_u(f) \angle \varphi(f) \tag{2-77}$$

式中 $A_u(f)$ 表示电压放大倍数的模与频率 f 的关系,称为幅频特性;而 $\varphi(f)$ 表示放大电路输出电压与输入电压之间的相位差 φ 与频率 f 的关系,称为相频特性;两者综合起来称为放大电路的频率特性。图 2-5-15 所示为单级阻容耦合放大电路的频率响应特性,其中图 (a) 是幅频特性,图(b)是相频特性。

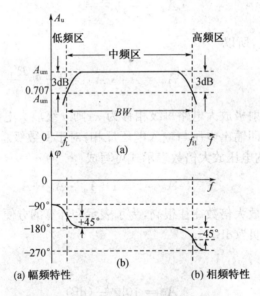

(a) 幅频特性　　　　　　　　　(b) 相频特性

图 2-5-15　放大电路的频率特性

b. 通频带。

从图 2-5-15 中可以看到,在中间一段较宽的频率范围内,曲线比较平坦,电压放大倍数 A_{um} 基本与频率 f 无关,输出信号相对于输入信号的相位差为 180°,这一段频率范围称中频区。随着频率的降低或升高,电压放大倍数都要减小,同时相位也要发生变化。通常规定放大倍数下降到 $0.707A_{um}$ 时所对应的两个频率,分别称为下限截止频率 f_L 和上限截止频率 f_H。这两个频率之间的范围称放大电路的通频带,用 BW 表示,即

$$BW = f_\text{H} - f_\text{L} \tag{2-78}$$

通频带是放大电路频率响应的一个重要指标,通频带越宽,表示放大电路工作频率的范围越大,放大电路质量越好。

例如某放大电路,在输入信号为 10 mV,5 kHz 时,输出电压为 1 V,放大倍数 $A_\text{u}=100$;当输入信号仍为 10 mV,而频率分别为 20 Hz 和 20 kHz 时,输出电压为 0.707 V,放大倍数 $A_\text{u}=70.7$,前者用分贝表示,即放大 40 dB,后者用分贝表示,即放大 37 dB。所以可以这样说,当频率 f 从 5 kHz 变化到 20 kHz 或 20 Hz 时,放大电路的电压放大倍数 A_u 从 100 下降为 $\dfrac{100}{\sqrt{2}}$ (或输出电压从 1 V 下降为 $\dfrac{1}{\sqrt{2}}$ V),即衰减(或下跌)3dB,同时产生 45°的附加相移。因此前面描述通频带的下限截止频率和上限截止频率,分别是对应下端或上端的 −3dB 点的频率。见图 2−5−15(a)。由通频带的定义可知,该放大电路的通频带为 $BW = f_\text{H} - f_\text{L} = 20$ kHz − 20 Hz $= 19\,980$ Hz $\approx f_\text{H}$。

由前面分析发现,阻容耦合放大电路的频率特性可划分为低频区、中频区和高频区三个区域。在中频区,输入、输出耦合电容和射极旁路电容因其容量较大,均可视为短路;而三极管的集电极与基极、基极与发射极之间的极间电容和接线分布电容,因数值很小,均可视为开路,它们对放大电路的放大倍数基本上不产生影响,所以忽略不计。下面定性分析低频区和高频区的频率特性。

c. 低频特性。

图 2−5−16 为共射单级阻容耦合放大电路。考虑电抗时的低频等效电路见图 2−5−17 所示。

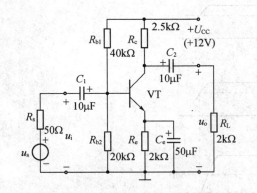
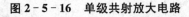
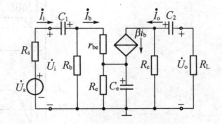

图 2−5−16　单级共射放大电路　　**图 2−5−17　单级共射放大电路低频等效电路**

从前面的分析可知,在低频区,电压放大倍数随着频率的降低而下降,同时还产生超前的附加相移。这是由于耦合电容 C_1、C_2 和射极旁路电容 C_e 在低频时阻抗增大,信号通过这些电容时被明显衰减,并且产生相移的缘故。信号频率越低,这种影响越严重。

可以证明,在实际放大电路中,低频区幅频特性的下降和它所产生的附加相移,主要是 C_e 引起的。这就是通常电路中选用射极旁路电容 C_e 要比耦合电容 C_1、C_2 大得多的原因。

根据经验,对于音频放大器一般选择 $C_1 = C_2 = 5\sim 50$ μF,$C_\text{e} = 50\sim 500$ μF。

d. 高频特性。

在图 2-5-16 中，C_1、C_2 和 C_e 在高频区的容抗很小，可看作短路。而晶体三极管的集电结结电容 C_{BC} 和发射结结电容 C_{BE} 以及电路的分布电容等组成了放大电路的等效输入电容 C_i 和等效输出电容 C_o，考虑电抗时放大电路的高频等效电路如图 2-5-18 所示。

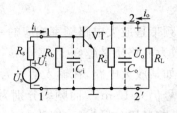

图 2-5-18　单级放大电路高频段等效电路

从图 2-5-15 中同样可以看出，在高频区，电压放大倍数随着频率的升高而下降，同时还产生滞后的附加相移。这是由于三极管的结电容和电路的分布（杂散）电容所构成的等效输入、输出电容在高频时容抗较小，对信号的分流作用增大，从而降低了电压放大倍数，同时产生相移的缘故。

在实际应用当中，若发现电路的上限截止频率 f_H 不满足要求时，除了改善电路结构和降低杂散电容外，应考虑换用结电容小的高频三极管，或者采用负反馈措施，以扩展放大电路的通频带。

（2）多级放大电路的频率特性。

多级放大电路的频率特性是以单级放大电路频率特性为基础的。图 2-5-19（c）是两级放大电路的幅频特性。假设两级放大电路完全相同，其幅频特性也一样，如图 2-5-19（a）、（b）所示。

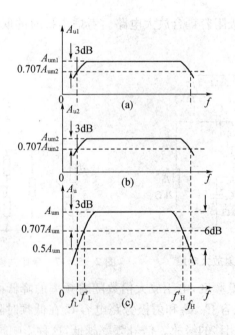

图 2-5-19　两级放大电路频率特性

由于多级放大电路的电压放大倍数是各级电压放大倍数的乘积，所以对于两级放大电路有

$$\dot{A}_u = \dot{A}_{u_1} \cdot \dot{A}_{u_2}$$

也可写成

$$\dot{A}_u = A_u \angle\varphi = A_{u_1} \angle\varphi_1 \cdot A_{u_2} \angle\varphi_2$$

则幅值为

$$A_u = A_{u_1} \cdot A_{u_2}$$

相角为

$$\varphi = \varphi_1 + \varphi_2$$

可见,总电压放大倍数的幅值为两级电压放大倍数幅值的乘积,而总的相角是两级相角的代数和。因此两级放大电路中频区总电压放大倍数

$$A_{um} = A_{um_1} \cdot A_{um_2}$$

由于两个单级放大电路有相同的上限截止频率和下限截止频率,所以在它们的上、下限截止频率处,总的电压放大倍数为

$$A_u = 0.707A_{um_1} \times 0.707A_{um_2} \approx 0.5A_{um}$$

显然它仅为中频区电压放大倍数的 $\frac{1}{2}$,若用分贝来表示($20\lg 0.5 = -6 \text{ dB}$),则下降 6 dB。

这说明总的幅频特性在高、低两端下降更快,对应于 $0.707A_{um}$ 时的上限频率变低了,即 $f'_H < f_H$;下限频率变高了,即 $f'_L > f_L$,因而通频带变窄了。必须指出,多级放大电路的通频带总是比单级的通频带要窄。

对于一个多级放大电路,在已知每一级上、下限截止频率时,可参照下面两个近似公式求得多级放大电路的下限截止频率 f_L 和上限截止频率 f_H。

$$f_L \approx 1.1 \sqrt{f_{L1}^2 + f_{L2}^2 + \cdots + f_{Ln}^2} \tag{2-79}$$

$$\frac{1}{f_H} \approx 1.1 \sqrt{\frac{1}{f_{H1}^2} + \frac{1}{f_{H2}^2} + \cdots + \frac{1}{f_{Hn}^2}} \tag{2-80}$$

式(2-79)中,f_{L1},f_{L2}…f_{Ln} 分别代表第一级,第二级……第 n 级的下限截止频率。

式(2-80)中,f_{H1},f_{H2}…f_{Hn} 分别代表第一级,第二级……第 n 级的上限截止频率。

2.5.4 集成功率放大器分析

随着电子技术的发展,集成功放电路大量涌现。其内部电路一般为 OTL 或 OCL 电路,它集中了分立元件 OTL 或 OCL 电路和集成电路的优点。

集成功率放大电路大多工作在音频范围,具有可靠性高、使用方便、性能好、重量轻、造价低、外围连接元件少等集成电路的一般优点,此外,还具有功耗小、非线性失真小和温度稳定性好等特点。

而且,集成功率放大器内部的各种过流、过压、过热保护齐全,许多新型功率放大器具有通用模块化的特点,使用更加方便安全。

集成功率放大器品种繁多。输出功率范围从几十毫瓦至几百瓦,结构上有 OCL、OTL、BTL 等电路形式,用途上可分为通用型和专用型功放。

集成功率放大器作为模拟集成电路的一个重要组成部分,被广泛应用于各种电子电气设

备中。本节主要介绍集成功率放大器 LM386 和 TDA2040,希望读者通过对这两种功率器件的了解,能举一反三,灵活应用其他功率放大器件。

1. 集成功率放大器 LM386 及其应用

LM386 电路简单、通用性强,是目前应用较广的一种小功率集成功放。具有电源电压范围宽,(一般为 4～12 V)、功耗低(常温下为 660 mW)、频带宽(300 kHz)等优点,输出功率一般为 0.3～0.7 W(LM386N-4 电源电压可达到 18 V,输出功率可达 1 W)。另外,电路的外接元件少,不必外加散热片,使用方便。因而被广泛地应用于收录机、对讲机、函数发生器、电视伴音等系统中。

LM386 的管脚排列如图 2-5-20 所示,为双列直插塑料封装。管脚功能为:②、③脚分别为反相、同相输入端;⑤脚为输出端;⑥脚为正电源端;④脚接地;⑦脚为旁路端,可外接旁路电容以抑制纹波;①、⑧脚为电压增益设定端。

内部电路如图 2-5-21 所示,共有 3 级。VT_1～VT_6 组成有源负载单端输出差动放大器,用作输入级,其中 VT_5、VT_6 构成镜像电流源,用作差放的有源负载以提高单端输出时差动放大器的放大倍数。中间级是由 VT_7 构成的共射放大器,也采用恒流源 I 作负载以提高增益。VT_8、VT_{10} 复合成 PNP 管,与 VT_9 组成准互补对称输出级,VD_1、VD_2 组成功放的偏置电路,使输出级工作于甲乙类状态以消除交越失真。

图 2-5-20　LM386 引脚图

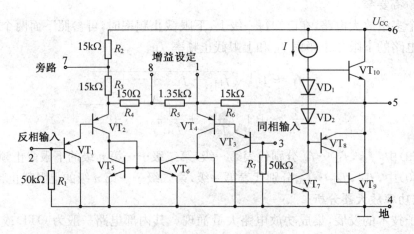

图 2-5-21　LM386 内部结构图

R_6 是级间负反馈电阻,起稳定工作点和放大倍数的作用。R_2 和⑦脚外接的电解电容组成直流电源去耦滤波电路,为避免高频噪声经电源线耦合至集成片内,起旁路作用。R_5 是差放级的射极反馈电阻,在①、⑧两脚之间外接一个阻容串联电路,构成差放管射极的交流反馈,通过调节外接电阻的阻值就可调节该电路的放大倍数。当①、⑧脚开路时,负反馈量最大,电压放大倍数最小,约为 20。①、⑧脚之间短路时或只外接一个 10 μF 电容时,电压放大倍数最大,约为 200。

图 2-5-22 是 LM386 的典型应用电路。其中 R_1、C_2 用于调节电路的电压放大倍数。因为内部电路的输出级为 OTL 电路,所以需要在 LM386 的输出端外接一个 220 μF 的耦合电容

C_4。R_2、C_5组成容性负载,以抵消扬声器音圈电感的部分电感性,同时防止信号突变时,音圈的反电动势击穿输出管,在小功率输出时 R_2、C_5 也可不接。C_3 与电路内部的 R_2 组成电源的去耦滤波电路。

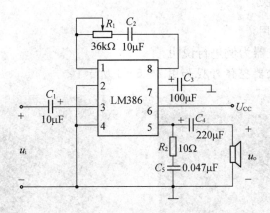

图 2－5－22　LM386 典型应用电路

2. 集成功率放大器 TDA2040 及其应用

　　TDA2040 是一种功能强大的音频功放电路。它的体积小、输出功率大,该集成电路在 32 V 电源电压下,R_L＝4 Ω 时可获得 22 W 的输出功率;它的电源电压适应范围宽(±2.5 V～±20 V)、输入阻抗高(典型值为 5 兆欧姆)、频带宽(100 kHz)、失真小;它还具有多种内部保护电路,使用安全;而且它的引脚少,外围元件少,设计灵活。因而被广泛应用于汽车立体声录音机、中功率音响设备当中。

　　TDA2040 采用 5 脚单列直插式塑料封装结构。如图 2－5－23 所示。①脚为同相输入端,②脚为反相输入端,③脚为负电源端,④脚为输出端,⑤脚为正电源端。散热片与③脚接通。

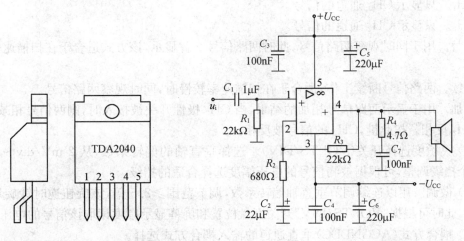

图 2－5－23　TDA2040 引脚图　　　　**图 2－5－24　TDA2040 典型应用**

　　图 2－5－24 是其典型应用电路。信号由 u_i 同相端输入,C_1、C_2 是耦合电容,R_3、R_2 和 C_2 构成电压负反馈,调整 TDA2040 的闭环电压放大倍数。因为 TDA2040 与集成运算放大器一样具有输入电阻大,差模放大倍数高的特点,所以其闭环电压放大倍数可以按照集成运算放大器

的分析方法进行计算。电阻 $R_1=R_3$，起到使 TDA2040 内部输入级差动放大器直流偏置平衡的作用。$C_3 \sim C_6$ 为正负电源的去耦电容。R_4、C_7 构成容性负载，抵消扬声器的电感性。

2.6 简易扩音器检测

2.6.1 模拟示波器的使用

以 YB4320 模拟示波器为例进行说明。

1. YB4320 模拟示波器整体外观如图 2-6-1 所示

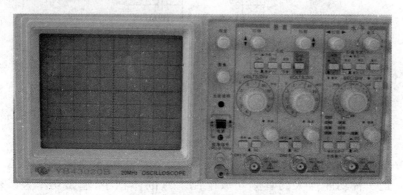

图 2-6-1 YB4320 外观图

2. 主要按键以及旋钮的功能如下

(1) 电源开关。按此开关，仪器电源接通，指示灯亮。

(2) 聚焦。用以调节示波管电子束的焦点，使显示的光点成为细而清晰的圆点。

(3) 校准信号。此端口输出幅度为 0.5 V，频率为 1 kHz 的方波信号。

(4) 垂直位移。用以调节光迹在垂直方向的位置。

(5) 垂直方式。选择垂直系统的工作方式。

CH_1。只显示 CH_1 通道的信号。

CH_2。只显示 CH_2 通道的信号。

交替。用于同时观察两路信号，此时两路信号交替显示，该方式适合于在扫描速率较快时使用。

断续。两路信号断续工作，适合于在扫描速率较慢时，同时观察两路信号。

叠加。用于显示两路信号相加的结果，当 CH_2 极性开关被按入时，则两信号相减。

CH_2 反相。按此键，CH_2 的信号被反相。

(6) 灵敏度选择开关（VOLTS/DIV）。选择垂直轴的偏转系数，从 2 mV/div～10 V/div 分 12 个挡级调整，可根据被测信号的电压幅度选择合适的挡级。

(7) 微调。用以连续调节垂直轴偏转系数，调节范围≥2.5 倍，该旋钮逆时针旋足时为校准位置，此时可根据"VOLTS/DIV"开关度盘位置和屏幕显示幅度读取该信号的电压值。

(8) 耦合方式（ACGNDDC）垂直通道的输入耦合方式选择。

AC。信号中的直流分量被隔开，用以观察信号的交流成分。

DC。信号与仪器通道直接耦合，当需要观察信号的直流分量或被测信号的频率较低时应选用此方式，GND 输入端处于接地状态，用以确定输入端为零电位时光迹所在位置。

(9) 水平位移。用以调节光迹在水平方向的位置。

(10) 电平。用以调节被测信号在变化至某一电平时触发扫描。

(11) 极性。用以选择被测信号在上升沿或下降沿触发扫描。

(12) 扫描方式。选择产生扫描的方式。

自动。当无触发信号输入时,屏幕上显示扫描光迹,一旦有触发信号输入,电路自动转换为触发扫描状态,调节电平可使波形稳定地显示在屏幕上,此方式适合观察频率在 50 Hz 以上的信号。

常态。无信号输入时,屏幕上无光迹显示,有信号输入时,且触发电平旋钮在合适位置上,电路被触发扫描,当被测信号频率低于 50 Hz 时,必须选择该方式。

锁定。仪器工作在锁定状态后,无需调节电平即可使波形稳定地显示在屏幕上。

单次。用于产生单次扫描,进入单次状态后,按动复位键,电路工作在单次扫描方式,扫描电路处于等待状态,当触发信号输入时,扫描只产生一次,下次扫描需再次按动复位按键。

(13) ×5 扩展。按后扫描速度扩展 5 倍。

(14) 扫描速率选择开关(SEC/DIV)。根据被测信号的频率高低,选择合适的挡级。当扫描"微调"置校准位置时,可根据度盘的位置和波形在水平轴的距离读出被测信号的时间参数。

(15) 微调。用于连续调节扫描速率,调节范围≥2.5 倍,逆时针旋足为校准位置。

(16) 触发源。用于选择不同的触发源。

CH_1。在双踪显示时,触发信号来自 CH_1 通道,单踪显示时,触发信号则来自被显示的通道。

CH_2。在双踪显示时,触发信号来自 CH_2 通道,单踪显示时,触发信号则来自被显示的通道。

交替。在双踪交替显示时,触发信号交替来自于两个 Y 通道,此方式用于同时观察两路不相关的信号。

外接。触发信号来自于外接输入端口。

3. 模拟示波器使用举例说明

【例 2 - 6 - 1】校准信号的测量。

解:按图 2 - 6 - 2 连接示波器表笔。

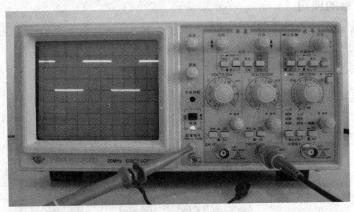

图 2 - 6 - 2 例 2 - 6 - 1 图

(1) 把校准信号接入 CH_2 通道。

（2）扫描方式选择自动，通道选择 CH_2，耦合方式选择 GND，把地线通过垂直位移旋钮调整到屏幕中央。

（3）耦合方式选择 DC，调整电压灵敏度开关以及扫描速率选择开关到合适位置，使屏幕显示 2 到 3 的波形，读出幅度和周期。

读数：$V_{pp} = 0.2\,\mathrm{V/DIV} * 2.5\,\mathrm{DIV} = 0.5\,\mathrm{V}$

　　　　$T = 0.2\,\mathrm{ms/DIV} * 5\,\mathrm{DIV} = 1\,\mathrm{ms}$

　　　　$f = 1/T = 1\,\mathrm{kHz}$

【例 2 - 6 - 2】显示的 $f = 2\,\mathrm{kHz}$，$V_{pp} = 5\,\mathrm{V}$ 的正弦波的测量。

按图 2 - 6 - 3 用同轴电缆连接信号发生器与示波器。

实验步骤与例 1 基本相同，对于正弦波耦合方式选择 AC。

读数：$V_{pp} = 1\,\mathrm{V/DIV} * 5\,\mathrm{DIV} = 5\,\mathrm{V}$

　　　　$T = 0.1\,\mathrm{ms/DIV} * 5\,\mathrm{DIV} = 0.5\,\mathrm{ms}$

　　　　$f = 1/T = 2\,\mathrm{kHz}$

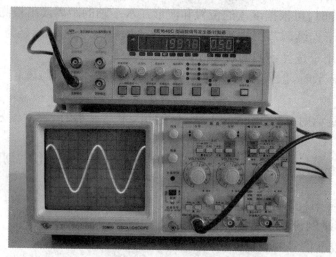

图 2 - 6 - 3　例 2 - 6 - 2 图

2.6.2　数字示波器的使用

以 DS1102 数字示波器为例进行说明。

1. DS1102 数字示波器整体外观如图 2 - 6 - 4 所示

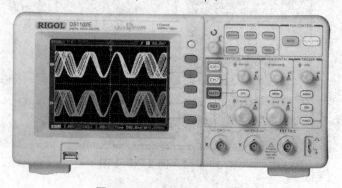

图 2 - 6 - 4　DS1102 外观图

2. 主要按键以及旋钮的功能如下

主要按键以及旋钮的功能如图 2-6-5 所示,数字示波器全菜单操作,在此不一一介绍。

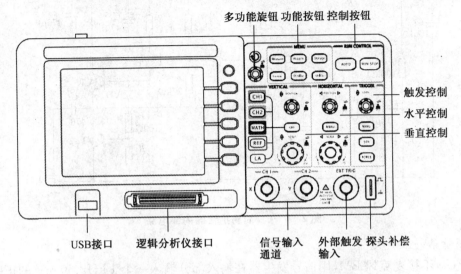

图 2-6-5   DS1102 按键以及旋钮的功能图

3. 数字示波器使用举例说明

【例 2-6-3】测量简单信号。

解:观测电路中一未知信号,迅速显示和测量信号的频率和峰峰值。

(1) 将探头菜单衰减系数设定为 $10\times$,并将探头上的开关设定为 $10\times$。

(2) 将通道 1 的探头连接到电路被测点。

(3) 按下 AUTO(自动设置)按钮。

示波器将自动设置使波形显示达到最佳。在此基础上,可以进一步调节垂直、水平挡位,直至波形的显示符合要求。

【例 2-6-4】进行自动测量。

解:示波器可对大多数显示信号进行自动测量。欲测量信号频率和峰峰值,按如下步骤操作。

(1) 测量峰峰值。

按下 MEASURE 按钮以显示自动测量菜单。

按下 1 号菜单操作键以选择信源 CH_1。

按下 2 号菜单操作键选择测量类型:电压测量。

在电压测量弹出菜单中选择测量参数:峰峰值。

此时,您可以在屏幕左下角发现峰峰值的显示。

(2) 测量频率。

按下 3 号菜单操作键选择测量类型:时间测量。

在时间测量弹出菜单中选择测量参数:频率。

此时,您可以在屏幕下方发现频率的显示。

注意:测量结果在屏幕上的显示会因为被测信号的变化而改变。

2.6.3　简易扩音器的检测

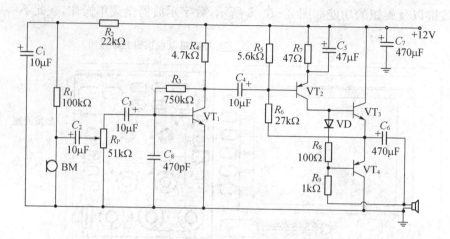

图 2-6-6　简易扩音器内部电路

1. 测量第一级放大

断开 C_4，不接麦克风 BM，用信号发生器在输入部分输入一个 1 kHz、50 mV 的正弦波，示波器双输入 CH_1 测量输入信号，CH_2 测量 C_4 管脚信号，调节 R_P 可得所要的放大倍数。

图 2-6-7　简易扩音器第一级放大实测图

2. 测量第二级放大

在第一步的基础上，接好 C_4，仍然不接麦克风 BM，用信号发生器在输入部分输入一个 1 kHz、50 mV 的正弦波，示波器双输入 CH_1 测量输入信号，CH_2 测量 C_4 管脚信号，调节 R_P 可得所要的放大倍数。

图 2-6-8　简易扩音器第二级放大实测图

3．带载测试

在第二步的基础上，仍然不接麦克风 BM，用信号发生器在输入部分输入一个 1 kHz、50 mV的正弦波，示波器双输入 CH₁ 测量输入信号，CH₂ 测量 C₄ 管脚信号，调节 R_P 可得所要的放大倍数。

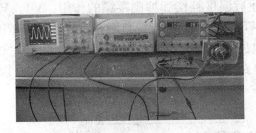

图 2－6－9　简易扩音器带载测试实测图

4．整机功能测试

在第三步的基础上，接麦克风 BM，喊话测试。

图 2－6－10　简易扩音器整机功能测试实测图

素质拓展 2　电子小制作

请读者阅读下面的资料，分析并实际制作场效应管驻极话筒和高保真功率放大器。

1．场效应管驻极体话筒

在盒式录音机中，常见的驻极体电容式机内话筒，是由驻极体材料提供极化电压的电容传声器极头和专用场效应管两部分组成，如图 2－7－1 虚线框内所示。当驻极体膜片遇到声波而产生振动时，驻极体电容两端将产生变化的音频电压。这个音频信号源的内阻抗通常高达 $10^8 \Omega$ 数量级，很难与录音机的输入级阻抗相匹配。为了解决这个问题，在话筒内部安装有一个场效应管，可外接电阻 R_s 构成源极输出器，进行阻抗变换，以满足两者阻抗匹配的要求。在图中，VD 为专用场效应管 VT 复合的一只保护二极管。

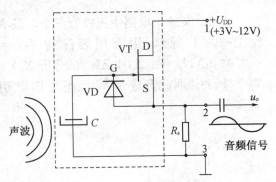

拓展图 2－7－1　场效应管驻极体话筒

R_s 为源极电阻，以提供源极电压。驻极体电容 C 两端产生的音频电压经源极输出器阻抗变换后送至放大电路。由于源极输出器的输入电阻很高，输出电阻很低，所以有效地解决了阻抗匹配的问题。

2. 高保真功率放大器

图 2-7-2 为一准互补对称的 OCL 功率放大电路，它是高保真功率放大器的典型电路。电路由前置放大级、中间放大级和输出级组成。VT_1、VT_2、VT_3 构成恒流源式差动放大器，为前置放大级，除了对输入信号进行放大外，还有温度补偿和抑制零漂的作用。VT_4、VT_5 构成中间放大级，其中 VT_4 处于共射放大状态，VT_5 是 VT_4 的恒流源负载，它使 VT_4 的输出电压增益得以提高。VT_7 到 VT_{10} 为准互补 OCL 电路作为输出级。VT_6 管及 R_{c4}、R_{c5} 构成"U_{BE} 扩大电路"，用以消除交越失真。$R_{e7} \sim R_{e10}$ 可使电路稳定。R_f、C_1 和 R_{b2} 构成串联负反馈，以提高电路稳定性并改善性能。

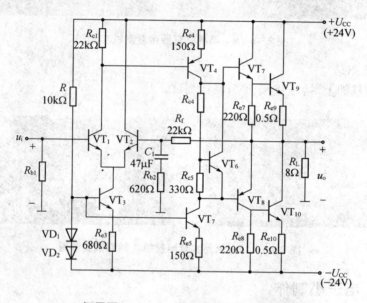

拓展图 2-7-2　高保真功率放大电路

习题 2

2-1　某放大电路中三极管三个电极 X、Y、Z 的电流如题图 2-1 所示，用万用表测得 $I_X = -2\ \text{mA}$，$I_Y = -0.04\ \text{mA}$，$I_Z = +2.04\ \text{mA}$，试分析 X、Y、Z 各代表三极管哪个极，并说明此管是 NPN 型还是 PNP 型，它的放大倍数是多少？

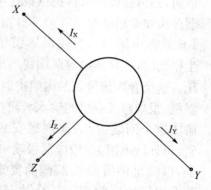

题图 2-1

2-2　有两只半导体三极管,一只管子的 $\beta = 100$,$I_{CEO} = 200\,\mu A$,另一只管子的 $\beta = 50$,$I_{CEO} = 10\,\mu A$,其他参数大致相同,你认为应该选用哪一只可靠?

2-3　半导体三极管所组成的简单电路如题图 2-2 所示,试求集电极电流 I_c。设图中所用的三极管是硅管,其 U_{BE} 约为 $0.7\,V$。其他电路参数如图所示。

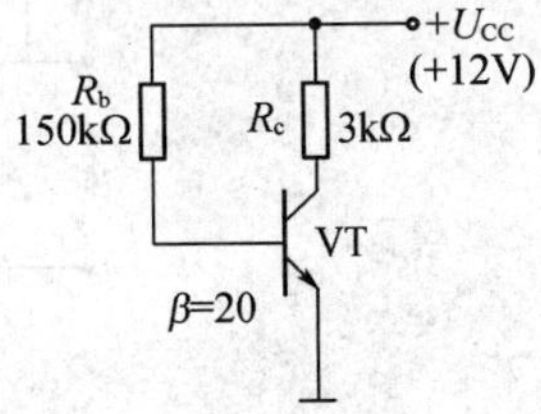

题图 2-2

2-4　在电路中测出各三极管的三个电极对地电位如题图 2-3 所示,试判断各三极管处于何种工作状态?(设图中 PNP 型为锗管,NPN 型为硅管)

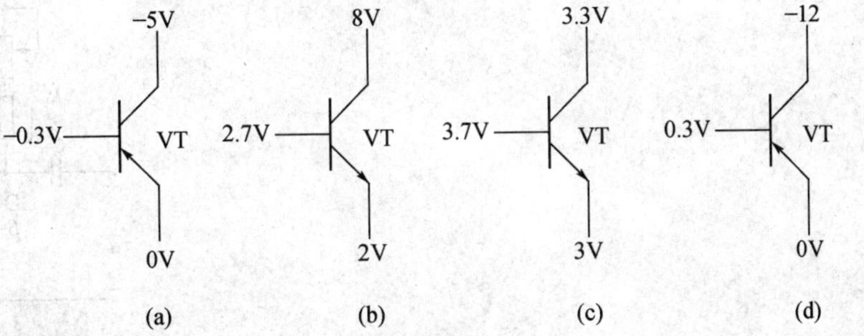

题图 2-3

2-5　试判断题图 2-4 中各电路能否正常放大交流信号？并简述其理由。

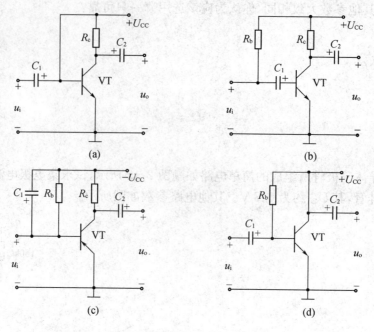

题图 2-4

2-6　电路如题图 2-5 所示。调节 R_p 就能调节放大电路的静态工作点。试估算：

（1）如果要求 $I_{CQ} = 2\,\text{mA}$，R_b 值应为多大；

（2）如果要求 $U_{CEQ} = 4.5\,\text{V}$，R_b 值又应为多大？

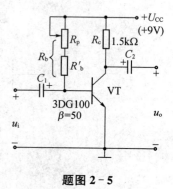

题图 2-5

2-7 题图2-6(a)为一共射基本放大电路。

(1) 已知 $U_{CC} = 12\,V, R_c = 2\,k\Omega, \beta = 50, U_{BE}$ 忽略不计，要使 $U_i = 0$ 时，$U_{CE} = 4\,V$，此时 $R_b = ?$

(2) 用示波器观察到 u_o 的波形如图(b)所示，这是饱和失真还是截止失真？说明调整 R_b 是否可使波形趋向正弦波，如可以，R_b 应增大还是减小？

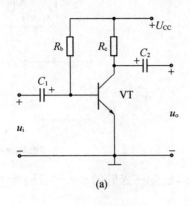

(a)

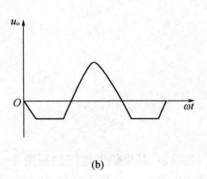

(b)

题图 2-6

2-8 在题图2-7所示的基本共射放大电路中，已知三极管导通时 $U_{BEQ} = 0.7\,V$，电流放大系数 $\beta = 50$，其他电路参数如图所示。试判断下列结论是否正确，正确者打"√"，否则打"×"。

(1) 静态时基极电流 $I_{BQ} = \dfrac{U_{CC} - U_{BEQ}}{R_b} \approx \dfrac{U_{CC}}{R_b} = 30(\mu A)$ ( )；

(2) 三极管的输入电阻 $r_{be} = \dfrac{U_{BEQ}}{I_{BQ}} = \dfrac{0.7}{30} \approx 23(k\Omega)$ ( )；

(3) 静态时集电极电流 $I_{CQ} = \beta I_{BQ} = 50 \times 30 = 1.5(mA)$ ( )；

(4) 静态时管压降 $U_{CEQ} = U_{CC} - I_{CQ} R_c = 12 - 1.5 \times 5 = 4.5(V)$ ( )；

(5) 电压放大倍数 $A_u = \dfrac{U_o}{U_i} = \dfrac{-U_{CE}}{U_{BE}} = \dfrac{-4.5}{0.7} = -6.43$ ( )；

(6) 输出电阻 $R_o = R_c // R_L = 5 // 5 = 2.5(k\Omega)$ ( )。

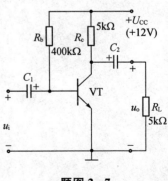

题图 2-7

2-9　共射基本放大电路题图 2-8 所示，三极管为 3DG100，$\beta = 100$。

（1）估算放大电路的电压放大倍数 A_u；

（2）若 β 改为 120，则 A_u 变为多大？

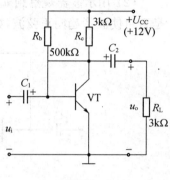

题图 2-8

2-10　集电极-基极偏置电路如题图 2-9 所示，已知三极管的 $\beta = 50$，$U_{BE} = 0.7\,\text{V}$，其他参数见图，试求电路静态参数 I_{BQ}、I_{CQ} 和 U_{CEQ}。

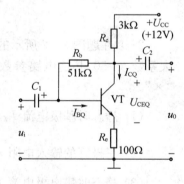

题图 2-9

2-11　放大电路及元件参数如题图 2-10 所示，三极管选用 3DG100，$\beta = 45$，试分别计算 R_L 断开和 $R_L = 5.1\,\text{k}\Omega$ 时的电压放大倍数 A_u。

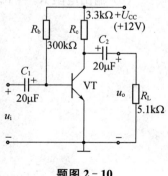

题图 2-10

2-12 分压式偏置放大电路如题图 2-11 所示,已知三极管为 3DG100,$\beta = 40$,$U_{BE} = 0.7\,V$,$U_{CES} = 0.4\,V$。

(1) 估算静态参数 I_{CQ} 和 U_{CEQ} 的值;

(2) 如果 R_{b2} 开路,再估算故障时的 I_{CQ} 和 U_{CEQ} 的值。

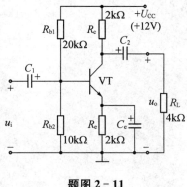

题图 2-11

2-13 共射放大电路如题图 2-12(a)所示,图(b)是三极管的输出特性曲线。

(1) 在输出特性曲线上画出直流负载线。如要求 $I_{CQ} = 1.5\,mA$,确定此时的 Q 点,对应的 R_b 有多大?

(2) 若 R_b 调至 150 kΩ,且 i_B 的交流分量 $i_b = 20\sin\omega t\,(\mu A)$,画出 i_C 和 u_{CE} 的波形,这时出现了什么失真?

(3) 若 R_b 调至 600 kΩ,且 i_B 的交流分量 $i_b = 40\sin\omega t\,(\mu A)$,画出 i_C 和 u_{CE} 的波形,这时出现了什么失真?

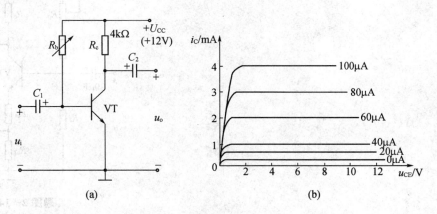

题图 2-12

2-14　放大电路如题图 2-13 所示,三极管 $U_{BE} = 0.7\ \text{V}, \beta = 100$,试求:

(1) 静态电流 I_{CQ};

(2) 画出微变等效电路;

(3) A_u、R_i 和 R_o。

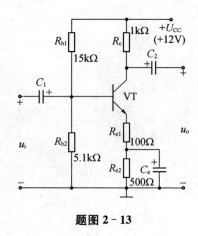

题图 2-13

2-15　放大电路如题图 2-14 所示。

(1) 画出该电路的微变等效电路;

(2) 若 $\beta R_{e1} \gg r_{be}$,试证:$A_u \approx -\dfrac{R_c}{R_{e1}}$;

(3) 如果输出波形产生削顶失真,试问是截止失真还是饱和失真? 应如何消除?

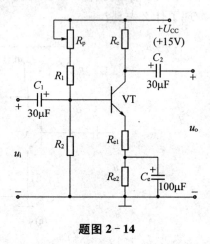

题图 2-14

2-16 某放大器不带负载时,测得其输出端开路电压 $U'_o = 1.5$ V,而带上负载电阻 5.1 kΩ时,测得输出电压 $U_o = 1$ V,问该放大器的输出电阻 R_o 值为多少?

2-17 射极输出器如题图 2-15 所示。已知三极管为锗管, $\beta = 50$, $U_{BE} = 0.2$ V,其他参数见图。试求:(1) 电路的静态工作点 Q;(2) 输入电阻和输出电阻。

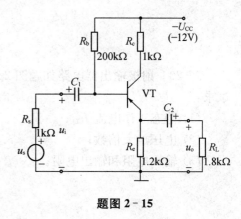

题图 2-15

2-18 射极输出器电路如题图 2-16 所示,设三极管的 $\beta = 100$, $r_{be} = 1$ kΩ,试估算其输入电阻。

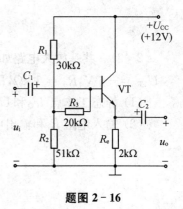

题图 2-16

2-19　题图 2-17 电路能够输出一对幅度大致相等、相位相反的电压。试求两个输出端的输出电阻 R_{o1} 和 R_{o2} 值（设三极管的 $\beta = 100, r_{be} = 1\,\text{k}\Omega$）。

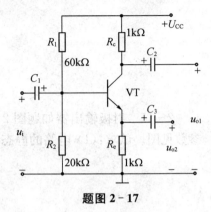

题图 2-17

2-20　射极输出器电路如题图 2-18 所示。已知三极管为硅管，$\beta = 100, U_{BE} = 0.7\,\text{V}$，试求：

(1) 静态工作电流 I_{CQ}；

(2) 电压放大倍数；

(3) 输入电阻和输出电阻。

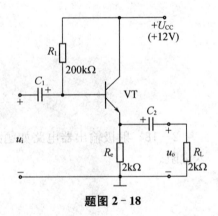

题图 2-18

2-21　共基放大电路如题图 2-19 所示，已知三极管 $\beta = 100, U_{BE} = 0.7\,\text{V}, U_{CC} = 24\,\text{V}$，$-U_{EE} = -6\,\text{V}, R_e = 1\,\text{k}\Omega, R_c = 2.2\,\text{k}\Omega$，试求：

(1) 静态工作点 I_{CQ} 和 U_{CEQ} 的值；

(2) 输入电阻 R_i 和输出电阻 R_o。

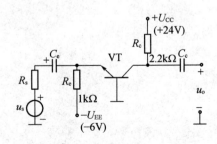

题图 2-19

2-22 试画出图 2-20(a)放大电路的微变等效电路,并分别求出从集电极输出和从发射极输出时的电压放大倍数 A_{u1} 和 A_{u2};如果 $R_c = R_e = R$,且 $\beta \gg 1$,分析放大倍数 A_{u1} 和 A_{u2} 有什么关系? 假设输入信号为正弦波,试画出此时相应的两个输出波形 u_{o1} 和 u_{o2}。

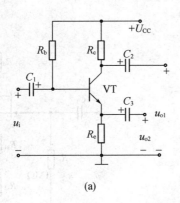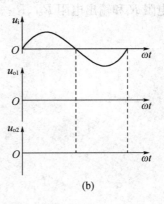

(a)   (b)

题图 2-20

2-23 结型场效应管自偏压电路如题图 2-21 所示,3DJ2 管的夹断电压 $U_P = -1\,\text{V}$,饱和漏电流 $I_{DSS} = 0.5\,\text{mA}$,求静态工作点的参数 I_{DQ}、U_{GSQ} 和 U_{DSQ}。

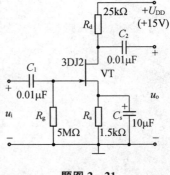

题图 2-21

2-24 已知题图 2-22 所示放大电路中结型场效应管的 $g_m = 2\,ms$，$r_{DS} \gg R_d$，其他参数标在图上，试用微变等效电路法求：

(1) 电压放大倍数 A_{u1} 和 A_{u2}；

(2) 输入电阻 R_i 和输出电阻 R_{o1}、R_{o2}。

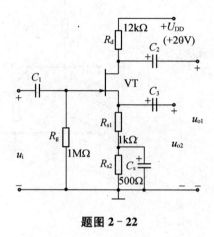

题图 2-22

2-25 已知题图 2-23 所示电路中的 N 沟道结型场效应管 $I_{DSS} = 16\,mA$，$U_P = -4\,V$，试计算电路的静态工作点和跨导 g_m。

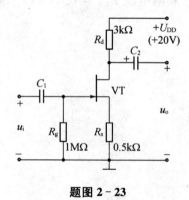

题图 2-23

2-26　电路参数如题图 2-24 所示,若场效应管工作点处的跨导 $g_m = 1\ ms$,

(1) 画出微变等效电路;

(2) 估算电压放大倍数 A_u、输入电阻 R_i 及输出电阻 R_o。

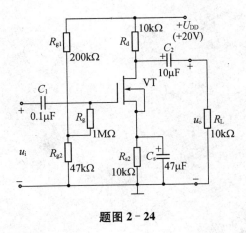

题图 2-24

2-27　题图 2-25 为场效应管源极输出器电路。场效应管工作点处的跨导 $g_m = 1\ ms$,试求电压放大倍数 A_u、输入电阻 R_i 及输出电阻 R_o。

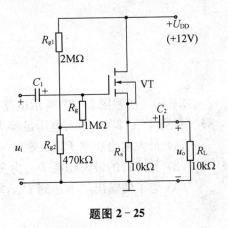

题图 2-25

2-28 由 N 沟道增强型 MOS 管组成的共源放大电路如题图 2-26 所示。已知 $g_m = 2\,\text{ms}$，试画出微变等效电路，并求出 A_u、R_i 和 R_o。

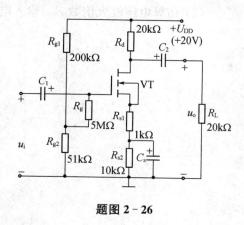

题图 2-26

2-29 某三级放大电路，各级参数为 $A_{u1} = A_{u2} = A_{u3} = 23$，$f_{L1} = f_{L2} = f_{L3} = 40\,\text{Hz}$，$f_{H1} = f_{H2} = f_{H3} = 1.1\,\text{MHz}$，求多级放大电路的上、下限截止频率。

2-30 在题图 2-27 所示电路中，已知 $U_{CC} = 16\,\text{V}$，$R_L = 4\,\Omega$，VT_1 和 VT_2 管的饱和管压降 $|U_{CES}| = 2\,\text{V}$，输入电压足够大。试问：

(1) 最大输出功率 P_{om} 和效率 η 各为多少？

(2) 晶体管的最大功耗 P_{Tm} 为多少？

(3) 为了使输出功率达到 P_{om}，输入电压的有效值约为多少？

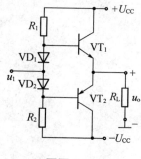

题图 2-27

2-31　题图 2-28 为一 OCL 电路,已知 u_i 为正弦电压,$R_L = 16\,\Omega$,要求最大输出功率为 10 W。试在晶体管的饱和管压降可以忽略不计的条件下,求出下列各值:

(1) 正负电源 U_{CC} 最小值(取整数);

(2) 根据 U_{CC} 的最小值,得到的晶体管 I_{CM}、$|U_{(BR)CEO}|$ 的最小值。

(3) 每个管子的管耗 P_{CM} 的最小值。

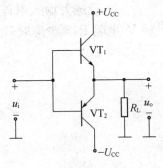

题图 2-28

2-32　OTL 电路如题图 2-29 所示,功率管的饱和压降可忽略不计,$R_L = 8\,\Omega$,试计算要求最大不失真输出功率为 9 W 时,电源电压 U_{CC} 至少为多少伏?

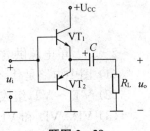

题图 2-29

2-33　题图 2-30 所示的 OTL 电路中,输入电压为正弦波,$U_{CC} = 12\,V$,$R_L = 8\,\Omega$,试回答以下问题:

(1) E 点的静态电位应是多少? 通过调整哪个电阻可以满足这一要求?

(2) 图中 VD_1、VD_2、R_2 的作用是什么? 若其中一个元件开路,将会产生什么后果?

(3) 忽略三极管的饱和管压降,当输入 $u_i = 4\sin\omega t\,V$ 时,电路的输出功率和效率是多少?

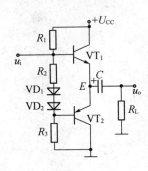

题图 2-30

2-34　电路如题图2-31所示,已知 VT_1 和 VT_2 的饱和管压降 $|U_{CES}|=2V$,直流功耗可忽略不计。试问:

（1）R_3、R_4 和 VT_3 组成的那部分电路的名称是什么？作用是什么？

（2）负载上可能获得的最大输出功率 P_{om} 和电路的转换效率 η 各为多少？

（3）设最大输入电压的峰值为 1 V。为了使电路的最大不失真输出电压的峰值达到 16 V,电阻 R_6 至少应取多少千欧？

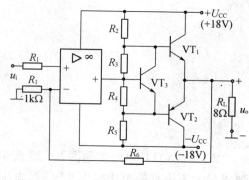

题图 2-31

2-35　单电源供电的音频功率放大电路如题图2-32所示,试回答下列问题:

（1）图中电路是什么形式的功率放大电路？

（2）$VT_1 \sim VT_6$ 组成什么电路结构？

（3）VD_1、VD_2 和 VD_3 的作用是什么？

（4）$VT_7 \sim VT_{11}$ 构成什么电路形式？

（5）C_1、C_2 的作用是什么？

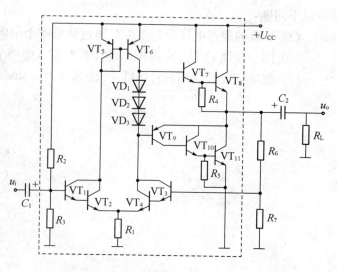

题图 2-32

项目3　直流稳压电源的组装与调试

本项目在前面已学的整流滤波的基础上，简单介绍实际稳压电源，得出直流稳压电源的组成；重点对硅稳压二极管稳压电路、串联型稳压电路和集成稳压电路进行分析；然后进行串联型稳压电路的组装和调试，从而掌握直流稳压电源的工作原理。

3.1　直流稳压电源的认识

在日常生活中，我们经常使用的随身听、手机充电器等电子产品都带有一个稳压电源，通过接入220 V的市电中，就可以方便地给各种电子产品提供所需的直流电压。图3-1-1为几种常用的稳压电源外观图。

图3-1-1　常用稳压电源的外观图

由于稳压电源应用极为广泛，外形多种多样，但其内部均是由电子元器件通过一定的电路来实现的，图3-1-2为分立元器件的串联可调直流稳压电源的电路板实物图。

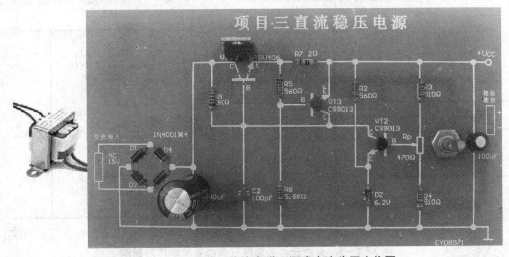

图3-1-2　分立元件的串联可调式直流稳压实物图

电路通过插头插入 220 V 的交流电源中,经过电路稳压后便可输出稳定的直流电压。根据不同的需要通过调节电压调节旋钮 R_P 可以实现不同的直流电压输出。电路中所使用的元器件如下表 3-1-1 所示:

表 3-1-1   直流稳压电源元器件表

序号	标号	类型	参数	作用
1	B_1	变压器		变压,将 220 V 交流电变为 15 V 的交流电
2	$D_1 \sim D_4$	整流二极管	IN4001	整流,将交流电变为直流电
3	DZ	稳压二极管	6.2 V	稳压,保证其阴极为 6.2 V 的基准电压
4	C_1	电解电容	1000 uF/25 V	滤波,滤除整流后所含的交流成分
5	C_2	瓷片电容	100 pF	滤波,滤除交流成分
6	C_3	电解电容	100 uF/25 V	滤波,滤除交流成分
7	R_1	电阻	3 kΩ	分压,为三极管工作提供合适的工作电压
8	R_2	电阻	560 Ω	分压,与稳压二极管组成二极管稳压电路
9	R_3	电阻	510 Ω	分压,为三极管工作提供合适的工作电压
10	R_4	电阻	510 Ω	分压,为三极管工作提供合适的工作电压
11	R_5	电阻	560 Ω	分压,为三极管工作提供合适的工作电压
12	R_6	电阻	5.6 kΩ	分压,为三极管工作提供合适的工作电压
13	R_7	电阻	2 Ω	分压,为三极管工作提供合适的工作电压
14	R_P	可变电阻(电位器)	470 Ω	调压,调节 VT_2 基极电压
15	VT_1	NPN 三极管	BU406	调整放大管
16	VT_2	NPN 三极管	CS9013	取样放大管
17	VT_3	NPN 三极管	CS9013	过流保护三极管

通常是由交流电源经电源变压器降压后,再经整流滤波得到的直流电源电压,往往会因为电网电压的波动、负载电流等因素的变化而变化。因此,整流滤波电路后,还需要接稳压电路,才能使电路正常工作。为了获得稳定性好的直流电压,在交流电经变压器变压、整流和滤波后,还需要采取稳压措施,以保证负载得到稳定的直流电压。图 3-1-3 为本直流稳压电源的原理图。

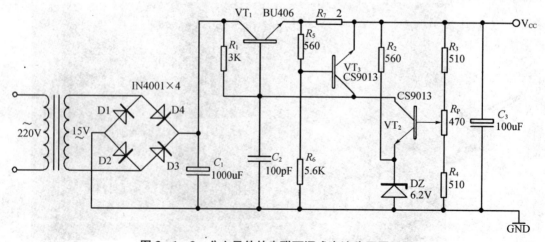

图 3-1-3   分立元件的串联可调式直流稳压原理图

变压器将工频交流电变换为所需的交流电压,经整流电路整流后得到单向脉动直流电,滤波电路将单向脉动直流电中的脉动成分滤除,送入到稳压电路进行稳压,在负载上将得到稳定的直流电压,图3-1-4为直流电源的方框图。

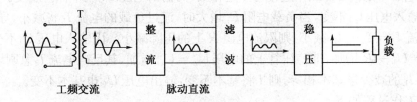

工频交流   脉动直流

图 3 - 1 - 4 直流电源的方框图

变压、整流和滤波在前面已作介绍,因此在此不再讲解。稳压电路种类较多,常用的稳压电路有硅稳压二极管稳压电路、串联型稳压电路、集成稳压电路等。

3.2 分立元器件稳压电路分析

3.2.1 硅稳压二极管稳压电路

1. 硅稳压二极管稳压电路的构成

图3-2-1所示为硅稳压二极管稳压电路,由于稳压二极管 VZ 与负载 R_L 并联,所以称为并联型稳压电路。

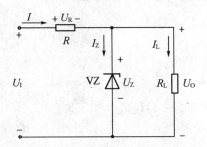

图 3 - 2 - 1 硅稳压二极管稳压电路

稳压二极管 VZ 长期工作在反向击穿区,利用其反向电流可大范围变化而反向电压基本不变的特性进行稳压。R 为限流电阻,由图可以得出:$U_O = U_I - IR = U_Z$ 而输出电压 U_O 就是稳压二极管两端的电压 U_Z。

2. 硅稳压二极管稳压电路的工作原理

(1) 设负载电阻 R_L 不变,当输入电压 U_I 增大时,输出电压 U_O 将上升,使稳压管的反向电压 U_Z 略有增加。根据稳压管反向击穿特性,稳压管的反向电流 I_Z 将大幅度增加,于是流过电阻的电流 $I = I_Z + I_L$ 也将增加很多,所以限流电阻上的电压将增大,使得 U_I 增量的绝大部分降落在 R 上,从而使输出电压 U_O 基本保持不变。

上述的工作过程如下

$$U_\text{I} \uparrow \rightarrow U_\text{O} \uparrow \rightarrow I_\text{L} \uparrow \rightarrow I \uparrow \rightarrow U_\text{R} \uparrow$$
$$U_\text{O} \downarrow \leftarrow$$

当输入电压 U_I 减小时,工作过程与上述相反,而输出电压 U_O 基本保持不变。

(2) 设输入电压 U_I 不变,当负载电阻 R_L 增大时,流过负载的电流 I_L 将减小,导致限流电阻 R 上的总电流 $I = I_\text{Z} + I_\text{L}$ 减小,则限流电阻 R 上的压降减小。因输入电压 U_I 不变,所以使输出电压 $U_\text{O} = U_\text{I} - IR$ 增加,即稳压管上的电压 $U_\text{Z} = U_\text{O}$ 增加,其反向电流 I_Z 急剧增加,如果 I_Z 的增加量与 I_L 的减少量基本相等,则 I 将基本不变,输出电压 U_O 也基本不变。

上述的工作过程如下

$$R_\text{L} \uparrow \rightarrow U_\text{O} \downarrow \rightarrow I_\text{L} \downarrow \rightarrow I \downarrow \rightarrow U_\text{R} \downarrow$$
$$U_\text{O} \uparrow \leftarrow$$

当负载电阻 R_L 减小时,工作过程与上述相反,而输出电压 U_O 基本保持不变。

通过分析可知,稳压管的电流调节作用是稳压的关键,并通过限流电阻的调压作用达到稳压的目的。这种电路结构简单,调试方便,但稳定性能较差,输出电压不易调整。一般适用于电压固定、负载电流较小,稳压要求不高的场合。

3. 硅稳压二极管稳压电路的元件选择

(1) 输入电压 U_I 的确定。

考虑到电网电压的波动情况,U_I 通常按下式选择

$$U_\text{I} = (2 \sim 3)U_\text{O} \tag{3-1}$$

(2) 稳压二极管的选择。

$$U_\text{Z} = U_\text{O} \tag{3-2}$$

$$I_\text{Zmax} = (2 \sim 3)I_\text{Lmax} \tag{3-3}$$

(3) 限流电阻 R 的选择。

若输入电压 U_I 上升 10%,且负载电流 I_L 为零(即 R_L 开路)时,流过稳压二极管的电流 I_Z 不应超过稳压二极管的最大允许电流 I_Zmax,即

$$\frac{U_\text{Imax} - U_\text{O}}{R} < I_\text{Zmax}$$

$$R > \frac{U_\text{Imax} - U_\text{O}}{I_\text{Zmax}} = \frac{1.1U_\text{I} - U_\text{O}}{I_\text{Zmax}}$$

若输入电压 U_I 下降 10%,且负载电流 I_L 增大时,流过稳压二极管的电流 I_Z 不应小于稳压二极管稳定电流的最小值 I_Zmin,即

$$\frac{U_\text{Imin} - U_\text{O}}{R} - I_\text{Lmax} > I_\text{Zmin}$$

$$R < \frac{U_\text{Imin} - U_\text{O}}{I_\text{Zmin} + I_\text{Lmax}} = \frac{0.9U_\text{I} - U_\text{O}}{I_\text{Zmin} + I_\text{Lmax}}$$

限流电阻应按下式选择

$$\frac{U_{\text{Imin}} - U_{\text{O}}}{I_{\text{Zmax}}} < R < \frac{U_{\text{Imin}} - U_{\text{O}}}{I_{\text{Zmin}} + I_{\text{Lmax}}} \tag{3-4}$$

限流电阻的额定功率为

$$P_{\text{R}} \geqslant \frac{(U_{\text{Imax}} - U_{\text{O}})^2}{R} \tag{3-5}$$

【例3-2-1】有一稳压电路如图 3-2-1 所示。负载电阻 R_{L} 可从开路变化到 3 kΩ，其输入电压 $U_{\text{I}} = 45$ V，若要求输出直流电压 $U_{\text{O}} = 15$ V，请选取稳压管 VZ 的型号。

解：输出电压 $U_{\text{O}} = 15$ V，根据公式(3-2)可知

$$U_{\text{Z}} = U_{\text{O}} = 15 \text{ V}$$

稳压二极管的最大电流

$$I_{\text{Zmax}} = (2 \sim 3)I_{\text{Lmax}} = (2 \sim 3)\frac{U_{\text{O}}}{R_{\text{Lmin}}} = 15(\text{mA})$$

经过查表可知，选择稳压二极管的型号为 2CW20，稳压值为 $U_{\text{Z}} = 13.5 \sim 17$ V，稳压电流 $I_{\text{Z}} = 5$ mA，最大稳压电流 $I_{\text{Zmax}} = 15$ mA。

【例3-2-2】稳压电路如图 3-2-1 所示。要求输出电压 $U_{\text{O}} = 12$ V，已知 $R_{\text{L}} = 2$ kΩ，$R = 1$ kΩ，稳压二极管 $U_{\text{Z}} = 12$ V，$I_{\text{Zmax}} = 20$ mA，保证稳压二极管工作在反向，反向击穿的最小稳定电流 $I_{\text{Zmin}} = 4$ mA，试问：

(1) 要使稳压管有稳压作用，直流输入电压 U_{I} 的最小值和最大值各是多少？

(2) 当 $U_{\text{I}} = 15$ V 时，稳压电路能否正常工作？此时 U_{O} 是多少？

解：(1) 正常工作时，必须满足 $I_{\text{Zmin}} \leqslant I_{\text{Z}} \leqslant I_{\text{Zmax}}$。

$$I_{\text{L}} = \frac{U_{\text{O}}}{R_{\text{L}}} = \frac{12}{2} = 6 \text{ mA}$$

流过 R 的电流不能小于

$$I_{\text{Rmin}} = I_{\text{Zmin}} + I_{\text{O}} = 4 + 6 = 10 \text{ mA}$$

所以输入电压不能小于

$$U_{\text{Imin}} = U_{\text{O}} + I_{\text{Rmax}}R = 12 + 10 \times 1 = 22 \text{ V}$$

流过 R 的电流不能大于

$$I_{\text{Rmax}} = I_{\text{Zmax}} + I_{\text{O}} = 20 + 6 = 26 \text{ mA}$$

输入电压不能大于

$$U_{\text{Imax}} = U_{\text{O}} + I_{\text{Rmax}}R = 12 + 26 \times 1 = 38 \text{ V}$$

可见，稳压电路的输入电压 U_{I} 在 22 V 至 38 V 之间变动时稳压管可以正常工作。

(2) 当 U_{I} 降到 15 V 时，稳压电路不能正常工作，稳压管处于反向截止状态，输出电压为

$$U_O = \frac{R_L U_I}{R + R_L} = \frac{2 \times 15}{2 + 1} = 10 \text{ V}$$

3.2.2　串联型稳压电路

1. 串联型稳压电路的构成

图3-2-2为分立元件的串联型稳压电路。

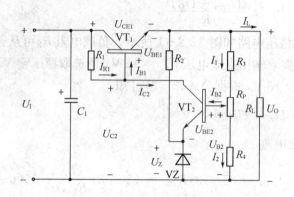

图3-2-2　串联型稳压电源

串联型稳压电源电路中各元件作用如下:

① R_P、R_3、R_4构成取样电路。当输出电压U_O发生变化时,取样电阻将变化量的一部分送到比较放大管的基极,基极电压便能反映输出电压的变化,称为取样电压U_Z。取样电阻不宜太大或太小,若太小带负载能力弱;若太大,控制灵敏度下降。

② R_2、VZ组成基准电路。给比较放大管VT_2提供一个基极电压。R_2为限流电阻,确保VZ有一个合适的工作电流。

③ VT_2是比较放大管。R_1既是VT_2的集电极负载电阻,又为VT_1基极偏置电阻,比较放大管的作用是将输出电压U_O的变化量先放大,后加到调整管的基极,控制调整管的工作,提高了控制的灵敏度和输出电压U_O的稳定性。

④ VT_1为调整元件,也称调整管。它与负载串联,因此称为串联型稳压电路。调整管VT_1受比较放大管的控制,集电极和发射极间相当于一个可变电阻,以此来抵消输出电压U_O的波动。

因此,串联型稳压电源主要由基准电压、取样电路、比较放大、调整管四个部分组成。图3-2-3为串联型稳压电源的方框图。

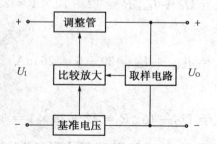

图3-2-3　串联型稳压电源的方框图

2. 串联型稳压电路的工作原理

(1) 设负载 R_L 不变,当输入电压 U_I 减小时,输出电压 U_O 存在下降趋势,由于取样电阻的分压使得比较放大管的基极电位 U_{B2} 下降,比较放大管的发射极电压不变 $(U_{E2} = U_Z)$,所以 U_{BE2} 也下降,比较放大管导通能力减弱,U_{C2} 升高,调整管导通能力增强,调整管 VT_1 集射之间的电阻 R_{CE1} 减小,管压降 U_{CE1} 下降,使输出电压 U_O 上升,保证了 U_O 基本不变。

上述变化过程为

$$U_I \downarrow \rightarrow U_O \downarrow \rightarrow U_{B2} \xrightarrow{\ U_{E2}\ 不变\ } U_{BE2} \downarrow \rightarrow U_{C2} \uparrow (U_{B1} \uparrow) \rightarrow R_{CE1} \downarrow \rightarrow U_{CE1} \downarrow$$

$$U_O \uparrow \longleftarrow \qquad U_O = U_I - U_{CE1}$$

当输入电压增大时,稳压过程与上述分析相反。

(2) 设输入电压 U_I 不变,当负载 R_L 增大时,引起输出电压 U_O 增长,则电路中变化过程为

$$R_L \uparrow \rightarrow U_O \uparrow \rightarrow U_{BE2} \uparrow \rightarrow U_{C2} \downarrow (U_{B1} \downarrow) \rightarrow R_{CE1} \uparrow \rightarrow U_{CE1} \uparrow$$

$$U_O \downarrow \longleftarrow \qquad U_O = U_I - U_{CE1}$$

当负载 R_L 减小时,稳压过程与上述分析相反。

因此,稳压过程的实质是通过负反馈使输出电压维持稳定。

3. 串联型稳压电路的输出电压计算

图 3-2-2 所示稳压电路中电位器 R_P 串接在 R_3 和 R_4 之间,通过调 R_P 来改变输出电压 U_O,设计该电路时一定要满足 $I_2 \gg I_{B2}$,忽略 I_{B2},使 $I_1 \approx I_2$,则

$$U_{B2} = U_O \frac{R'_P + R_4}{R_P + R_3 + R_4}$$

$$U_O = U_{B2} \frac{R_P + R_3 + R_4}{R'_P + R_4} = (U_Z + U_{BE2}) \frac{R_P + R_3 + R_4}{R'_P + R_4} \tag{3-6}$$

其中,U_Z 为稳压管的稳压值;U_{BE2} 为 VT_2 发射结电压;R'_P 为图 3-2-2 中电位器滑动触点下半部分的电阻值。

电位器 R_P 调到最上端时,输出电压最小,其值为

$$U_{Omin} = (U_Z + U_{BE}) \frac{R_P + R_3 + R_4}{R_P + R_4} \tag{3-7}$$

电位器 R_P 调到最下端时,输出电压最大,其值为

$$U_{Omax} = (U_Z + U_{BE}) \frac{R_P + R_3 + R_4}{R_4} \tag{3-8}$$

【例 3-2-3】串联型稳压电路如图 3-2-2 所示,其中 $U_Z = 2\,V, R_3 = R_4 = 2\,k\Omega, R_P = 10\,k\Omega$,试求输出电压的最大值、最小值为多少?

解: 忽略 VT_2 的管压降,$U_{BE2} \approx 0, I_{B2} \approx 0$,则

$$U_{B2} \approx U_Z$$

当 R_P 调到最上端时,此时输出电压 U_O 最小,由式(3-7)得

$$U_{Omin} = (U_Z + U_{BE2}) \frac{R_P + R_3 + R_4}{R_P + R_4} \approx U_Z \frac{R_P + R_3 + R_4}{R_P + R_4} = 2 \times \frac{10 + 2 + 2}{10 + 2} = 2.4 \text{ V}$$

当 R_P 调到最下端时,此时输出电压 U_O 最大,由式(3-8)得

$$U_{Omax} = (U_Z + U_{BE2}) \frac{R_P + R_3 + R_4}{R_4} \approx U_Z \frac{R_P + R_3 + R_4}{R_4} = 2 \times \frac{10 + 2 + 2}{2} = 14 \text{ V}$$

串联型稳压电路的优点是其输出电压可调,稳压效果好。缺点是由于调整管与负载串联,发生过载或输出短路时,调整管会因功耗的升高而损坏。图 3-1-3 稳压电路采用了过流保护,当负载电流过大,在 R_7 的压降将会增加,保护管 VT_3 发射结电压将会增加,从而使 VT_3 进入饱和状态,调整管 VT_1 发射结电压减小甚至进入截止状态,VT_1 的输出电流减小,而对调整管进行保护。

3.3　集成稳压电路分析

利用分立元件组装的稳压电路,输出功率大,安装灵活,适应性广。但体积大,焊点多,调试麻烦,可靠性差。随着电子电路集成化的发展和功率集成技术的提高,出现了各种各样的集成稳压器。集成稳压器是指将调整管、取样放大、基准电压、启动和保护电路等全部集成在一块半导体芯片上而形成的一种稳压集成块,称为单片集成稳压器。它具有体积小、可靠性高、使用简单等特点,尤其是集成稳压器具有多种保护功能,包括过流保护、过压保护和过热保护等。集成稳压电路种类很多,按引出端的数目可分为三端集成稳压器和多端集成稳压器。其中,三端集成稳压器的发展应用最广,采用和三极管同样的封装,使用和安装也和三极管一样方便。三端稳压器由于使用简单,外接元件少,性能稳定,因此广泛应用于各种电子设备中。

三端稳压器可分为固定式和可调式两类。

3.3.1　三端集成稳压器的主要参数

集成稳压器的参数可分为性能参数、工作参数和极限参数三类。

(1) 性能参数。

集成稳压器的性能参数是指在给定的工作条件下,集成稳压器本身所能达到的性能指标。其中主要有电压调整率、电流调整率和输出电阻等。这些参数的定义与前述直流稳压电源相应的技术指标相同。

(2) 工作参数。

工作参数是指集成稳压器能够正常工作的范围和保证正常工作所必需的条件。工作参数主要有以下几个。

① 最大输入—输出电压差 $(U_I - U_O)_{max}$。

输入—输出电压差是指集成稳压器输入端和输出端之间的电压降。这个电压降所允许的最大值,就是稳压器的最大输入—输出电压差,若超过此值会造成稳压器被击穿而损坏。

② 最小输入—输出电压差 $(U_I - U_O)_{min}$。

能保持集成稳压器正常稳压的输入—输出电压降的最小值,就是最小输入—输出电压差,若小于此值,稳压器将失去稳压(电压调整)作用。

③ 输出电压范围 $(U_{Omin} \sim U_{Omax})$。

对于固定输出集成稳压器,其输出电压在器件型号中以标称值给出。但由于半导体器件固有的离散性,实际输出电压与标称值之间具有一定的偏差。因此,器件参数表中一般给出输出电压范围或输出电压的偏差(以 $\Delta U_O\%$ 表示)。

对于可调输出集成稳压器,其输出电压范围是指在规定的输入-输出压差内,能获得稳定输出电压的范围。

④ 静态工作电流 I_Q。

静态工作电流是指在加上输入电压以后,集成稳压器内部电路的工作电流。当输入电压变化或输出电流变化时,静态工作电流也相应地有变化。这个变化值越小越好。

(3) 极限参数。

极限参数是表示集成稳压器被破坏的工作参数,反映集成稳压器的安全工作条件。

① 最大输入电压 U_{Imax}。

最大输入电压是保证集成稳压器能安全工作的最大输入电压值。它取决于稳压器内部器件的耐压和功耗,使用中不应超过此值。需要说明的是单独考虑最大输入电压是没有意义的,只有和最大输入-输出电压差结合考虑,才能确定具体电路中具体稳压器输入端的最大输入电压。

② 最大输出电流 I_{Omax}。

集成稳压器能正常工作的最大输出电流定义为最大输出电流,具有内部过流保护的集成稳压器,当输出电流达到规定的电流极限时,内部过流保护电路将起保护作用。

③ 最大功耗 P_M。

集成稳压器的最大功耗 P_M 表示它所能承受的最大耗散功率。由于集成稳压器静态工作电流较小,所以在输出电流较大时,稳压器的功耗可表示为

$$P_M \approx (U_I - U_O)I_O \tag{3-9}$$

需要说明的是,集成稳压器的最大功耗与稳压器的外壳、外加散热器尺寸及环境温度有关。我们可以用集成稳压器的最大功耗 P_M 来表示它的热特性,只要它的芯片发热程度不超过最高结温或者处于芯片热保护能力之内,便认为集成稳压器的功耗是处于允许范围之内。

3.3.2 三端固定式集成稳压器

1. 三端固定式集成稳压器的外形及管脚排列

三端固定式集成稳压器是目前应用最普遍的中小功率稳压器,其外形及管脚排列见图3-3-1所示。由于它只有输入、输出和公共端三个端子,故称为三端稳压器。

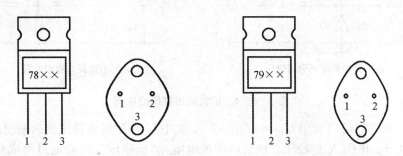

图3-3-1 三端固定式集成稳压器外形及管脚排列
78××系列:1-输入端 2-公共端 3-输出端
79××系列:1-公共端 2-输入端 3-输出端

2. 三端固定式集成稳压器的型号组成及含义

如图 3 - 3 - 2 所示。

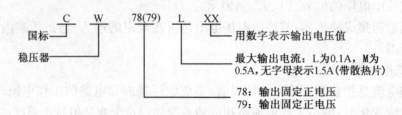

图 3 - 3 - 2　三端固定式集成稳压器型号组成及含义

国产的三端固定集成稳压器有 CW78×× 正电压系列和 CW79×× 负电压系列,其输出电压有 ±5 V、±6 V、±9 V、±12 V、±18 V、±24 V 等,其最大输出电流为 0.1 A、0.5 A、1 A、1.5 A、2.0 A 等。

3. 三端固定式集成稳压器的应用

(1) 输出固定电压稳压器。

实际应用中,根据所需输入电压、电流,选用符合要求的 CW78×× 或 CW79×× 系列产品。常用电路如图 3 - 3 - 3 所示。

图 3 - 3 - 3 中所示是用 CW7812 组成的输出 12 V 固定电压的稳压电路。C_i 用以减小纹波以及抵消输入端接线较长时的电感效应,防止自激振荡,并抑制高频干扰。一般取 0.1~1 μF。C_o 用以改善负载的瞬态响应减小脉动电压并抑制高频干扰,可取 1 μF。电子电路中使用时要防止公共端开路,同时 C_i 和 C_o 应紧靠集成稳压器安装。

(2) 扩大输出电压的电路。

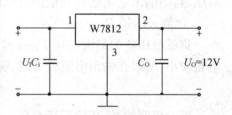

图 3 - 3 - 3　输出固定电压稳压器电路

当所需稳压电源输出电压高于集成稳压器的标准输出电压时,可以采用外接稳压管电路来提高输出电压的电路,如图 3 - 3 - 4 所示。

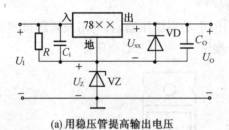

(a) 用稳压管提高输出电压　　　　(a) 用电阻提高输出电压

图 3 - 3 - 4　扩大输出电压的电路

由图 3 - 3 - 4(a) 可以看出 $U_O = U_{××} + U_z$,式中 $U_{××}$ 是集成稳压器的输出电压,U_z 是稳压管的稳定电压。电阻 R 是稳压二极管的限流电阻,防止稳压二极管通过集成稳压器的调整端和输出端接地,形成通路,损坏集成稳压器,在输出端接入二极管 VD 保护稳压器,正常工作时 VD 处于反向截止状态,当输出端短路时,电流可通过二极管流到输出回路,避免了电流由稳压器的接地端倒流进稳压器而造成稳压器损坏。

图 3-3-4(b) 是利用外接电阻提高输出电压的电路，R_1 上的电压就是集成稳压器的标准输出电压。当忽略稳压器的静态工作电流 I_Q 时

$$U_O \approx \left(1 + \frac{R_2}{R_1}\right)U_{\times\times} \qquad (3-10)$$

从上式可看出 $\frac{R_2}{R_1}U_{\times\times}$ 是所提高的电压部分，由 R_1 和 R_2 的比值来决定。当集成稳压器的输入电压变化时，其静态工作电流 I_Q 也随之变化，将影响集成稳压电源的稳压精度。所以，要求提高的电压值越大，R_2 取值越大，稳压电源的稳压精度就越低。

（3）扩大输出电流的电路。

如需负载电流大于三端稳压器输出电流时，可采用图 3-3-5 所示电路。

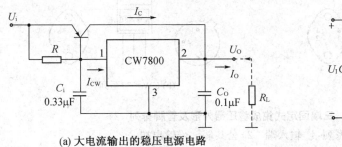

(a) 大电流输出的稳压电源电路   (b) 三端集成稳压器的并联运用

图 3-3-5　扩大输出电流的电路

CW7800 系列的最大输出电流为 1.5 A，若要求稳压电源的输出电流大于 1.5 A 时，则必须采取扩展输出电流的办法。这可用外接功率管来解决。但要注意所接的三极管只能用 PNP 型晶体管，若必须采用 NPN 晶体管，则可用 PNP 型晶体管与它接成复合管的形式。图 3-3-5(a) 是大电流输出的稳压电源电路。稳压电源的输出电流为 $I_O = I_C + I_{CW}$，需要指出的是，由于采用外接扩流管，因此会对集成稳压器的稳压精度有影响。

由于三端集成稳压器价廉易购，因此用并联法扩大输出电流也是一种简单而有效的方法。图 3-3-5(b) 所示，其最大输出电流可达到单个集成稳压器最大输出电流的 n 倍，n 为并联稳压器的个数。为了避免因稳压器特性差异太大而导致某个稳压器过热，必要时可进行参数的测试筛选。对于固定负载，也可加一很小的均流电阻，如图 3-3-5(b) 中虚线所示。

（4）输出正、负电压的稳压电源。

电子电路中，常常需要同时输出正、负电压的双向直流稳压电源，由集成稳压器组成的此类电源形式较多。图 3-3-6 是其中的一种，它由 CW7815 和 CW7915 系列集成稳压器以及共用的整流滤波电路组成，该电路具有共同的公共端，可以同时输出正、负两种电压。

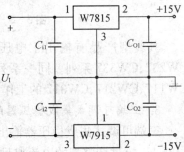

图 3-3-6　正负对称的稳压电路

3.3.3　三端可调式集成稳压器

1. 三端可调式集成稳压器的外形及管脚排列

三端固定式稳压器虽然通过外接电路的变化可以构成多种形式的稳压电源和其他电路，但性能指标有所下降。另外，固定输出电压的稳压电源使用起来也不甚方便，能够解决上述问题的便是三端可调式输出电压集成稳压器。它是在三端固定式稳压器基础上发展起来的一种性能更为优异的集成稳压器件，它除了具备三端固定式稳压器的优点外，既有正压稳压器，又有负压稳压器，同时就输出电流而言，有 100 mA、0.5 A、1.5 A 等各类稳压器，还可用少量的外接元件，实现大范围的输出电压连续调节（调节范围为 1.2～37 V），应用更为方便。三端可调稳压器的外形及引脚排列如图 3-3-7 所示。

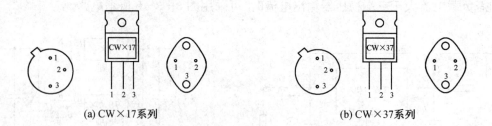

(a) CW×17系列　　　　　　　　　　　(b) CW×37系列

图 3-3-7　三端固定式集成稳压器外形及管脚排列

CW×17 系列：1-输入端　　2-公共端　　3-输出端

CW×37 系列：1-公共端　　2-输入端　　3-输出端

2. 三端可调式集成稳压器的型号组成及含义

如图 3-3-8 所示。

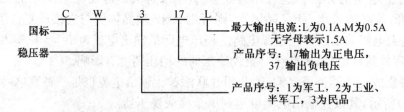

图 3-3-8　三端可调式集成稳压器型号组成及含义

其典型产品有输出正电压的 CW117、CW217、CW317 系列和输出负电压的 CW137、CW237、CW337 系列。同一系列的内部电路和工作原理基本相同，只是工作温度不同。如 CW117、CW217、CW317 的工作温度分别为 $-55℃\sim150℃$、$-25℃\sim150℃$、$0℃\sim125℃$。

3. 三端可调式集成稳压器的应用

三端可调式集成稳压器输出端与调整端之间的电压为基准电压 U_{REF}，其典型值为 $U_{REF}=1.25$ V。流过调整端的电流典型值为 $I_{REF}=50~\mu A$。正常工作时，只要在输出端上外接两个电阻，就可获得所要求的输出电压值。三端可调稳压器的基本应用电路如图 3-3-9 所示。

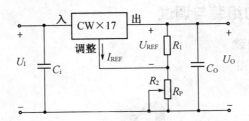

图 3 - 3 - 9   三端可调式集成稳压器的应用电路

由图可知

$$U_O = U_{R1} + U_{R2} = U_{REF} + \left(\frac{U_{REF}}{R_1} + I_{REF}\right)R_2$$

$$= U_{REF}\left(1 + \frac{R_2}{R_1}\right) + I_{REF}R_2$$

$$\approx 1.25 \times \left(1 + \frac{R_2}{R_1}\right) \qquad\qquad (3-11)$$

在空载情况下,为给稳压器的内部工作电源提供通路,并保持输出电压的精度和稳定,要选择精度高的电阻,并且电阻要紧靠稳压器,防止输出电流在连线电阻上产生误差电压。电阻 R_1 一般选取 100~120 Ω,这样一来,只要调节电位器 R_P 就可改变 R_2 的大小,从而调节输出电压 U_O 大小。因为基准电压在输出端和调整端之间,这就决定了输出电压 U_O 大小只能从 1.25 V以上开始调节,如果要求从零伏开始连续可调的稳压电源,可将 R_2 不接地,而接到一个 -1.25 V的电位上,而且输出电压的调节范围受集成稳压器最大输入—输出电压差的限制,对 CW117/CW217/CW317 来说,这个数值为 37~40 V。调整器上的电容器 C_i 可以消除长线引起的自激振荡,C_o 是用来抑制容性负载(500~5 000pF)时的阻尼振荡。

需要说明的是,在使用集成稳压器时,要正确选择输入电压的范围,保证其输入电压比输出电压至少高 2.5~3 V,即要有一定的压差。另一个不容忽视的问题是散热,因为三端集成稳压器工作时有电流通过,且其本身又具有一定的压差。这样三端集成稳压器就有一定的功耗,而这些功耗一般都转换为热量。因此,在使用中、大电流三端稳压器时,应加装足够尺寸的散热器,并保证散热器与集成稳压器的散热头(或金属底座)之间接触良好,必要时两者之间要涂抹导热胶以加强导热效果。

CW117/CW217/CW317 的最大输出电流为 1.5 V,如果需要更大的输出电流,必须采取扩流措施,可以根据需要采用外接 PNP 功率晶体管和利用并联集成稳压器的办法。

3.4 直流稳压电源的组装与调试

3.4.1 直流稳压电源的组装

1. 直流稳压电源装配图

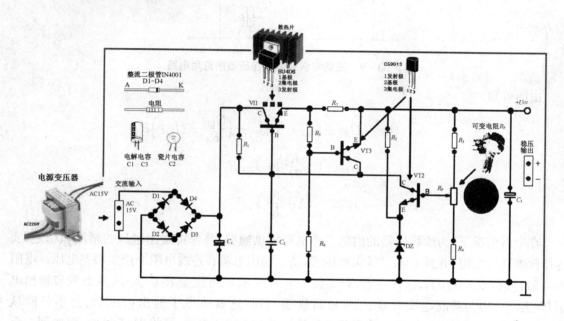

图3-4-1 直流稳压电源装配图

2. 直流稳压电源的组装

（1）元器件的检测。

① 外观质量检查。

电子元器件应完好无损，各种型号、规格、标识应清楚。

② 元器件检测。

按电子元器件的检测方法，对图3-4-1中的所有元件进行质量检测。

a. 变压器的检测。用万用表电阻挡判断变压器原、副边有无短路和开路；将变压器原边接入220 V交流电压，用交流挡测变压器副边电压，观察是否与标称值（15 V）一致。

b. 整流二极管的检测。根据图3-4-1中整流二极管的图形初步认识二极管的极性，再用万用表检测确认整流二极管的极性与质量好坏，主要元件为4个型号为1N4001的二极管。

c. 电容的检测。根据图3-4-1中电解电容的图形初步认识电解电容的型号与极性；再用万用表简易检测出电容的质量好坏。主要元件是电解电容1 000uF/25 V(C_1)、电解电容1 000uF/25 V(C_3)、瓷片电容1 000pF(C_2)。

d. 三极管的检测。根据图3-4-1中BU406、CS9013的图形初步认识三极管的型号与极性，再用万用表检测确认三极管的极性与质量好坏，主要元件为VT_1、VT_2、VT_3。

（2）电路板的组装。

① 焊接工艺要求。

焊接时，焊点用锡量要适中，整个印制电路板上的焊点要均匀、光亮、无虚焊假焊；导线焊接时应搪锡后再连接。

② 电路板的组装顺序。

a. 印制电路板元器件的焊接；

b. 电源线连接；

c. 焊接印制电路板之间和变压器的所有连线。

3.4.2 直流稳压电源的调试

1. 输出电压可调范围 $U_{Omin} \sim U_{Omax}$

按图 3-4-2 所示接线。输入端接 220 V 交流电压，输出端接万用表或数字万用表，调节电路中 R_P 的大小，使其值为最大和最小，测出对应的输出电压 U_{Omin} 和 U_{Omax}。则该稳压电源输出电压的可调范围为 $U_{Omin} \sim U_{Omax}$。

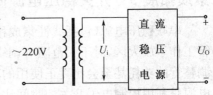

图 3-4-2 输出电压范围测试

2. 最大输出电流 I_{Omax}

指稳压电源正常工作的情况下能输出的最大电流，用 I_{Omax} 表示。一般情况下的工作电流 $I_O < I_{Omax}$。

按图 3-4-3 所示接线。稳压电源的输入端接 220 V 的交流电压，将稳压电源的输出电压调到 10 V，然后在稳压电源的输出端接滑线变阻器 R_L，R_L 的值应调到 1 kΩ 以上。用万用表或数字万用表测出对应的 U_O。然后逐渐减小 R_L 的值，直到 U_O 的值下降 5%，此时流经负载 R_L 的电流就是 I_{Omax}。记下 I_{Omax} 后应迅速增大 R_L 的值，以减小稳压电源的功耗。

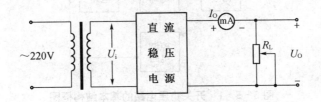

图 3-4-3 最大输出电流测试

3. 输出电阻 R_O

稳压电源的输出电阻 R_O 用来表明负载电流 I_O 变化时，引起输出电压 U_O 变化的程度。当输入电压不变时，由于负载电流变化 ΔI_O，而引起输出电压变化 ΔU_O，则

$$R_O = \frac{\Delta U_O}{\Delta I_O}\bigg|_{\Delta u_i = 0} \tag{3-12}$$

显然，R_O 越小负载变化时对输出电压的影响就越小。说明该稳压电源的性能越好。

按图 3-4-3 所示接线。在不接负载电阻 R_L 时测得开路电压 U_{O1}，这时 $I_{O1}=0$，接上负载电阻 R_L 时，测得 U_{O2} 和 I_{O2}，则

$$R_O = -\frac{U_{O1} - U_{O2}}{I_{O1} - I_{O2}} = \frac{U_{O1} - U_{O2}}{I_{O2}} \tag{3-13}$$

4. 纹波因数 γ

直流稳压电源中不可避免地含有一定的交流成分，用来描述稳压电源直流电压输出中交

流成分的比重,常用纹波因数 γ 来表示。即

$$\gamma = \frac{交流电压分量的总效值}{直流电压分量}$$

γ 越小,输出脉动越小,表示稳压电源的性能越好。

方法是用晶体管毫伏表(或示波器)测量电源输出端的交流电压分量的有效值,用万用表(或数字万用表)的直流挡测量电源输出端的直流电压分量,按上式就可算出电源的纹波因数。

素质拓展3   开关稳压电源简介

串联稳压电源(包括线性集成稳压器)时是通过改变调整管上的压降来实现稳压的,调整管工作于放大区,对于大范围可调线性稳压电源来说,如果输入电压与输出电压差别较大时,调整管的功耗甚至会比真正使用的功耗还大,效率只能达到 $30\% \sim 50\%$ 左右。而开关式稳压电源是利用控制电子开关的时间比例来达到稳压的目的。虽然开关稳压电源也采用三极管作调整管,但它工作于开关状态,导通时管子深度饱和,管压降很小,关断时电流趋近于零,两种状态功耗都很小,开关稳压电源本身的效率一般能达到 $80\% \sim 90\%$,甚至更高。

1. 开关稳压电源基本原理

开关稳压电路的基本结构框图如图 3-5-1 所示。

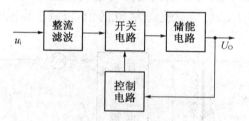

图 3-5-1   开关稳压电路的基本结构框图

交流电压 u_i 经过整流滤波电路转换为直流电压后,通过开关元件的开、断变为方波,然后将方波通过储能电路再转换为平滑的直流电压。控制电路主要是控制开关元件的开关频率或导通(开)、关断(关)的时间比例,从而实现稳压控制。开关稳压电路的原理及波形如图 3-5-2所示。

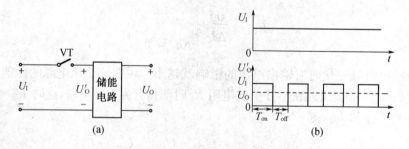

图 3-5-2   开关稳压电路工作原理

图中 U_I 为输入直流电压,U_O' 为输出方波电压,VT 为理想开关管。方波电压的平均值为

$$U_O = \frac{1}{T}\int_0^{T_{on}} U_I dt = \frac{U_I T_{on}}{T} = \frac{U_I(T - T_{off})}{T} = U_I\delta \qquad (3-14)$$

式中，T_{on} 为开关管导通时间；

$\quad\quad T_{off}$ 为开关管截止时间；

$\quad\quad \delta = \dfrac{T_{on}}{T}$ 为方波的脉冲占空比。

只要适当改变脉冲占空比，就可保持方波电压的平均值 U_O 的稳定，加大 T_{on}（或保持 T_{on} 不变减小 T）可以提高 U_O；反之，减小 T_{on} 可以降低 U_O。因此，只要在电路中通过某种方法用输出电压的变化量去控制开关管的导通时间，就能得到稳定的输出电压，从而实现稳压控制。δ 的控制有以下几种方式：

(1) 在开关周期 T 不变的情况下，改变导通时间 T_{on}，对脉冲的宽度进行调制，称为脉冲宽度调制（PWM）。

(2) 在 T_{on}（或 T_{off}）不变的情况下，改变开关周期 T，对脉冲的频率进行调制，称为脉冲频率调制（PFM）。

(3) 既改变 T_{on}（或 T_{off}），也改变开关周期 T，称为脉冲宽度、频率混合调制。

2. 并联型开关稳压电路

图 3-5-3(a)画出了并联型开关稳压电路的开关管和储能电路。因为开关管 VT 和输入电压 U_I 以及输出电压 U_O 并联，所以称之为并联型。开关稳压电路的调整管是工作在开关状态的，也就是说调整管中的电流是时断时续的。那么，怎样才能把断续的电压变成连续的直流电压输出呢？这时必须依靠储能电路。

基本工作原理如下：当开关管基极上加有正脉冲电压时，开关管饱和导通，集电极电位接近于零，二极管 VD 反偏截止，输入电压 U_I 通过电流 i_L 向电感 L 储能，同时由已充了电的电容 C 供给负载电流，电流流通路径如图 3-5-3(b)所示。当开关管基极上没有正向脉冲电压或所加的是负脉冲电压时，开关管 VT 截止。由于电感中电流不能突变，因此这时电感 L 两端产生自感电动势并通过续流二极管 VD 向电容 C 充电，补充刚才放电时消耗的电能，并同时向负载 R_L 供电，电流流通路径如图 3-5-3(c)。当电感 L 中释放的能量逐渐减小时，就由电容 C 向负载 R_L 放电，并很快又转入开关管饱和导通状态，再一次由输入电压 U_I 向电感 L 输送能量。用这种并联型电路可以组成不用电源变压器的开关稳压电路。

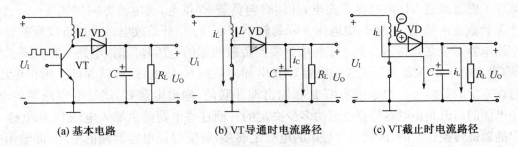

(a) 基本电路　　　　(b) VT 导通时电流路径　　　　(c) VT 截止时电流路径

图 3-5-3　并联型开关稳压电路工作原理图

3. 串联型开关稳压电路

图 3-5-4 是一个典型的串联型开关稳压电路。图中只画出了开关管和储能电路部分。三极管 VT 为开关管,储能电路包括电感 L、电容 C 和二极管 VD。因为开关调整管(简称开关管)是和输入电压以及负载串联的,所以称为串联型。开关管 VT 的基极上加的是脉冲电压,因此开关管工作在开关状态。

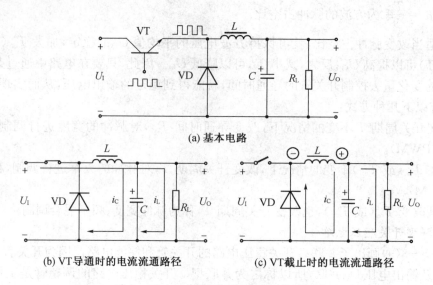

(a) 基本电路

(b) VT 导通时的电流流通路径　　　　　(c) VT 截止时的电流流通路径

图 3-5-4　串联型开关电路工作原理

当开关管基极加上正脉冲电压时,开关管进入饱和导通状态,这时二极管 VD 反偏截止,输入电压 U_I 加到储能电感 L 和负载电阻 R_L 上。由于电感中的电流不能突变,所以流过电感的电流随着开关管的导通而逐渐增大。这时输入电压 U_I 向电感 L 输送并储存能量。开关管导通时间越长,即正脉冲越宽,电流增加得越大,储存的磁能就越多。因为电感 L 和负载 R_L 是串联的,所以通过电感的电流同时给电容 C 充电和给负载 R_L 供电,充电电流如图 3-5-4(b)所示。

当开关管基极上没有正向脉冲电压或所加的是负脉冲电压时,基极处于零电位或负电位,开关管截止。这时电感 L 中的电流停止增长,因为电感中的电流不能突变,所以电感 L 两端产生一个自感反电势,它的极性是左负右正。它使二极管 VD 处于正偏而导通,于是电感 L 中储存的磁能通过 VD 向电容 C 充电,并同时向负载 R_L 供电,其电流方向如图 3-5-4(c)。在开关管截止的后期,电感 L 中电流下降到较小时,电容 C 开始放电以维持负载所需要的电流。当电容 C 上的电能释放到一定程度将要使负载两端的电压降低时,电路又转入开关管导通期,输入电压 U_I 又通过开关管向电容 C 充电和向负载 R_L 供电,这样就保证了输出电压 U_O 维持在一定的数值上。由于电容 C 是和输出端并联的,输出电压 U_O 就是电容两端的电压。这个电压的高低是由电容储存电荷的多少决定的。而这些电荷是由输入电压 U_I 和电感 L 中储存的磁能转换供给的,因此只要提供的电荷足够多,就能保证电容两端的电压,即输出电压 U_O 的数值基本不变。

由此可见,虽然开关管中的电流是时断时续的,但由于储能电路的作用,输出电压却是连续的,数值的波动也不大。储能电路中电感 L 起着储存和供给能量的作用,开关管导通时储存能量,开关管截止时释放能量,这样就保证了电流的连续性。储能电路中的电容 C 除了储能作用外,主要起着调节和平滑作用,或者说是滤波作用。它有时充电,有时放电,使输出电压维持在一定的数值上。二极管 VD 的作用是为电感 L 释放能量提供通路,所以称它为续流二极管。

习题 3

3-1 填空题

1. 直流稳压电源一般由_____、_____、_____、_____等部分组成。

2. 稳压电路的作用是_____和_____。

3. 三端集成稳压器 CW7806 的输出电压是_____。

4. 在题图 3-1 所示电路中,调整管为_____,采样电路由_____组成,基准电压电路由_____组成,比较放大电路由_____组成,保护电路由_____组成;输出电压最小值的表达式为_____,最大值的表达式为_____。

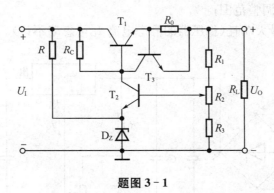

题图 3-1

3-2 计算题

1. 在题图 3-2 所示稳压电路中,已知稳压管的稳定电压 U_Z 为 6 V,最小稳定电流 I_{Zmin} 为 5 mA,最大稳定电流 I_{Zmax} 为 40 mA;输入电压 U_I 为 15 V,波动范围为 $\pm 10\%$;限流电阻 R 为 200 Ω。

(1) 电路是否能空载? 为什么?

(2) 作为稳压电路的指标,负载电流 I_L 的范围为多少?

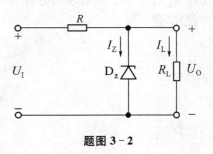

题图 3-2

2. 在题图3-1所示电路中,稳压管的稳定电压$U_Z = 4.3\,\mathrm{V}$,晶体管的$U_{BE} = 0.7\,\mathrm{V}$,$R_1 = R_2 = R_3 = 300\,\Omega$,$R_0 = 5\,\Omega$。试估算:

(1) 输出电压的可调范围;

(2) 调整管发射极允许的最大电流;

(3) 若$U_I = 25\,\mathrm{V}$,波动范围为$\pm10\%$,则调整管的最大功耗为多少。

3. 三端集成稳压器7805组成如题图3-3所示电路。已知稳压管稳定电压$U_Z = 5\,\mathrm{V}$,允许的电流$I_Z = 5\sim40\,\mathrm{mA}$,$R_p = 10\,\mathrm{k\Omega}$,$U_2 = 15\,\mathrm{V}$,电网电压波动$\pm10\%$,最大负载电流$I_{Lmax} = 1\,\mathrm{A}$。试求:

(1) 限流电阻R的取值范围;

(2) 输出电压U_O的调整范围;

(3) 三端稳压器的最大功耗(稳压器的静态电流I_Q可忽略不计)。

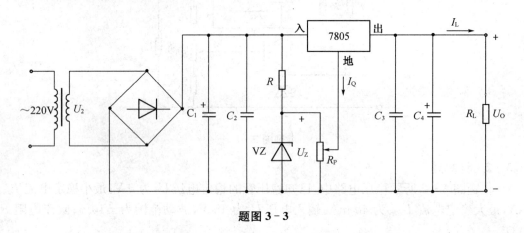

题图 3-3

4. 用三端稳压器7815组成的恒流源电路如题图3-4所示。已知集成电路7815的静态电流$I_Q = 4.5\,\mathrm{mA}$,求当电阻$R = 100\,\Omega$,$R_L = 200\,\Omega$时,输出电压U_O和负载电阻R_L中的电流I_L值。

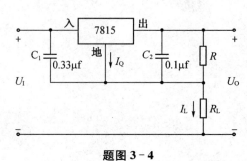

题图 3-4

项目 4　触摸开关的分析与检测

集成运算放大器在电子产品中应用非常广泛,触摸开关就是运用运算放大器电压比较功能来实现控制作用,本项目就是通过触摸开关的分析来学习运算放大器的功能和反馈的相关知识,同时我们运用前面所学过的相关知识点来对触摸开关进行检测与组装,达到提高动手操作能力的目的。

4.1　触摸开关的认识

触摸开关在日常生活中是很常见的,比方说在我们的家里过道上、楼梯间等。它的作用就是将人体触摸信号(感应信号)进行放大再通过运算放大器放大控制继电器开关闭合,灯泡点亮,触摸开关实物如图 4-1-1 所示。

触摸开关内部电路结构如图 4-1-2 所示,触摸开关共由 12 个电子元器件构成,其中核心元件为 CF741。具体元器件及功能如表 4-1-1 所示。

图 4-1-1　触摸开关实物图

表 4-1-1　触摸开关元件列表

序号	标号	实物名称	作用
1	R、R_1、R_2、R_3、R_4	电阻	为电路提供电压
2	VT_1	场效应管	输入信号放大
3	U1	CF741 运放	信号比较放大
4	VT_2	9012 三极管	信号放大
5	J	带开关的继电器	继电路吸合开关
6	C	瓷片电容	对触摸信号进行耦合
7	JP	12 V 电源接口	连接外部供电

我们认识了触摸开关的实物及内部结构,那么它是怎样实现人体触摸就能进行开关作用呢,下面就一起来学习这些知识。

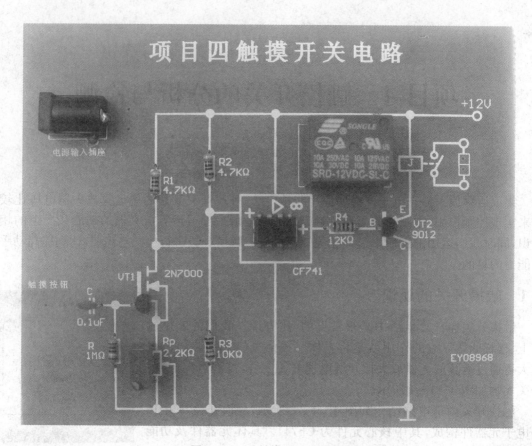

图 4-1-2 触摸开关实物图

4.2 集成运放的特性与检测

4.2.1 概述

将一个具有一定功能的电路的所有元件或绝大部分元件，以及元件之间的连线，集中制作在同一块半导体基片上所形成的电路叫集成电路。集成运算放大器是将一个高增益的多级直接耦合放大电路集成在一块半导体中。集成运算放大器的基本功能有以下几点。

（1）信号运算。比例、加、减、乘、除、指数、对数、积分、微分等。

（2）信号放大。反相放大（反相比例）、同相放大（同相比例）、差分放大。

（3）信号产生。正弦波发生器、方波发生器、矩形波发生器、三角波发生器等。

（4）信号比较。（模拟）电压比较器。

（5）信号变换。将正弦波变换为三角波、梯形波；将方波变换为三角波、锯齿波等。

1. 集成运算放大器简介

集成电路是采用半导体制造工艺将组成电路的元器件和互连线集成在一小块半导体基片上的微型电路系统。它是将元器件和电路融为一体的固态组件，因此，集成电路又称为固体电路。

集成电路的优点：体积小、重量轻、安装方便、功耗小、工作可靠等。

集成电路的类型：以集成度即管子和元件数量可分为一百以下的小规模集成电路，一百至一千个之间的中规模集成电路,一千至十万个之间的大规模集成电路,十万以上的超大规模集成电路;按所用器件又可分为双极型器件组成的双极型集成电路,单极型器件组成的单极型集成电路,双极型器件和单极型器件兼容组成的集成器件;此外,还有线性集成电路和数字集成电路等。

集成运算放大器(简称集成运放):直接耦合的高放大倍数的线性集成电路。

2. 集成运算放大器的外形和符号

(1) 集成电路的外形。

国产集成运放的封装外形主要采用圆壳式和双列直插式,如图 4-2-1 所示。

(a) 圆壳式　　　　(b) 双列直插式　　　　(c) 扁平式

图 4-2-1　集成电路外形

(2) 集成运放的型号。

国家标准(GB3430-82)规定,由字母和阿拉伯数字表示,例如 CF741、CF124 等,其中 C 表示国家标准,F 表示运算放大器,阿拉伯数字表示品种。如图 4-2-2 所示。

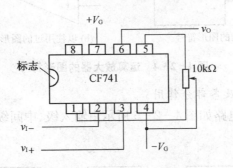

图 4-2-2　CF741 外接线图

(3) 集成运放的管脚顺序及功能。

国产第二代集成运放 CF741 接线如图 4-2-2 所示。双列直插式集成运放的管脚顺序是:管脚向下,标志于左,序号自下而上逆时针方向排列。管脚功能如下:脚 7 接正电源(+9～+18)V,脚 4 接负电源(-9～-18)V,脚 6 为输出端,脚 1、4、5 外接调零电位器,脚 3 为同相输入端(输出信号与输入信号同相位),脚 2 为反相输入端(输出信号与输入信号反相位),脚 8 为空脚。

国产第一代集成运放 F004 接线如图 4-2-3 所示。圆壳式集成运放的管脚顺序是:管脚向上,序号自标志起从小到大按顺时针方向排列。管脚功能如下:脚 7 接正电源(+15)V,脚 4 接负电源(-15)V,脚 6 为输出端,脚 1、4、8 接调零电位器,脚 3 为同相输入端,脚 2 为反相输入端,脚 5、6 之间的 300 kΩ 电阻及 R_P、C_P 的作用是消除自激,可通过调试决定数值。

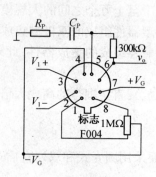

图 4 - 2 - 3　F004 外接线图

不同类型运放的管脚排列和管脚功能是不同的,应用时可查阅产品手册来确定。

（4）集成运放的图形符号。

如图 4 - 2 - 4 所示,图(a)是国家新标准(GB4728・13—1996)规定的符号;图(b)是曾用过的符号。画电路时,通常只画出输入和输出端,输入端标"＋"号表示同相输入端,标"－"号表示反相输入端。

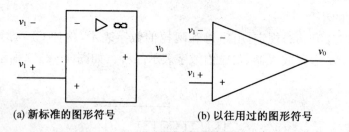

(a) 新标准的图形符号　　　　(b) 以往用过的图形符号

图 4 - 2 - 4　运算放大器的图形符号

3. 内部电路组成框图及各部分作用

集成运算放大器内部电路如图 4 - 2 - 5 所示由输入级、中间级、输出级及偏置电路四部分组成,各部分的作用如下:

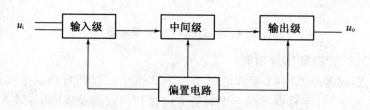

图 4 - 2 - 5　内部电路框图

（1）输入级。

输入级又称前置级。采用双端输入,接收输入信号。

特点:输入电阻高,差模电压放大倍数大,抑制共模信号的能力强。

（2）中间级。

一般是两级以上的差分放大电路。

特点:起整体电路的主要放大作用,电压放大倍数可达千倍以上。为了提高电压放大倍数,电路常用复合管作放大管,或放大电路为有源负载放大电路。

(3) 输出级。

单端输出。输出级就是功率放大级。

特点:输出电阻小(即电路带负载的能力强),动态范围宽(属大信号放大)。多采用互补对称(输出)电路。

(4) 偏置电路。

偏置电路为内部各级放大电路提供静态偏置,即提供偏置电流。

特点:由于各级放大电路的静态电流较小,则偏置电阻的阻值较大,一般超过 100 kΩ 以上,而如此高阻值的电阻在集成电路内部制作起来很困难,故偏置电路(除输出级以外)采用特殊电路——电流源电路。

4.2.2 集成运放的特性与参数

1. 集成运算放大器的主要参数

(1) 开环差模电压增益 A_{ud}。集成运放的开环差模电压增益是指集成运放工作在线性区,接入规定负载而无负反馈情况下直流差模电压增益。A_{ud} 与输出电压 U_o 的大小有关,通常是在规定的输出电压幅值时(如 $U_o = \pm 10$ V)测得的值。

$$A_{ud} = \frac{\Delta u_{od}}{\Delta u_{id}} = \frac{\Delta u_{od}}{\Delta(u_+ - u_-)} \tag{4-1}$$

通常也用分贝数 dB 表示,为

$$20 \lg |A_{ud}| = 20 \lg \left| \frac{\Delta u_{od}}{\Delta u_{id}} \right| \text{ dB} \tag{4-2}$$

通常 A_{ud} 较大,一般可达 100 dB,最高可达 140 dB 以上。A_{ud} 越大,电路性能越稳定,运算精度越高。

(2) 输入失调电压 U_{os} 及其温漂 dU_{os}/dT。

由于集成运算放大器的输入级电路参数不可能绝对对称,所以当输入电压为零时,输出电压 U_o 不为零。U_{os} 是使输出电压为零时在输入端加的补偿电压。输入失调电压 U_{os} 通常指在室温 25℃、标准电源电压下,为了使输入电压为零时输出电压为零,在输入端加的补偿电压。U_{os} 的大小反映了运放输入级电路的不对称程度。U_{os} 越小越好,越小表明电路参数对称性越好。一般为 $\pm(1 \sim 10)$ mV。对于有外接调零电位器的集成运算放大器,可以通过改变电位器滑动端的位置使得零输入时输出为零。

另外,U_{IO} 还受到温度的影响。通常将输入失调电压 U_{IO} 对温度的变化率称为输入电压的温度漂移(简称输入失调电压温漂)用 dU_{IO}/dT 表示,dU_{os}/dT 是 U_{os} 的温度系数,是衡量集成运算放大器温漂的重要参数,其数值越小,表明集成运算放大器的温漂越小,一般为 $\pm(1 \sim 20)\mu V/℃$。

注意:dU_{os}/dT 不能用外接调零装置来补偿,在要求温漂低的场合,要选用低温漂的运放。

(3) 输入失调电流 I_{IO} 及其温漂 dI_{os}/dT。

$I_{os} = |I_{B1} - I_{B2}|$,其中 I_{B1}、I_{B2} 是集成运算放大器输入级差放管的基极(栅极)偏置电流,I_{os} 反映输入级差放管输入电流的不对称程度。通常输入失调电流 I_{os} 指常温下,输入信号为零时,放大器的两个输入端的基极静态电流之差称为输入失调电流 I_{os},有 $I_{os} = I_{B1} - I_{B2}$,它

反映了输入级两管输入电流的不对称情况。I_{OS}越小越好,一般为1nA～0.1 μA。

I_{OS}还随温度变化,I_{OS}对温度的变化率称为输入失调电流温漂,用dI_{OS}/dT表示,单位为nA/℃。

(4)输入偏置电流I_{IB}。

输入偏置电流是指集成运放输出电压为零时,两个输入端静态电流的平均值,即I_{IB}=(I_{B1}+I_{B2})/2的大小,输入偏置电流主要取决于运放差分输入级B_{JT}的性能,当β值太小时,将引起偏置电流增加。从使用角度看,I_{IB}越小越好,一般为10nA～1 μA。

(5)开环差模输入电阻R_{id}。

差模输入电阻是指集成运放的两个输入端之间的动态电阻。它反映了运放输入端向差动输入信号源索取电流的大小。对于电压放大电路,其值越大越好,一般为几兆欧。MOS集成运放R_{id}高达106 MΩ以上。

(6)开环差模输出电阻R_{od}。

集成运放开环时,从输出端看进去的等效电阻称为输出电阻。它反映集成运放输出时的带负载能力,其值越小越好。一般R_{od}小于几十欧。

(7)共模抑制比K_{CMR}。

共模放大倍数A_{oc}如图4-2-6所示,A_{oc}=Δu_o/Δu_{ic}。

共模抑制比等于差模放大倍数与共模放大倍数A_{oc}之比的绝对值,即K_{CMR}=|A_{od}/A_{oc}|,常用分贝表示,其数值为20 lg K_{CMR}。K_{CMR}越大越好,K_{CMR}越大对温度影响的抑制能力就越大。

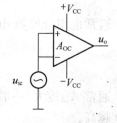

(8)最大输出电压U_{OM}。

在给定负载上,最大不失真输出电压的峰峰值称为最大输出电压。若双电源电压为±15 V,则U_{OM}可达到±13 V左右。

(9)—3 dB带宽f_H。

f_H是使开环差模增益A_{od}下降3 dB(即下降到0.707倍)时的信号频率。

图4-2-6 共模放大倍数

(10)增益带宽积G_{BW}、单位增益带宽f_C。

G_{BW}是开环差模增益A_{od}与带宽f_H的乘积,即G_{BW}=A_{od}×f_H是一个常数。

f_C是使开环差模增益A_{od}下降到0 dB(即A_{od}=1,失去放大能力)时的信号频率。

(11)转换速率SR。

SR=|du_o/dt|$_{max}$,表示集成运算放大器对信号变化速率的适应能力,是衡量集成运算放大器在大幅值信号作用时工作速度的参数,常用每微秒输出电压变化多少伏来表示。当输入信号变化斜率的绝对值小于SR时,输出电压才呈线性规律变化。信号幅值越大、频率越高,要求集成运算放大器的SR越大。

(12)等效输入噪声电压密度en、等效输入噪声电流密度in、等效输入噪声电压峰—峰值enp-p、等效输入噪声电流峰—峰值inp-p用来描述集成运算放大器噪声的大小。噪声越小越好。

(13)功耗P_d。

在额定电源电压及空载条件下,所消耗的电源总功率P_d。

2. 理想运算放大器的特性

所谓理想运算放大器就是将各项技术指标理想化的集成运放。在分析与应用集成运算放大器时,为了简化分析,通常把它理想化,看成是理想运算放大器。理想运算放大器的特性如下:

(1) 输入信号为零时,输出端应恒定为零;

(2) 输入阻抗 $r_i \to \infty$;

(3) 输出阻抗 $r_o \to 0$;

(4) 频带宽度 BW 应从 $0 \to \infty$;

(5) 开环电压放大倍数 $A_{VO} \to \infty$。

虽然实际的集成运算放大器不可能具有以上理想特性,但在低频工作时是接近理想的。所以,在低频情况下,实际使用与分析集成运放电路时就可以把它看成是理想运算放大器。

4.2.3 差分放大电路简介

1. 差分放大电路构成

差分放大电路又叫差动放大电路,就其功能来说是放大两个输入信号之差,且具有抑制零点漂移的能力。它是集成运放的主要组成单元,广泛应用于集成电路中。图 4-2-7 所表示的是一线性放大电路,它有两个输入端,分别接有输入信号电压为 u_{i1} 和 u_{i1},一个输出端,输出信号电压为 u_o。

图 4-2-7 理想差分放大电路
输出与输入关系

差模输入信号 u_{id} 为两输入信号之差。即

$$u_{id} = u_{i1} - u_{i2} \tag{4-3}$$

共模输入信号 u_{ic} 为两输入信号的算术平均值。即

$$u_{ic} = (u_{i1} + u_{i2})/2 \tag{4-4}$$

如果用共模信号与差模信号来表示两个输入电压时,有

$$u_{i1} = u_{ic} + u_{id}/2 \tag{4-5}$$

$$u_{i2} = u_{ic} - u_{id}/2 \tag{4-6}$$

在电路完全对称的理想情况下,放大电路两个共模信号对输出电压都没有影响,此时输出信号电压只与差模信号有关,可表示为

$$u_o = A_{ud}(u_{i1} - u_{i2}) \tag{4-7}$$

式中 A_{ud} 为差模电压增益 $A_{ud} = u_{od}/u_{id}$。但在一般情况下实际输出电压不仅取决于两个输入信号的差模信号,而且与两个输入信号的共模信号有关,利用叠加定理可求出输出信号电压为

$$u_o = A_{ud}u_{id} + A_{uc}u_{ic} \tag{4-8}$$

式中 A_{uc} 为共模电压增益 $A_{uc} = u_{oc}/u_{ic}$。由(4-6)式可知,如果有两种情况的输入信号,一种情况是 $u_{i1} = +0.1\,\text{mV}$, $u_{i2} = -0.1\,\text{mV}$,而另一种情况是 $u_{i1} = +1.1\,\text{mV}$, $u_{i2} = 0.9\,\text{mV}$。那么尽管两种情况下的差模信号相同都为 $0.2\,\text{mV}$,但共模信号却不一致,前者为 0,后者为

1 mV。因而差分放大电路的输出电压不相同。

2. 差分放大电路的作用

(1) 对差模输入信号的放大作用。

当差模信号 u_{id} 输入（共模信号 $u_{ic} = 0$）时，差放两输入端信号大小相等、极性相反，即 $u_{i1} = -u_{i2} = u_{id}/2$，因此差动对管电流增量的大小相等、极性相反，导致两输出端对地的电压增量，即差模输出电压 u_{od1}、u_{od2} 大小相等、极性相反，此时双端输出电压 $u_o = u_{od1} - u_{od2} = 2u_{od1} = u_{od}$，可见，差放能有效地放大差模输入信号。

要注意的是：差放公共射极的动态电阻 R_{em} 对差模信号不起（负反馈）作用。

(2) 对共模输入信号的抑制作用。

当共模信号 u_{ic} 输入（差模信号 $u_{id} = 0$）时，差放两输入端信号大小相等、极性相同，即 $u_{i1} = u_{i2} = u_{ic}$，因此差动对管电流增量的大小相等、极性相同，导致两输出端对地的电压增量，即差模输出电压 u_{oc1}、u_{oc2} 大小相等、极性相同，此时双端输出电压 $u_{oc} = u_{oc1} - u_{oc2} = 0$，可见，差放对共模输入信号具有很强的抑制能力。

此外，在电路对称的条件下，差放具有很强的抑制零点漂移及抑制噪声与干扰的能力。

3. 差分放大电路的类型

(1) 双电源供电的差分放大电路。

双电源供电的差分放大电路是一种基本差分放大电路，因采用双电源供电，由此而得名。

(2) 具有恒流源的差分放大电路。

双电源供电的差分放大电路能比较有效地抑制温漂，而且 R_e 越大抑制能力越强。但是，R_e 的增大是有限的，一方面 R_e 过大，要保证三极管有合适的静态工作点，就必须加大负电源 U_{EE} 的值，显然不合适。另一方面当电源已选定后，R_e 太大也会使 I_C 下降太多，影响放大电路的增益。所以，靠增加 R_e 来提高共模抑制比是不现实的，为此常用恒流源代替 R_e 来提高电路的 K_{CMR}。

4. 2. 4 集成运放的检测

理想运算放大器具有"虚短"和"虚断"的特性，这两个特性对分析线性运用的运放电路十分用。为了保证线性运用，运放必须在闭环（负反馈）下工作。如果没有负反馈，开环放大下的运放成为一个比较器。如果要判断器件的好坏，先应分清楚器件在电路中是做放大器用还是做比较器用。

从图 4-2-8 我们可以看出，不论是何种类型的放大器，都有一个反馈电阻 R_f，则我们在维修时可从电路上检查这个反馈电阻，用万用表检查输出端和反向输入端之间的阻值，如果大得离谱，如几兆欧以上，则我们大概可以肯定器件

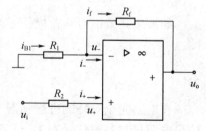

图 4-2-8 同向比例运算电路

是做比较器用，如果此阻值较小，只有几欧至几十千欧，则再检查有无电阻接在输出端和反向输入端之间，有的话定是做放大器用。

根据放大器虚短的原理，如果这个运算放大器工作正常，其同向输入端和反向输入端电压必然相等，即使有差别也是 mV 级的。当然在某些高输入阻抗电路中，万用表的内阻会对电压测试有点影响，但一般也不会超过 0.2 V，如果有 0.5 V 以上的差别，则放大器必坏无疑！

如果器件是做比较器用，则允许同向输入端和反向输入端不等，同向电压大于反向电压，

则输出电压接近正的最大值;同向电压小于反向电压,则输出电压接近 0 V 或负的最大值(视为双电源或单电源)。如果检测到电压不符合这个规则,则器件必坏无疑!

4.3　负反馈及其应用分析

4.3.1　反馈的基本概念

1. 反馈的定义

实现信号回送的这一部分电路称为反馈电路,它通常由一个纯电阻构成,但也可由多个无源元件通过串、并联方式构成,还可由有源电路构成,在本章中只讨论由无源元件构成的反馈电路。

在电子电路中,将输出量 x_o(v_o 或 i_o)的一部分或全部,通过一定网络(称为反馈网络),以一定方式(与输入信号串联或并联)返送到输入回路,来影响电路性能的技术称为反馈。图 4-3-1 是反馈放大电路的方框图。通过这个方框图,不难看出反馈放大器由两部分电路组成。一部分为无反馈的放大电路,即基本放大电路,用 A 表示其增益,也称为开环放大倍数;另一部分为反馈电路(或称反馈网络),用 F 表示反馈电路的反馈系数。反馈放大电路中的 $\dot{X}_i$ 表示信号源输入量,$\dot{X}_i'$ 表示净输入量,$\dot{X}_f$ 表示反馈量,$\dot{X}_o$ 表示输出量,它们可以表示电压,也可以表示电流,视具体电路而定。图中的箭头指示信号的传输方

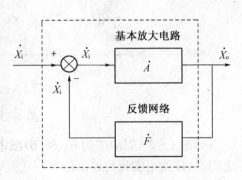

图 4-3-1　反馈放大电路方框图

向。符号"⊗"表示比较环节,在此处,输入信号 $\dot{X}_i$ 与反馈信号 $\dot{X}_f$ 进行叠加,形成净输入信号 $\dot{X}_i'$,它通过放大电路的放大作用,形成输出信号 $\dot{X}_o$。显然,$\dot{X}_o$ 既通过输出电路作用于负载,同时又通过反馈电路形成反馈信号 $\dot{X}_f$ 回送到输入端,作用于输入信号。此时,放大电路与反馈电路形成一个闭合环路,所以,反馈放大电路又称为闭环放大电路。图中"+"、"-"表示 $\dot{X}_i$ 与 $\dot{X}_f$ 参与叠加时的相位关系。

规定的正方向符合下列关系

$$\dot{X}_i' = \dot{X}_i - \dot{X}_f \tag{4-9}$$

其中

$$\dot{A} = \frac{\dot{X}_o}{\dot{X}_i'} \quad\text{——开环增益} \tag{4-10}$$

$$\dot{A}_f = \frac{\dot{X}_o}{\dot{X}_i} \quad\text{——闭环增益} \tag{4-11}$$

$$\dot{F} = \frac{\dot{X}_f}{\dot{X}_o} \quad\text{——反馈系数} \tag{4-12}$$

2. 反馈存在的判定

要判断一个电路中是否存在反馈,从反馈的框图结构上可以看出,只要判断电路中是否存在将输出信号反馈回输入回路的反馈电路即可。对于由无源元件构成的反馈电路,在许多情况下,可以很容易找到这样的反馈电路,下面通过几个实例来分析存在反馈的几种表现形式。

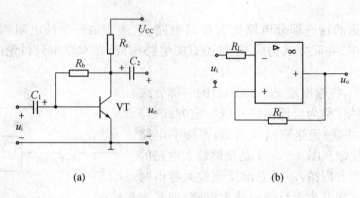

(a)　　　　　　　　　　(b)

图 4 - 3 - 2　判断电路中的反馈

如图 4 - 3 - 2(a)中的 R_b 和(b)图中的 R_f,它们跨接在本级放大电路输出回路与输入回路之间,这样就可实现将输出信号回送到输入端的功能,R_b 和 R_f 也就起到了反馈作用,常将 R_b 和 R_f 称为反馈电阻。这是一种典型的本级反馈形式。

在如图 4 - 3 - 3 所示的共射放大电路中,由于发射极电阻 R_e 既是组成本级放大电路输入回路的一条支路,同时又是组成本级放大电路的输出回路的一条支路,因此,电阻 R_e 上的电压必将对输入信号大小产生影响,其作用可理解为将输出信号反馈回输入回路,所以,发射极电阻 R_e 也是反馈电阻。这是另一种本级反馈形式。

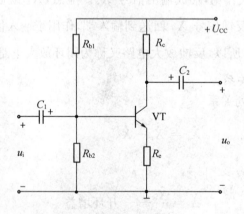

图 4 - 3 - 3　共射放大电路

在图 4 - 3 - 4 所示多级放大电路中,电阻 R_6 跨接在两级放大电路之间,将后级输出与前级输入联系起来,实现将输出信号返回到输入端的功能,所以,该电阻称为反馈电阻。这是一种最为典型的级间反馈形式。

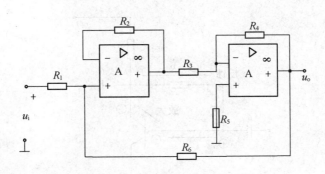

图 4-3-4 多级放大电路中的反馈

4.3.2 负反馈的类型

1. 反馈的判别

（1）反馈极性的判断。

依据反馈信号与输入信号的相位关系，可将反馈分为正反馈和负反馈两类。

在放大电路的输入端，若反馈信号与输入信号相位相同，它将使得放大电路的净输入信号增强，这种反馈称为正反馈；若相位相反，则它将使得放大电路的净输入信号减小，这种反馈称为负反馈。

判断反馈的极性通常采用电压瞬时极性法：先假定输入信号在某一瞬间对地的电压极性为"＋"，然后依据各级放大器特性，得出反馈环路上各相关端点上的信号极性。即从初始输入端出发，经放大到输出端，再经反馈电路，回到输入端，依次标出信号传送通路上各点信号电压的瞬时极性。然后，在输入端比较原输入信号与反馈信号的相位关系。最后，判断反馈回来的信号是增强还是削弱净输入信号。

对串联反馈：若 u_i 与 u_f 同极性，为负反馈；若 u_i 与 u_f 反极性，为正反馈。

对并联反馈：若 i_i 与 i_f 相对于反馈节点同流向，为正反馈；若 i_i 与 i_f 相对于反馈节点流向相反，为负反馈。

【例 4-3-1】在图 4-3-5 所示电路中，试利用瞬时极性法判断电路的反馈极性。

解：假设输入端瞬时极性为（一）极性，三极管集电极上的信号相位与基极的信号相位是相反的，所以，信号经放大后，在集电极上输出的信号相位为（＋）极性。它经 R_b 反馈，由于电阻不改变信号相位，因此，反馈回输入端的反馈信号相位为（＋）极性，即，原输入信号与反馈信号的相位相反，这样，原输入信号与反馈信号两信号叠加后的净输入信号为减少，显然，反馈信号对电路的作用是使得净输入信号减弱。所以，该反馈为负反馈。

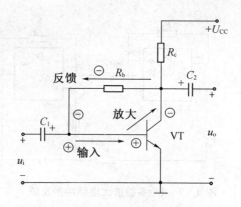

图 4 - 3 - 5　反馈极性的判断

【例 4 - 3 - 2】在图 4 - 3 - 6 所示电路中,试利用瞬时极性法判断电路的反馈极性。

解:假设输入端瞬时极性为(＋)极性,由于电路是从发射极输出,而三极管的基极与其发射极的相位相同,所以,信号经放大后,在发射极上输出的信号相位为(＋)极性。而在此电路中,电路的净输入信号为 $u_{be} = u_b - u_e$,显然,u_e 的变化要比 u_b 大,因此,原输入信号与反馈信号两信号叠加后它将使得净输入信号减小。所以,该反馈为负反馈。

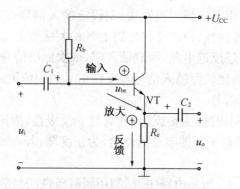

图 4 - 3 - 6　射极输出器

根据【例 4 - 3 - 1】和【例 4 - 3 - 2】分析可得到如下结论:在反馈放大电路的输入回路中,若输入信号与反馈信号都接在同一端点上,则当它们的相位为相反极性时,电路构成负反馈;而当它们的相位为相同极性时,电路构成正反馈。若输入信号与反馈信号接在输入回路的不同端点上,当它们的相位为相反极性时,电路构成正反馈;而当它们的相位为相同极性时,电路构成负反馈。

(2) 直流反馈与交流反馈。

在放大电路中,由于同时存在着直流分量和交流分量,因此,在分析电路中存在的反馈时,必须弄清反馈信号的成分。如果反馈信号只是直流分量,则电路只存在直流反馈;如果反馈信号只是交流分量,则电路只存在交流反馈;而有时则是既存在直流反馈,又同时存在交流反馈。

在图 4 - 3 - 7(a)中,由于在反馈信号的传送通路上存在一个交流旁路电容 C,则信号中的交流成分就会被旁路,反馈信号就只有直流分量,因此,电路只存在直流反馈。

在图 4-3-7(b)中，由于在反馈信号的传送通路上存在一个隔直电容 C，信号中的直流成分将不能通过，则反馈信号就只有交流分量，所以，电路只存在交流反馈。

在图 4-3-7(c)，反馈信号的传送通路上既无旁路电容，又无隔直电容，所以，电路既存在直流反馈又存在交流反馈。

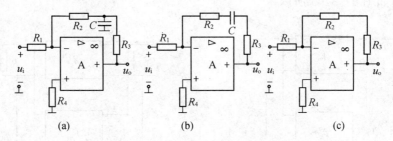

图 4-3-7　直流反馈与交流反馈

直流负反馈的作用是稳定放大电路的静态工作点，而交流负反馈则能改善放大电路的动态性能，在本章中如不做特别说明，所指的负反馈都是交流负反馈。

（3）电压反馈与电流反馈。

在放大电路的输出回路上，依据反馈网络从输出回路上的取样方式，可将反馈分为电压反馈和电流反馈。若反馈信号取样为电压，即反馈信号（电压）大小与输出电压的大小成正比，这样的反馈称为电压反馈，如图 4-3-8(a)所示。若反馈信号取样为电流，即反馈信号（电流）大小与输出电流的大小成正比，这样的反馈称为电流反馈，如图 4-3-8(b)所示。

判断方法：依据反馈取样与输出信号之间关系可得，只要假设输出电压 $u_o = 0$，若此时反馈信号也跟着消失，则为电压反馈。若此时反馈信号仍然存在，则为电流反馈。

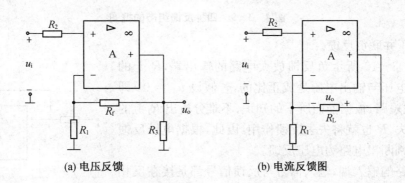

(a) 电压反馈　　　　　　　　　　　　(b) 电流反馈图

图 4-3-8　电压反馈与电流反馈

在图(a)中，当假设 $u_o = 0$ 时，即此时 R_3 可视为短路，则输出信号全部短路到地，很显然，输出信号不会在 R_1 上形成电压，因此电路为电压反馈；在图(b)中，当假设 $u_o = 0$ 时，显然，输出信号仍将在 R_1 上形成电压，因此电路为电流反馈。

（4）串联反馈与并联反馈。

在放大电路的输入回路中，依据反馈信号与输入信号的连接方式，可将反馈分为串联反馈和并联反馈。若反馈回来的信号与输入信号在同一端点相叠加，即同点相连，则为并联反馈，如图 4-3-7(a)；若反馈回来的信号与输入信号不在同一端点相叠加，即异点相连，则为串联反馈,如图 4 - 3 - 8(a)。

2. 反馈的类型

根据反馈网络在输出端采样方式的不同及与输入端连接方式的不同,负反馈放大电路有以下四种组态:电压串联负反馈,电压并联负反馈,电流串联负反馈,电流并联负反馈。四种反馈组态的框图如图 4 - 3 - 9 所示。

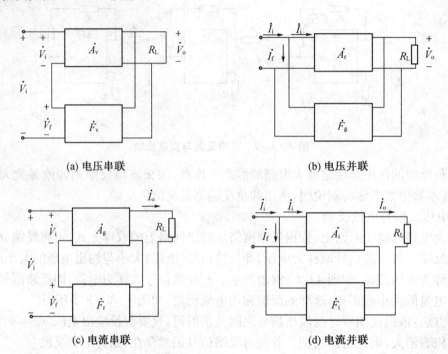

(a) 电压串联　　　　　　　　　　　　　　　　(b) 电压并联

(c) 电流串联　　　　　　　　　　　　　　　　(d) 电流并联

图 4 - 3 - 9　四种反馈组态的框图

(1) 电压并联负反馈。

在图 4 - 3 - 10 所示负反馈放大电路的输出端,R_f 上的电压即反馈电压与输出电压是成正比的,若假设 $u_o = 0$,即假设 R_L 对地短路,根据前面所学的知识,不难分析出 R_f 上的电压也将消失,R_f 也就将失去反馈作用,因此,根据电压反馈的定义可以判断出电路为电压反馈。

而在电路的输入端,输入信号与反馈信号都是接在反相输入端上,因此,电路又为并联反馈。综合可得,电路为电压并联负反馈。

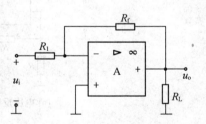

图 4 - 3 - 10　电压并联负反馈

电压并联负反馈具有稳定输出信号电压的功能,其过程可做以下分析:如电路因某种原因导致输出电压 u_o 增大,则反馈电流 i_f 会相应上升,这将引起净输入电流 I' 减少,从而迫使输出电压 u_o 下降,起到稳定输出信号电压的作用。

电压并联负反馈电路要求高内阻信号源提供信号。因为信号源的内阻 R_s 越大,净输入电流就越小,所以,反馈电流 i_f 对 I' 的影响也越明显,负反馈作用也越强。因此,它适合与恒流源相配合。

（2）电压串联负反馈。

负反馈放大电路如图 4-3-11 所示，采用同样的分析方法，当假设 R_L 短路时，则 R_3 也将失去反馈作用，因此电路也为电压反馈。

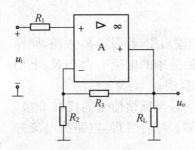

图 4-3-11　电压串联负反馈

在电路的输入端，输入信号与反馈信号分别接在运放的同相端和反相端上，不接在同一端点上，因此，电路为串联反馈。综合可得，电路为电压串联负反馈。

电压串联负反馈电路也具有稳定输出信号电压的功能，其过程可做以下分析：当电路因某种原因使输出电压 U_o 下降时，则反馈电压 u_f 也会下降，从而使得净输入电压增大，因此，输出电压 U_o 将回升，从而起到稳定输出信号电压的功能。

电压串联负反馈电路要求由低内阻的信号源提供输入信号，因为信号源内阻 R_s 越低，电路的净输入电压就越高，则反馈作用越强，因此它适宜与恒压源配合。

（3）电流串联负反馈。

在图 4-3-12 所示负反馈放大电路的输出端，如果假定将负载 R_L 短路，使得 $u_o = 0$，很显然，输出回路中仍然存在电流 i_o，则反馈电阻 R_{e1} 上仍会有电压存在，即反馈电压不会消失，依据前面的反馈定义可知，电路为电流反馈。

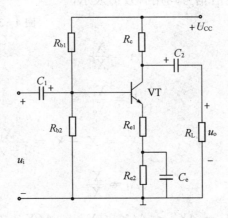

图 4-3-12　电流串联负反馈

在电路的输入端，输入信号与反馈信号分别接在 b 极与 e 极上，形成串联回路，因此是串联反馈。综合可得，电路为电流串联负反馈。

电流串联负反馈电路具有稳定输出信号电流的功能，其过程可做以下分析：当电路因某种

原因使输出电流 i_o 增大时,则反馈电压 U_f 也将增大,从而使得净输入电压 U_{be} 减小,造成净输入电流 i_b 减小,因此,输出电流 i_o 将减小,起到稳定输出信号电流的作用。

电流串联负反馈电路的输入电阻大,因此要求由低内阻的信号源提供输入信号,这样可增强反馈的作用。

(4) 电流并联负反馈。

在图 4-3-13 所示电路的输出端,若假定 R_L 短路,同样可以得到,它也不能使得输出回路中的电流 i_o 为 0,R_{e3} 上仍有电压存在,因此,电路为电流反馈。

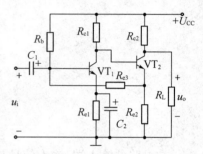

而在电路的输入端,输入信号与反馈信号同接在 b 极,构成并联形成,因此为并联反馈。综合可得,电路为电流并联负反馈。

电流并联负反馈电路也具有稳定输出信号电流的功能,其过程可做以下分析:当电路因某种原因使得输出电流 i_o 增大,则 R_{e3} 中的反馈电流将增大,由于是负反馈,从而使得净输入电流减小,因此输出电流 i_o 减小,起到稳定输出信号电流的作用。

图 4-3-13 电流并联负反馈

电流并联负反馈电路的输入电阻小,因此,要求高内阻的信号源提供输入信号。

4.3.3 负反馈对放大电路性能的影响

1. 反馈的基本关系式

由图 4-3-14 所示的反馈电路方框图可得出反馈电路的各物理量之间的关系。在本章的讨论中,除涉及频率特性内容以外,为分析方便均认为信号频率处在放大电路的通频带内(中频段),并假设反馈网络为纯电阻元件构成,这样,所有信号均用有效值表示,A 和 F 可用实数表示。

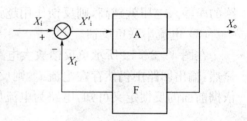

图 4-3-14 负反馈电路方框图

开环放大倍数
$$A = \frac{X_o}{X'_i} \quad (4-13)$$

反馈系数
$$F = \frac{X_f}{X_o} \quad (4-14)$$

净输入信号
$$X'_i = X_i - X_f = \frac{X_i}{1+AF} \quad (4-15)$$

闭环放大倍数
$$A_f = \frac{X_o}{X_i} \quad (4-16)$$

从以上公式可得 $\quad X_o = AX'_i = A(X_i - X_f) = A(X_i - FX_o) = AX_i - AFX_o$

整理可得 $\quad (1+AF)X_o = AX_i \quad (4-17)$

将式 4-17 代入式 4-16 中,负反馈放大电路的闭环放大倍数
$$A_f = \frac{A}{1+AF} \quad (4-18)$$

闭环放大倍数能用来描述引入反馈后电路的放大能力，$1+AF$ 称为反馈深度，它是一个描述反馈强弱程度的物理量，其值越大，表示反馈越深，对放大器的影响也越大。

在公式(4-14)中，若 $1+AF>1$，则电路为负反馈情形。可见引入负反馈后，放大电路的放大倍数将下降。

若 $0<1+AF<1$，则电路为正反馈情形。放大电路引入正反馈后，虽然能提高放大电路的放大倍数，但会对放大电路的其他性能带来许多不利影响，所以，在一般情况下要避免引入正反馈。正反馈只应用在特定的电路中。

若 $1+AF=0$，则 $AF=\infty$，这时电路所处的状态称为自激振荡。此时，电路即使不输入信号，也会有信号输出。

若 $1+AF=1$，即 $AF=0$，表示这时电路中的反馈效果为零。

【例4-3-3】在如图4-3-15所示电路中，已知运放的开环电压放大倍数 $A=104$，输入信号 $u_i=1\text{mV}$，求电路的闭环电压放大倍数 A_f，净输入电压 u_i' 以及反馈电压 u_f 的值。

解：分析可知，电路为电压串联负反馈放大电路，由于运放反相输入端的分流极小，因此，由 R_2、R_f 构成的反馈网络可视为两者串联组成。则

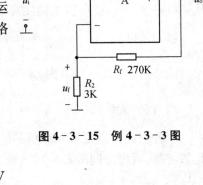

图4-3-15 例4-3-3图

$$F=\frac{u_f}{u_0}=\frac{R_2}{R_2+R_f}=\frac{3}{3+270}=0.011$$

$$A_f=\frac{A}{1+AF}=\frac{10^4}{1+10^4\times0.011}=90.1$$

$$u_i'=\frac{u_i}{1+A_f}=\frac{1\text{mV}}{1+10^4\times0.011}=0.009\,01\text{mV}$$

$$u_f=u_i-u_i'=1\text{mV}-0.009\,01\text{mV}=0.990\,99\text{mV}$$

由此可见，引入负反馈后，电路的净输入电压远远小于它的输入电压，电路对输入信号的放大倍数(闭环放大倍数)也远远小于其开环放大倍数。

2. 负反馈对放大电路性能的影响

(1) 降低了电路的放大倍数。

在负反馈电路中，由于 $1+AF>1$，因此，由公式 $A_f=\dfrac{A}{1+A_f}$ 可知，此时电路的 $AF<A$，即引入负反馈后放大电路的放大倍数将下降。$1+AF$ 越大，反馈也就越深，放大倍数的下降程度也就越厉害。

(2) 提高了放大倍数的稳定性。

引入负反馈后，电路的放大倍数变为 $A_f=\dfrac{A}{1+AF}$，如果在上式中对变量 A 求导，则可得

$$\frac{\mathrm{d}A_f}{\mathrm{d}A}=\frac{1}{(1+AF)^2} \tag{4-19}$$

两边同乘 $\mathrm{d}A$ 则有，

$$dA_f = \frac{1}{(1+AF)^2}dA \qquad (4-20)$$

将上式两边同除以 A_f，可得

$$\frac{dA_f}{A_f} = \frac{dA}{(1+AF)^2 A_f} = \frac{1}{1+AF}\frac{dA}{A} \qquad (4-21)$$

在负反馈电路中，由于 $1+AF>1$，所以，$\dfrac{dA_f}{A_f} < \dfrac{dA}{A}$

式(4-21)表明，引入负反馈后，电路放大倍数的相对变化量仅是未加负反馈时的相对变化量的 $\dfrac{1}{1+AF}$。即电路的放大倍数的稳定性提高了 $(1+AF)$ 倍，显然，负反馈越深，电路放大倍数的稳定性越高。

【例4-3-4】设有一个放大电路，在未加负反馈时，因某种原因，其放大倍数从 400 降至 300 倍。加入负反馈后，设反馈系数 $F=0.0475$，电路仍因同样原因，使其开环放大倍数 A 仍从 400 降至 300，试分析电路闭环放大倍数的稳定情况。

解： 开环时，$\dfrac{dA}{A} = \dfrac{100}{400} = 0.25$，即相对变化量为 25%。

闭环时，当 $A=400$ 时，$A_f = \dfrac{A}{1+AF} = \dfrac{400}{1+400 \times 0.0475} = 20$

当 A 下降到 300 时，$A'_f = \dfrac{A}{1+AF} = \dfrac{300}{1+300 \times 0.0475} = 19.67$

但若仍要达到原来 400 倍的放大倍数，则显然需要用两级上述放大电路进行级联放大（在此忽略前、后级之间的影响），这时，电路总的放大倍数在变化前、后分别为 $20 \times 20 = 400$ 倍及 $19.67 \times 19.67 \approx 386.9$ 倍，也就是说，其相对变化量为 $\dfrac{400-386.9}{400} = 0.03275$，即 3.275%，显然，引入负反馈后，在达到相同放大倍数的前提下，电路放大倍数的稳定性得到很大的提高。

（3）展宽通频带。

放大电路对不同频率的信号具有不同的放大倍数。在中频段，放大倍数近似相等；随着信号频率的变化，频率越高或频率越低，放大倍数都将下降。在上限截止频率点和下限截止频率点上，电路的放大倍数均为中频段的 $A_H = A_L = \dfrac{1}{\sqrt{2}} A$（$A$ 为中频段的放大倍数），此时，通频带宽度 $BW = f_H - f_L \approx f_H (\because f_H \gg f_L)$。那么引入负反馈之后，电路的带宽将发生怎样变化呢？下面通过具体的计算来进行说明。

【例4-3-5】有一开环放大电路，中频放大倍数 $A=400$，设其上限频率 $f_H = 3\,000$ Hz，现引入负反馈，反馈系数为 $F=0.047$，试比较电路的通频带变化情况。

解： 由通频带的概念可以知道，在开环状态下，电路在此上限频率处的放大倍数 $A_H = \dfrac{400}{\sqrt{2}} = 282.8$，较之中频处的放大倍数下降了 29.3%。当引入负反馈后，则此时的中频放大倍数下降到 $A_f = \dfrac{A}{1+AF} = \dfrac{400}{1+400 \times 0.0475} = 20$，而在原上限频率 3 000 Hz 处的 $A_{Hf} = \dfrac{A_H}{1+A_H F} = \dfrac{282.8}{1+282.8 \times 0.0475} \approx 18.32$。若用两级相同电路级联，使总的中频放大倍数仍保

持在 $A' = 20 \times 20 = 400$，那么，在 3 000 Hz 处的总的放大倍数将为 $A_{Hf} = 18.32^2 \approx 335.62$。此时，放大倍数仅下降了约 16.1%，远未达到 29.3%。在低频端也可得到同样结果。也就是说，引入负反馈后，它使放大倍数的下降变得缓慢。在截止频率上，它体现为使下限截止频率 f_L 向低端延伸至 f_{LF}；同时，使上限截止频率 f_H 向高端延伸

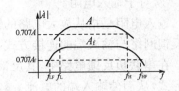

图 4-3-16　负反馈对通频带的影响

至 f_{HF}。根据分析，f_L 将下降为 $\dfrac{f_L}{1+AF}$，而 f_H 将上升为 $f_H(1+AF)$，从而展宽了电路的通频带，改善了放大电路的高频和低频响应特性，如图 4-3-16 所示。

（4）减小非线性失真。

由于放大电路中存在着三极管等非线性元件，这使得放大电路的传输特性是非线性的。因此，即使输入的是正弦波，输出也不会是正弦波，会产生波形失真，这种失真称为非线性失真，如图 4-3-17(a)所示。尽管输入的是正弦波，但输出变成了正半周幅度大，负半周幅度小的失真波形。如果在图 4-3-17(a)所示的放大电路中加上负反馈后，假设反馈网络是由无源元件构成的线性网络，这样，将得到正半周幅度大，负半周幅度小的反馈信号 X_f，而净入信号 $X'_i = X_i - X_f$，由此得到的净输入信号 X'_i 则是正半周幅度小，负半周幅度大的失真波形。这个波形被放大输出后，正、负半周幅度不对称的程度将减小，输出波形趋于正弦波，非线性失真得到改善。其过程可用图 4-3-17(b)来说明负反馈改善非线性失真的原理。一般来说，反馈越深改善效果越明显。

必须指出，负反馈只能减小放大电路本身的非线性失真，而对于输入信号自身的失真，它是无能为力的。并且，负反馈也不能抵消晶体管的工作点因进入饱和区或截止区所产生的非线性失真，也就是说，负反馈不能改善饱和失真或截止失真。

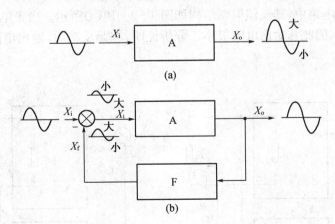

图 4-3-17　负反馈改善非线性失真示意图

（5）改变输入电阻和输出电阻。

输入电阻和输出电阻是放大电路的基本性能指标，引入负反馈，可以改变它的输入电阻和输出电阻。不同类型的反馈，对放大电路的输入电阻或输出电阻的影响是不同的，下面分别予以讨论。

　　① 对于输入电阻。

　　输入电阻是指从放大电路的输入端口看进去的等效电阻,因此,输入电阻的变化主要取决于反馈网络与输入端的连接方式,而与输出端的取样方式无关。

　　在串联负反馈电路中,其反馈框图如图4-3-18(a)所示,由于u_f与u_i在输入回路中为串联形式,从而使输入端的电流i_i较无负反馈时减小,因此,输入电阻R_{if}增大。反馈越深,R_{if}增加越大。分析证明,串联负反馈的输入电阻将增大到无反馈时的$(1+AF)$倍。

　　在并联负反馈电路中,其反馈框图结构如图4-3-18(b)所示,情况刚好与串联相反,由于输入端电流的增大,致使输入电阻R_{if}减小。反馈越深,R_{if}减小越多。分析证明,并联负反馈的输入电阻将减小到无反馈时的$\dfrac{1}{1+AF}$倍。

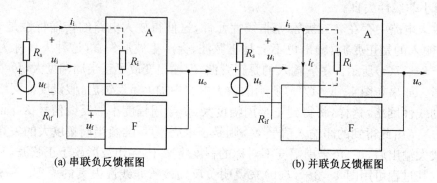

(a) 串联负反馈框图　　　　　　　　(b) 并联负反馈框图

图4-3-18　负反馈对输入电阻的影响

　　② 对于输出电阻。

　　输出电阻是指从放大电路的输出端口看进去的等放电阻,因此输出电阻的变化主要取决于反馈网络在输出端的取样方式,而与输入端的连接方式无关。

　　在电压负反馈电路中,其反馈框图结构如图4-3-19(a)所示。由于电压负反馈的作用是使输出电压更稳定,因此其输出电阻很小。分析证明,有此反馈时,输出电阻将减少到无反馈时的$\dfrac{1}{1+AF}$倍。

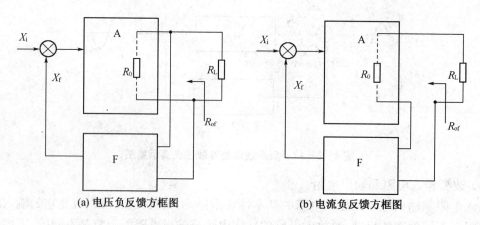

(a) 电压负反馈方框图　　　　　　　　(b) 电流负反馈方框图

图4-3-19　负反馈对输出电阻的影响

在电流负反馈电路中,其反馈框图结构如图 4-3-19(b)所示。由于电流负反馈的作用是维持输出电流的稳定,因此其输出电阻很大,分析证明,有此反馈时,输出电阻将增大到无反馈时的 $(1+AF)$ 倍。

必须指出,引入负反馈后,它对输入电阻以及输出电阻的影响都是指反馈环内的输入电阻和输出电阻的影响,它对反馈环外的电阻没有影响。

3. 负反馈电路的自激振荡及消除

引入负反馈能够改善放大电路的工作性能,改善的程度是由反馈深度决定的。在实际应用中,负反馈对电路性能的这种改善是有限度的,也就是说,在实际中并非反馈越深越好,因为有时这不但不能改善改大器的性能,反而会使性能变坏,甚至会使放大器不能正常工作。

在这所讨论的负反馈电路,是将电路中各电抗元件(主要是电容)的影响忽略不计,同时,是针对放大器工作于通频带以内的情况而言的。但是,在实际应用中,由于放大电路和反馈网络中存在有电抗元件,因而对于那些工作在通频带以外的信号,工作频率越高,负反馈网络及放大器中的电抗元件所产生的附加相移就越大,这将可能使原本在中低频引入的负反馈由于相移而转成正反馈,一旦这种正反馈的幅度足够强,就会使电路形成自激振荡,使电路的放大遭到破坏。

为了避免自激的产生,常对负反馈电路采取以下一些措施加以防范。

(1) 尽可能采用单级或两级负反馈。

(2) 在不得不采用三级以上的负反馈时,应尽可能使各级电路的参数设计成不一致。

(3) 适当减小反馈系数或降低反馈深度,对于深度负反馈,则应在适当部位设置电容(或电阻、电容组合)进行相位补偿,这可在一定范围内消除自激振荡。

4.3.4 深度负反馈放大电路

前面对负反馈放大电路作了定性分析,在本节中,将对它进行定量分析,但一般来说,对负反馈放大电路进行精确计算不是一件容易的事情。在此,主要是根据电路的特点,利用一定的近似条件,对电路的一些参数进行工程估算。

1. 深度负反馈的特点

在负反馈放大电路中,当反馈深度 $1+AF \gg 1$ 或 $AF \gg 1$ 时,称之为深度负反馈。

一方面,放大器的闭环放大倍数的计算可化简为

$$A_{\mathrm{f}} = \frac{A}{1+AF} \approx \frac{A}{AF} = \frac{1}{F} \tag{4-22}$$

对于由纯电阻构成的反馈网络,它的反馈系数 F 为实数定值。由于电路的闭环放大倍数近似为反馈系数的倒数,所以,其闭环放大倍数也近似为定值,与放大电路的开环参数无关。在一般情况下,电路的反馈网络是由电阻构成的,因此,在深度负反馈的情况下,电路的闭环放大倍数具有相当稳定的特性。

另一方面,在公式 4-15 中,在深度负反馈时,由于 $1+AF \gg 1$,而在交流小信号时,则放大器的净输入信号 X_{i}' 会很小,常将它忽略不计,所以,有 $X_{\mathrm{i}} \approx X_{\mathrm{f}}$。此式说明,在深度负反馈的情况下,电路的反馈信号近似等于信号源提供的信号,对于串联反馈电路可得出 $u_{\mathrm{i}} = u_{\mathrm{f}}$,对于并联反馈电路可得出 $i_{\mathrm{i}} = i_{\mathrm{f}}$,也就是说,电路的净输入信号可视为 0。

对于用集成运放构成的放大电路,在作线性放大应用时必须是处于深度负反馈才能正常

工作。此时,可认为净输入电压 $u_i'\approx 0$,则可得出 $u_+=u_-$,即运放的同相端与反相端可视为短接,常称为"虚短";同时,可认为净输入电流 $i_i'=0$,即运放的输入端近似于开路,称为"虚断"。利用以上深度负反馈放大电路所具有的特性可方便地进行放大倍数及其他参数的估算。

2. 深度负反馈放大电路的估算

在实际工程运用中的放大电路一般都满足深度负反馈的条件,下面通过例题来讲述各种深度负反馈电路中有关放大倍数的估算,并假定以下各个电路都满足深度负反馈条件。

【例 4-3-6】估算图 4-3-20 中放大电路中的电压放大倍数。

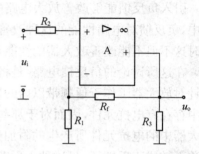

解:分析可知,图 4-3-20 是由运放构成的电压串联负反馈电路,根据运放在深度反馈下的同相端具有虚断特性,即 $i_+=0$,因此可得出 $u_+=u_i$。

再根据净输入信号 $u'_1=0$,可得出

$$u_+=u_-=u_i。$$

另又根据反相端也具有虚断的特征,即 R_1 与 R_f 可视为串联,于是可得到

图 4-3-20　电压串联负反馈

$$u_0-i_f R_f-i_f R_1=0 \tag{4-23}$$

$$i_f R_1=u_i \tag{4-24}$$

解方程得 $A_u=u_0/u_i=1+(R_f/R_1)$

【例 4-3-7】估算图 4-3-21 中放大电路中的电压放大倍数

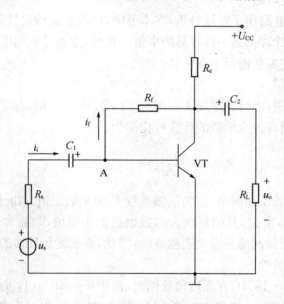

图 4-3-21　电压并联负反馈

解:由分析可知,图 4-3-21 是由三极管构成的电压并联负反馈电路。根据深度并联负反馈特性 $I_i=I_f$,可得出

$$u_s - i_i R_s - i_f R_f = u_0$$

化简得

$$u_s - i_i(R_s + R_f) = u_0$$

又根据 $i_i \approx 0$，可得到 $u_A = 0$，即 $u_s - i_i R_s = 0$，
即 $i_i = u_s/R_s$
将上式代入后可求得

$$A_u = \frac{u_0}{u_s} = -\frac{R_f}{R_s}$$

4.4 集成运放的应用

4.4.1 集成运放的线性应用

运放在线性应用时，要使运放工作在线性状态，并引入深度负反馈，否则由于运放的开环增益很高，很小的输入电压或运放本身的失调都可使它超出线性范围。分析运放的线性应用时，经常用到"虚短"和"虚断"的概念。

1. 比例运算电路

比例运算电路是运算电路中最简单的电路，它的输出电压与输入电压成比例。

（1）反相比例运算电路。

图 4-4-1 所示为反相比例运算电路。

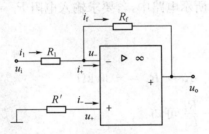

图 4-4-1 反相比例运算电路

由于输出电压与输入电压反相，故得此名。输入信号 u_i 经电阻 R_1 送到反相输入端，同相输入端经 R' 接地。R_f 为反馈电阻，构成电压并联负反馈组态。图中，电阻 R' 称为直流平衡电阻，以消除静态时集成运放内输入级基极电流对输出电压产生的影响，进行直流平衡。其阻值等于反相输入端所接得的等效电阻，即 $R' = R_1 /\!/ R_f$。

由于运放工作在线性区，由虚断、虚短有

$$i_+ = i_- = 0, u_+ = u_-$$

可知 R' 上电压为 0，故有

$$u_+ = u_- \tag{4-25}$$

上式表明，集成运放两输入端的电位均为零，但实际上它们并没有真正直接接地，故称为"虚地"。由"虚断"可知输入电流 i_i 等于电阻 R_f 上的电流，即

$$i_i = i_f \qquad\qquad (4-26)$$

则有

$$\frac{u_i - u_-}{R_1} = \frac{u_- - u_0}{R_f}$$

将 $u_1 = 0$ 代入,得

$$u_0 = \frac{R_f}{R_1} u_i \qquad\qquad (4-27)$$

则,闭环电压放大倍数为

$$A_{uf} = -\frac{R_f}{R_1} \qquad\qquad (4-28)$$

式(4-26)、(4-27)表明输出电压与输入电压相位相反,且成比例关系。

若当 $R_1 = R_f$,则 $A_{uf} = -1$,即电路的 u_0 与 u_i 大小相等,相位相反,则此时电路为反相器。

由于"虚地",故放大电路的输入电阻为

$$R_i = R_1 \qquad\qquad (4-29)$$

放大电路的输出电阻为

$$R_o = 0 \qquad\qquad (4-30)$$

$R_o = 0$ 　说明电路有很强的带负载能力。

【例 4-4-1】图 4-4-2 所示电路中,若要求输入电阻 $R_i = 30\ \text{k}\Omega$,比例系数为 -10,求 $R_1 = ?R_f = ?$。

解:根据式(4-25)可知

$$R_i = R_1 = -30\ \text{k}\Omega$$

又根据式(4-27) $A_{uf} = -\dfrac{R_f}{R_1}$ 可知

$$R_f = -A_{uf} \cdot R_1 = -(-10) \times 30 = 300\ \text{k}\Omega$$

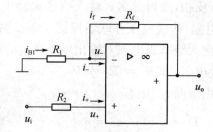

图 4-4-2　同相比例运算电路

(2) 同相比例运算电路。

若将反相比例运算电路的输入端和"地"互换,则可得到同相比例运算电路。如图 4-4-2 所示,集成运放的反相输入端通过 R_1 接地,同相输入端经 R_2 接输入信号,$R_2 = R_1 /\!/ R_f$;R_f 与

R_1 使运放构成电压串联负反馈电路。

由于集成运放工作在线性区,根据虚断、虚短可知 $i_+ = i_- = 0, u_+ = u_-$,故 R_2 上电压为零,故 $u_+ = u_- = u_i$

根据 $i_{R1} = i_f$ 可得 R_1 上压降为

$$u_{R1} = u_- = u_i = \frac{R_1}{R_1 + R_f} u_0$$

整理得

$$u_0 = \left(1 + \frac{R_f}{R_1}\right) u_i \tag{4-31}$$

$$A_{uf} = \frac{u_0}{u_i} = 1 + \frac{R_f}{R_1} \tag{4-32}$$

由同相比例运算电路的输入电流为零,可知

放大电路的输入电阻 $R_i \rightarrow \infty$

放大电路的输出电阻 $R_o = 0$

式(4-31)、(4-32)表明,电路的输出电压与输入电压相位相同,且成比例关系。

在(4-31)式中,若取 $R_1 \rightarrow \infty, R_f = 0$,则 $u_o = u_i$,此时,电路成为电压跟随器,电路如图 4-4-3 示。

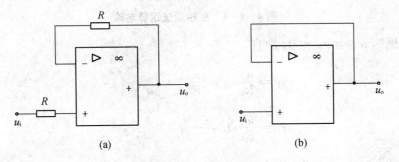

(a)   (b)

图 4-4-3 电压跟随器

它是同相比例运算电路的一个特例。电压跟随器与射极跟随器类似,但其跟随性能更好,输入电阻更高,输出电阻趋于零。常用作变换器或缓冲器,在电子电路中应用极广。

【**例 4-4-2**】在图 4-4-2 所示电路中,已知集成运放的最大输出电压幅值为 ± 13 V,$R_1 = 10$ kΩ,在 $u_i = 100$ mV,$u_o = 1.1$ V,试求:

(1) 电路的 A_{uf} 为多少?

(2) R_f 取值为多大?

(3) 若 $u_i = -2$ V,则 $u_o = ?$

解:(1) 根据式(4-31)有 $A_{uf} = \frac{u_0}{u_i} = \frac{1.1}{0.1} = 11$

(2) 根据式(4-31) $A_{uf} = 1 + \frac{R_f}{R_1}$

将已知条件代入可解得 $R_f = 100$ kΩ

（3）当 $u_i = -2\,V$ 时，假设集成运放工作在线性区，$u_o = A_{uf} \cdot u_i = -22\,V$ 超出 $-U_{om}$，故集成运放进入非线性区，输出电压 $u_o = -13\,V$。

2. 加法运算电路

能实现加法运算的电路称为加法器或求和电路。根据输入信号是连接到运放的反相输入端还是同相输入端，加法器有反相输入式和同相输入式之分。

（1）反相加法运算电路。

图 4-4-4 是反相加法运算电路。其中 R_f 引入了深度电压并联负反馈，R 为平衡电阻（$R = R_1 \mathbin{/\mkern-5mu/} R_2 \mathbin{/\mkern-5mu/} R_3 \mathbin{/\mkern-5mu/} R_f$）

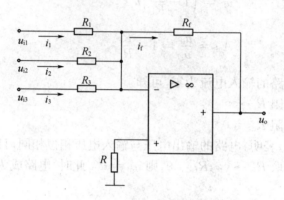

图 4-4-4 反相加法运算电路

由于"虚地"，$u_- = u_+ = 0$，故有

$$i_1 = \frac{u_{i1}}{R_1}; i_i = \frac{u_{i2}}{R_2}$$

$$i_3 = \frac{u_{i3}}{R_3}; i_f = -\frac{u_0}{R_f}$$

由于"虚断" $i_+ = i_- = 0$；可得

$$i_f = i_1 + i_2 + i_3$$

由以上各式可得

$$u_o = -i_f R_f$$

$$= -R_f\left(\frac{u_{i1}}{R_1} + \frac{u_{i2}}{R_2} + \frac{u_{i3}}{R_3}\right) \tag{4-33}$$

上式表明，反相加法运算电路的输出电压等于各输入电压以不同的比例反相求和。

若取 $R_1 = R_2 = \cdots = R_n$，则有

$$u_o = -\frac{R_f}{R}(u_{i1} + u_{i2} + \cdots + u_{in}) \tag{4-34}$$

若取 $R_f = R_1 = R_2 = \cdots = R_n$，则有

$$u_o = -(u_{i1} + u_{i2} + \cdots + u_{in}) \qquad (4-35)$$

反相加法运算电路的特点是：当改变某一输入回路的电阻值时，只改变该路输入信号的放大倍数（比例系数），而不影响其他输入信号的放大倍数，因此，调节灵活方便。

【**例 4 - 4 - 3**】如图 4 - 4 - 4 所示是一个反相输入加法运算电路。已知 $R_1 = R_2 = 10\ \text{k}\Omega$，$R_3 = 5\ \text{k}\Omega, R_f = 100\ \text{k}\Omega$，试求 u_o 与 u_{i1}、u_{i2}、u_{i3} 的关系。

解：输出电压 u_o

$$u_o = -\left(\frac{R_f}{R_1}u_{i1} + \frac{R_f}{R_2}u_{i2} + \frac{R_f}{R_3}u_{i3}\right) = -\left(\frac{100}{10}u_{i1} + \frac{100}{10}u_{i2} + \frac{100}{5}u_{i3}\right) = -(10u_{i1} + 10u_{i2} + 20u_{i3})$$

（2）同相加法运算电路。

图 4 - 4 - 5 所示电路为同相加法运算电路。

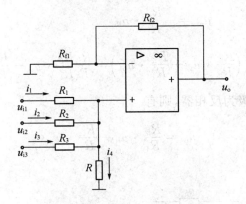

图 4 - 4 - 5 同相加法运算电路

根据理想运放工作在线性区的"虚短"、"虚断"，对同相输入端列节点电流方程

$$\frac{u_{i1} - u_+}{R_1} + \frac{u_{i2} - u_+}{R_2} + \frac{u_{i3} - u_+}{R_3} = \frac{u_+}{R}$$

解得

$$u_+ = R'\left(\frac{U_{i1}}{R_1} + \frac{u_{i2}}{R_2} + \frac{u_{i3}}{R_3}\right)$$

将上式代入（4 - 31）可得

$$u_o = \left(1 + \frac{R_{f2}}{R_{f1}}\right)R'\left(\frac{u_{i1}}{R_1} + \frac{u_{i2}}{R_2} + \frac{u_{i3}}{R_3}\right) \qquad (4-36)$$

其中，同相输入端总电阻　　$R' = R_1 \mathbin{/\mkern-5mu/} R_2 \mathbin{/\mkern-5mu/} R_3 \mathbin{/\mkern-5mu/} R$

反相输入端总电阻

$$R'' = R_{f1} \mathbin{/\mkern-5mu/} R_{f2}$$

通常

$$R' = R''$$

则

$$u_o = \frac{R_{f1} + R_{f2}}{R_{f1} R_{f2}} \cdot R_{f2} \cdot R' \left(\frac{u_{i1}}{R_1} + \frac{u_{i2}}{R_2} + \frac{u_{i3}}{R_3} \right)$$

$$= \frac{R_{f2}}{R''} R' \left(\frac{u_{i1}}{R_1} + \frac{u_{i2}}{R_2} + \frac{u_{i3}}{R_3} \right) \tag{4-37}$$

$$= R_{f2} \left(\frac{u_{i1}}{R_1} + \frac{u_{i2}}{R_2} + \frac{u_{i3}}{R_3} \right) \tag{4-38}$$

上式说明同相加法运算电路的输出电压等于各输入电压以不同的比例同相求和。

3. 减法运算电路

（1）利用反相信号求和以实现减法运算。

电路如图 4-4-6 所示，第一级为反相比例放大电路，第二级为反相加法运算电路。
由图可得

$$u_{o1} = -\frac{R_{f1}}{R_1} \cdot u_{i1}$$

$$u_o = -\left(\frac{R_{f2}}{R_3} \cdot u_{i2} + \frac{R_{f2}}{R_4} \cdot u_{o1} \right) = \frac{R_{f1} R_{f2}}{R_1 R_4} \cdot u_{i1} - \frac{R_{f2}}{R_3} \cdot u_{i2}$$

若 $R_1 = R_{f1}$，即第一级为反相器，则有

$$u_o = \frac{R_{f2}}{R_4} \cdot u_{i1} - \frac{R_{f2}}{R_3} \cdot u_{i2} \tag{4-39}$$

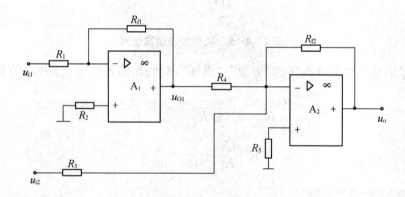

图 4-4-6　用加法电路构成的减法电路

若 $R_3 = R_4$ 时，则有

$$u_o = \frac{R_{f2}}{R_4} (u_{i1} - u_{i2}) \tag{4-40}$$

由上式可以看出，输出电压与输入电压的差值成比例。

若 $R_3 = R_4 = R_{f2}$ 时，有

$$u_o = u_{i1} - u_{i2} \tag{4-41}$$

由上可见，利用两级电路实现了两个信号的减法运算。

（2）利用差分电路实现减法运算。

差动直流放大器可用来放大差模信号，抑制共模信号，或做减法运算。

电路图 4-4-7 是用差分电路来实现减法运算的。外加输入信号 u_{i1} 和 u_{i2} 分别通过电阻加在运放的反相输入端和同相输入端，故称为差动输入方式。其电路参数对称，即 $R_1 /\!/ R_f = R_2 /\!/ R_3$，以保证运放输入端保持平衡工作状态。

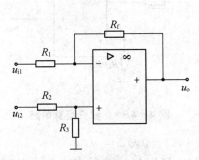

图4-4-7 差分电路来实现减法运算

由电路可以判断出：对于输入信号 u_{i1}，引入了电压并联负反馈；对于输入信号 u_{i2}，引入了电压串联负反馈。所以运放工作在线性区，利用迭加原理，对其分析如下。

设 u_{i1} 单独作用时输出电压为 u_{o1}，此时应令 $u_{i2}=0$，电路为反相比例放大电路

$$u_{o1} = -\frac{R_f}{R_1}u_{i1}$$

设 u_{i2} 单独作用时输出电压为 u_{o2}，此时应令 $u_{i1}=0$，电路为同相例放大电路

$$u_+ = \frac{R_3}{R_2+R_3}u_{i2}$$

$$u_{o2} = \left(1+\frac{R_f}{R_1}\right)u_+ = \left(1+\frac{R_f}{R_1}\right)\times\left(\frac{R_3}{R_2+R_3}\right)u_{i2}$$

所以，当 u_{i1}、u_{i2} 同时作用于电路时

$$u_0 = u_{o1} + u_{o2}$$
$$= \left(1+\frac{R_f}{R_1}\right)\times\left(\frac{R_3}{R_2+R_3}\right)u_{i2} - \frac{R_f}{R_1}u_{i1} \qquad (4-42)$$

当 $R_1 = R_2$，$R_f = R_3$ 时

$$u_o = \frac{R_f}{R_1}(u_{i2} - u_{i1}) \qquad (4-43)$$

由（4-41）式可以看出，输出电压与输入电压的差值成比例。

当 $R_1 = R_f$ 时，$u_o = u_{i2} - u_{i1}$，实现了两个信号的减法运算。

4. 积分、微分运算电路

在自动控制系统中，常用积分运算电路和微分运算电路作为调节环节。此外，积分运算电路还用于延时、定时和非正弦波发生电路之中。

（1）积分运算电路。

积分运算电路如图4-4-8所示,输入信号 u_i 通过电阻 R 接至反相输入端,电容 C 为反馈元件。

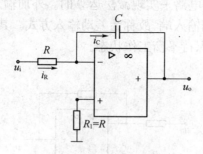

图4-4-8　积分运算电路

根据虚断、虚短　　$i_+ = i_- = 0, u_+ = u_-$

由于同相输入端通过 R_1 接地,所以运放的反相输入端为"虚地",

$$u_+ = u_- = 0$$

电容 C 上流过的电流等于电阻　R_1 中的电流　　$i_c = i_R = \dfrac{u_i}{R}$

输出电压与电容电压的关系为　　$u_c = u_- - u_o$

则有　　　　　　　　　　　　　$u_o = -u_c$

且电容电压等于 i_c 的积分　　$u_c = \dfrac{1}{C}\int i_C dt = \dfrac{1}{RC}\int u_i dt$

故　　　　　　　$u_o = -u_c = -\dfrac{1}{RC}\int u_i dt$ 　　　　　　(4-44)

由式(4-42)可知 u_o 为 u_i 对时间的积分,负号表示它们在相位上是相反的。其比例常数取决于电路的积分时间常数 $\tau = RC$。

若在时间 $t_1 - t_2$ 内积分,则应考虑 u_o 的初始值 $u_o(t_1)$,那么输出电压为

$$u_o = -\frac{1}{RC}\int_{t_1}^{t_2} u_i dt + u_o(t_1) \tag{4-45}$$

当 u_i 为常量 U_i 时,则

$$u_o = -\frac{1}{RC}U_i(t_2 - t_1) + u_o(t_1) \tag{4-46}$$

式(4-46)表明,只要集成运放工作在线性区,u_o 与 u_i 就呈线性关系。

当输入为阶跃信号且初始时刻电容电压为零,电容将以近似恒流方式充电,即 $u_o = -\dfrac{1}{RC}U_i$,输出电压波形见图4-4-9(a)(输出电压达到运放输出的饱和值时,积分作用无法继续。)

当输入为方波和正弦波时,输出电压波形分别如图4-4-9(b)、(c)所示。

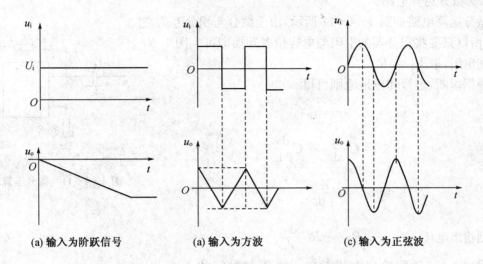

(a) 输入为阶跃信号　　　(a) 输入为方波　　　(c) 输入为正弦波

图 4 - 4 - 9　不同输入情况下的积分电路电压波形

【**例 4 - 4 - 4**】电路如图 4 - 4 - 8 所示。已知 $R = 50\,\text{k}\Omega, C = 0.01\,\mu\text{F}, t = 0$ 时,电容两端的电压为 0,输入电压为方波,如图 4.4.9(a)所示幅值为 $\pm2\,\text{V}$,频率 500 Hz,画出输出电压 u_o 的波形。

解:由已知条件可知,$u_i = 2\,\text{V}$ 和 $u_i = -2\,\text{V}$ 的时间相等,因而 u_o 为三角波。

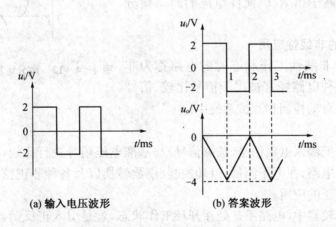

(a) 输入电压波形　　　(b) 答案波形

图 4 - 4 - 10　例 4 - 4 - 4 图

从 $t_0 = 0$ 到 $t_1 = 1\,\text{ms}$,由于 $u_i = 2\,\text{V}$,u_o 线性下降,其终值为

$$u_o = -\frac{1}{RC}U_i(t_2 - t_1) + u_o(t_1)$$

$$= -\frac{1}{50 \times 10^3 \times 0.01 \times 10^{-6}} \times 2 \times (1 - 0) \times 10^{-3} + 0$$

$$= -4\,\text{V}$$

从 $t_1 = 1\,\text{ms}$ 到 $t_2 = 2\,\text{ms}$,由于 $u_i = -2\,\text{V}$,u_o 线性上升,因为 $t_2 - t_1 = t_1 - t_0$ 故当 $t = t_2$ 时 $u_o = 0$。u_o 的波形如图 4 - 4 - 10(b)。

（2）微分运算电路。

微分运算电路如图 4 - 4 - 11 所示，由于微分与积分互为逆运算，所以只要将积分器的电阻与电容位置互换即可。图中 R_1 为平衡电阻，取 $R_1 = R$。

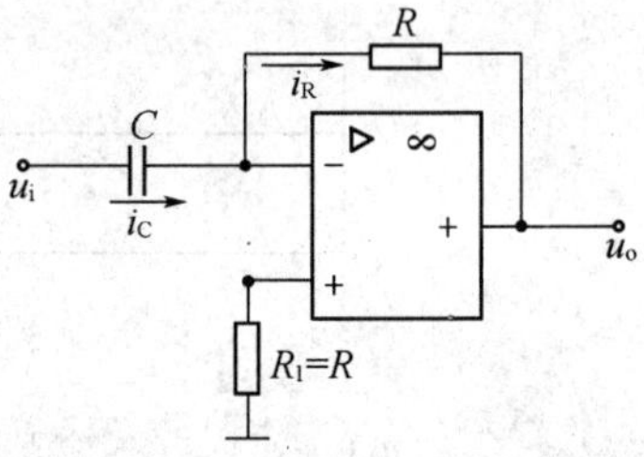

根据虚断、虚短和虚地原则可得

$$u_C = u_i \quad i_C = i_R$$

且 $i_C = C \dfrac{\mathrm{d}u_C}{\mathrm{d}t} = C \dfrac{\mathrm{d}u_i}{\mathrm{d}t}$

$$i_R = i_C = C \frac{\mathrm{d}u_i}{\mathrm{d}t}$$

图 4 - 4 - 11　微分运算电路

则输出电压 $u_o = -i_R R = -RC \dfrac{\mathrm{d}u_i}{\mathrm{d}t}$ $\hspace{2cm}$ （4 - 47）

式（4 - 47）说明输出电压是输入电压对时间的微分。

在微分运算电路的输入端若加正弦电压则输出为余弦波，实现了函数的变换，或者说实现了对输入电压的移相；若加矩形波，则输出为尖脉冲，如图 4 - 4 - 12 所示。与积分器类似，由集成运放构成的微分器的运算精度，远远高于由 R、C 元件组成的简单微分电路。

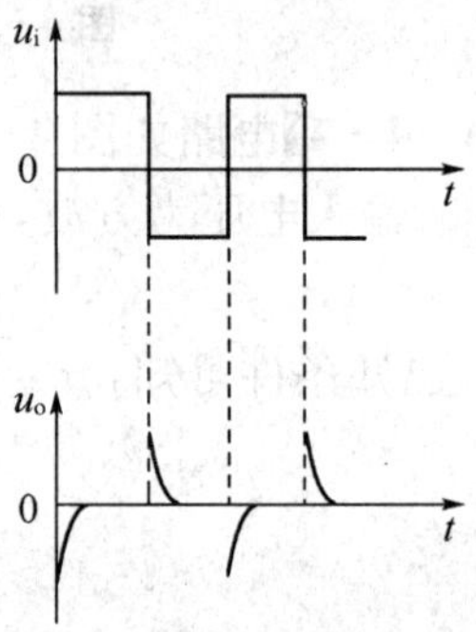

图 4 - 4 - 12　微分运算为矩形波时的波形

4.4.2　集成运放的非线性应用

集成运放处于非线性工作状态时的电路称为非线性应用电路。这种电路经常被用于信号比较、信号转换和信号发生及自动控制和测试系统中。

1. 电压比较器

电压比较器是把输入电压信号（被测信号）与基准电压信号进行比较，根据比较结果输出高电平或低电平的电路，在电子测量、自动控制、模数转换以及各种非正弦波形产生和变换电路等方面得到了广泛的应用。

通常在电压比较器中，电路不是处在开环工作状态，就是引入正反馈，集成运放工作在非线性区。输出电压与输入电压不是线性关系，输出电压只有两种情况：当 $u_+ > u_-$ 时，$u_o = +U_{OM}$；当 $u_+ < u_-$ 时，$u_o = -U_{OM}$。也就是说，比较器的输入信号是连续变化的模拟量，而输出信号则只有高、低电平两种情况，可看作是数字量"1"或"0"。因此，电压比较器可以作为模拟电路与数字电路一种最简单的接口电路。

比较器的种类很多，下面主要讨论常用的单限比较器、滞回比较器。

（1）单限比较器。

单限比较器又称为电平检测器，可用于检测输入信号电压是否大于或小于某一特定参考电压值。根据输入方式，可分为反相输入式、同相输入式和求和型三种。图 4 - 4 - 13 中分别是反相输入式和同相输入式单限电压比较器。图中的 U_{REF} 是一个给定的参考电压。

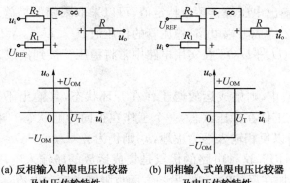

(a) 反相输入单限电压比较器
及电压传输特性

(b) 同相输入式单限电压比较器
及电压传输特性

图 4-4-13 单限比较器

由图 4-4-13(a)可以看出,对于反相输入式单限比较器,当输入信号电压 $u_i > U_T$ 时,输出电压 u_o 为 $-U_{OM}$;当输入信号电压 $u_i < U_T$ 时,输出电压 u_o 为 $+U_{OM}$。

对于同相输入式单限比较器,当输入信号电压 $u_i > U_T$ 时,输出电压 u_o 为 $+U_{OM}$;当输入信号电压 $u_i < U_T$ 时,输出电压 u_o 为 $-U_{OM}$,见图 4-4-13(b)。

当输入信号 u_i 增大或减小的过程中,只要经过某一电压值,输出电压 u_o 就发生跳变,传输特性上输出电压发生转换时的输入电压称为门限电压 U_T(或阈值电压)。该电路只有一个门限电压 U_T,对于图 4-4-13,门限电压 $U_T = U_{REF}$,其值可以为正,也可以为负。

由以上讨论可以看出,只要改变参考电压 U_{REF} 的极性和大小,就可改变门限电压 U_T。

(2) 过零比较器。

当门限电压 U_T 为零时,比较器称为过零电压比较器,简称过零比较器。过零比较器实际上是单限比较器的一种特例,它的门限电压 $U_T = 0$。其电路和电压传输特性如图 4-4-14 所示。

对于反相输入电压过零比较器,当输入信号电压 $u_i > 0$ 时,输出电压 u_o 为 $-U_{OM}$;当 $u_i < 0$ 时,u_o 为 $+U_{OM}$,如图 4-4-14(a)。

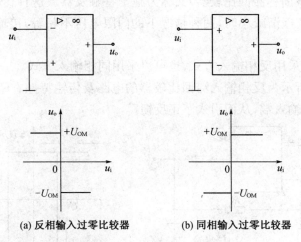

(a) 反相输入过零比较器

(b) 同相输入过零比较器

图 4-4-14 过零电压比较器

对于同相输入电压过零比较器,当输入信号电压 $u_i > 0$ 时,输出电压 u_o 为 $+U_{OM}$;当 $u_i < 0$ 时,u_o 为 $-U_{OM}$。如图 4-4-14(b)。

为了使比较器的输出电压等于某个特定值,可以采取限幅的措施。图 4 - 4 - 15(a)中,电阻 R 和双向稳压管 VZ 构成限幅电路,稳压管的稳压值 $U_z < U_{OM}$,VZ 的正向导通电压为 U_D。所以输出电压 $u_o = \pm(U_z + U_D)$。在实用电路中常将稳压管接到集成运放的反相输入端,如图 4 - 4 - 15(b)所示。

假设稳压管 VZ 截止,则集成运放必工作在开环状态,其输出不是 $+U_{OM}$ 就是 $-U_{OM}$;这样,稳压管就必然一个工作在稳压状态,一个工作在正向导通状态。电路存在从 u_o 到反相输入端的负反馈通路,所以反相输入端为虚地,u_o 则仍为 $\pm(U_z + U_D) \approx \pm U_z$(当 U_D 比 U_z 小很多时,通常忽略 U_D 不计)。这种电路的优点是集成运放的净输入电压很小。电阻 R_1 一方面避免输入电压 u_i 直接加在反相输入端,另一方面也限制了输入电流。

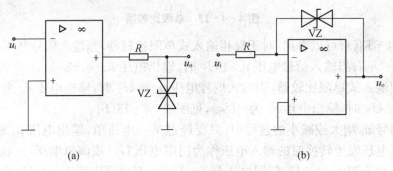

(a) (b)

图 4 - 4 - 15　具有限幅电路的过零电压比较器

(3) 滞回电压比较器。

当单限比较器的输入电压在阈值电压附近上下波动时,不管这种变化是信号自身的变化还是外在干扰的作用,都会使输出电压在高、低电平之间反复跃变,这一方面说明电路的灵敏度高,但另一方面也表明抗干扰能力差。因而,有时需要电路有一定的惯性,即输入电压在一定的范围内变化而输出电压状态不变,滞回电压比较器可以满足这一要求。

滞回电压比较器(简称滞回比较器)又称为施密特触发器。这种比较器的特点是:当输入电压 u_i 逐渐增大以及逐渐减小时,两种情况下的门限电压不相等,传输特性呈现出"滞回"曲线的形状。

滞回比较器可以采用反相输入方式,也可以采用同相输入方式。

如图 4 - 4 - 16 所示为反相输入滞回比较器的电路及传输特性。R_f、R_2 将输出电压 u_o 取出一部分反馈到同相输入端,从而引入了正反馈。

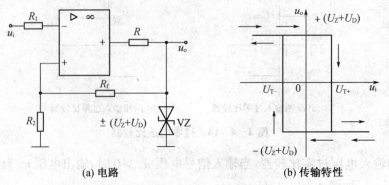

(a) 电路 (b) 传输特性

图 4 - 4 - 16　反相输入滞回比较器电路及传输特性

电路的工作原理如下。

当 u_i 由小逐渐增大,开始时,由于 $u_- = u_i < u_+$,故输出高电平,即

$$u_o = + (U_z + U_D)$$

此时同相输入端的电位为

$$u_+{}' = \frac{R_2}{R_2 + R_f}(U_z + U_D) = U_{T+}$$

当 u_i 增大到使 $u_1 > u_+{}'$ 时,电路状态发生翻转,输出低电平,即

$$u_o = - (U_z + U_D)$$

此时同相输入端的电位变为

$$u_+{}'' = -\frac{R_2}{R_2 + R_f}(U_z + U_D) = U_{T-}$$

在此状态下,若 u_i 减小,只要 $u_i > u_+{}''$,则仍维持输出低电平。只有 u_i 减小到使 $u_i > u_+''$ 时,电路状态才发生翻转,输出高电平。其电压传输特性如图 4-4-16(b)所示。

从曲线上可以看出,当 $U_{T-} < u_i < U_{T+}$,输出电压既可能是 $+(U_z + U_D)$,又可能是 $-(U_z + U_D)$。如果 u_i 是从小于 U_{T-} 逐渐变大到 $U_{T-} < u_i < U_{T+}$,则输出为高电平;如果 u_i 是从大于 U_{T+} 逐渐变小到 $U_{T-} < u_i < U_{T+}$,则输出应为低电平。所以应在电压传输特性曲线上标明方向,如图中箭头所示。

由以上分析可以看出,滞回比较器有两个门限电压:上门限电压 U_{T+} 和下门限电压 U_{T-},两者之差称为回差电压或门限宽度

$$\Delta U_T = U_{T+} + U_{T-} \tag{4-48}$$

因此,当输入信号通过一个门限电压时,即使 u_i 中有干扰,只要此时 u_i 的波动值小于门限宽度,u_o 就不会发生误翻。可见滞回比较器具有较强的抗干扰能力。另外,由于电路中引入了正反馈,因而加速了比较器的翻转过程,获得了比较理想的电压传输特性。

比较器可以用通用的集成运放组成,也可以采用专用的集成比较器。用通用集成运放构成的比较器主要缺点是输出电平与数字逻辑电平不兼容。需要对输出电压进行箝位(限幅),以满足数字电路逻辑电平的要求。而专用集成电压比较器,其输出电平与数字电路的逻辑电平兼容,且响应速度较快。

【例 4-4-5】在图 4-4-16 所示电路中,已知:$R_2 = 10\ \text{k}\Omega$,$R_f = 40\ \text{k}\Omega$,稳压管的稳压值 $U_z = 11.3\ \text{V}$,正向导通电压 $U_D = 0.7\ \text{V}$,输入电压波形如图 4-4-17(a)所示,试画出 u_o 的波形。

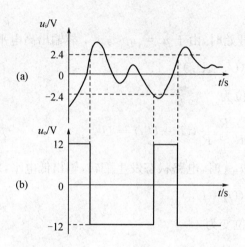

图 4-4-17   例 4-4-5 波形图

解：
$$u_\text{o} = \pm (U_\text{z} + U_\text{D}) = \pm (11.3 + 0.7) = \pm 12 \text{ V}$$

$$U_\text{T+} = \frac{R_2}{R_2 + R_\text{f}}(U_\text{Z} + U_\text{D}) = \frac{10}{10 + 40} \times 12 = 2.4 \text{ V}$$

$$U_\text{T-} = -2.4 \text{ V}$$

根据电压传输特性曲线便可画出 u_o 的波形，如图 4-4-17(b)所示。

2. 方波、矩形波发生器

矩形波发生电路常作为数字电路的信号源或模拟电子开关的控制信号，是其他非正弦波发生电路的基础。方波发生器又是非正弦发生器中应用最广的电路。

（1）方波发生器。

方波发生器电路如图 4-4-18 所示，它由反相输入的滞回比较器和 RC 电路组成。RC 回路既作为延迟环节，又作为反馈网络，通过 RC 充放电实现输出状态的自动转换。

图中虚线框内为滞回比较器，它的输出电压 $u_\text{o} = \pm U_\text{z}$，

阈值电压
$$U_\text{T} = \pm \frac{R_1}{R_1 + R_2} U_\text{z} \qquad\qquad (4-49)$$

$$U_\text{T+} = +\frac{R_1}{R_1 + R_2} U_\text{z}$$

$$U_\text{T-} = -\frac{R_1}{R_1 + R_2} U_\text{z}$$

R、C 组成一个负反馈网络，u_o 通过 R 对电容 C 充电使 C 上获得一个三角波电压 u_C。运放将 u_C 与 u_+ 进行比较，根据比较结果决定输出状态：

当 $u_\text{C} > u_+$ 时，$u_\text{o} = -U_\text{z}$；

当 $u_\text{C} < u_+$ 时，$u_\text{o} = +U_\text{z}$。

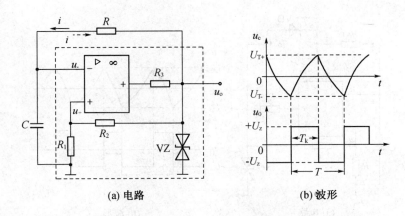

(a) 电路　　　　　(b) 波形

图 4 - 4 - 18　方波发生器电路及波形图

设某一时刻输出电压 $u_o = +U_Z$，则 $u_+ = U_{T+}$。u_o 通过电阻 R 对电容 C 充电（如图中实线箭头所示），反相输入端 u^- 随时间 t 逐渐升高，当 t 趋近于无穷时，u^- 应趋于 $+U_Z$；但是，当 u^- 过 U_{T+} 时，u_o 就从 $+U_Z$ 跳变为 $-U_Z$，同时 u^+ 从 U_{T+} 变为 U_{T-}。然后电容 C 开始放电（也可说是反向充电如图中虚线箭头所示），反相输入端 u^- 随时间 t 而逐渐降低，当时间 t 趋于无穷时，u^- 应趋于 $-U_Z$；但是，当 u^- 过 U_{T-} 时，u_o 就从 $-U_Z$ 跳变为 $+U_Z$，与此同时 u^+ 从 U_{T-} 变为 U_{T+}，电容又开始正向充电。就这样周而复始，电路产生自激振荡。由于电容充电与放电时间常数相同，所以在一个周期内 u_o 为 $+U_Z$ 的时间与 u_o 为 $-U_Z$ 的时间相等，则输出电压 u_o 为方波。如图 4 - 4 - 18(b) 所示。

占空比是指矩形波中高电平的宽度 T_K 与其周期 T 的比值，方波的占空比为 50%。

利用一阶 RC 电路的三要素法可求出电路的振荡周期和频率为

$$T = 2RC \cdot \ln\left(1 + \frac{2R_1}{R_2}\right) \tag{4-50}$$

$$f = \frac{1}{T} = \frac{1}{2RC\ln\left(1 + \frac{2R_1}{R_2}\right)} \tag{4-51}$$

若适当选取 R_1、R_2 的值，使 $\ln\left(1 + \frac{2R_1}{R_2}\right) = 1$ 则有

$$T = 2RC \tag{4-52}$$

$$f = \frac{1}{2RC} \tag{4-53}$$

由以上分析可知，调整电压比较器的电路参数 R_1、R_2 和 U_Z 可以改变方波发生器的振荡幅值，调整电阻 R_1、R_2、R 和电容 C 的值可以改变电路的振荡频率。

（2）矩形波发生器。

在方波发生电路中，若能采取措施改变输出波形的占空比，则电路就变成矩形波发生电路。利用前面所学知识可以想到，利用二极管的单向导电性使电容正向充电和反向充电的通路不同，从而使它们时间常数不同，即可改变输出电压的占空比，电路如图 4 - 4 - 19(a) 所示。

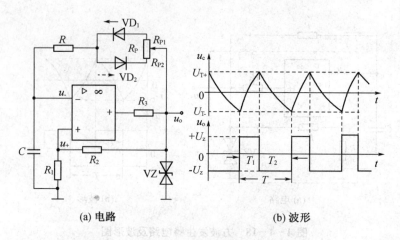

(a) 电路   (b) 波形

图 4-4-19   矩形波发生器电路及波形图

图 4-4-19(a)中,电位器 R_p 的滑动端将 R_p 分成 R_{p1} 分和 R_{p2} 两部分,若忽略二极管 VD_1 和 VD_2 的导通电阻,则电容 C 充电回路的电阻为 $(R+R_{p1})$,而放电回路的电阻则为 $(R+R_{p2})$。如果调整 R_p,使 $R_{p1} < R_{p2}$,则充电快而放电慢,即电容 C 充电时间 T_1 小于放电时间 T_2,如果调整 R_p,使 $R_{p1} > R_{p2}$,则情况刚好相反。波形图如图 4-4-19(b)所示。

根据一阶 RC 电路的三要素法可导出

$$T_1 = (R+R_{p1})C \cdot \ln\left(1+\frac{2R_1}{R_2}\right) \tag{4-54}$$

$$T_2 = (R+R_{p2})C \cdot \ln\left(1+\frac{2R_1}{R_2}\right) \tag{4-55}$$

振荡周期

$$T = T_1 + T_2 = (2R+R_p)C \cdot \ln\left(1+\frac{2R_1}{R_2}\right) \tag{4-56}$$

矩形波的占空比

$$\delta = \frac{T_1}{T} = \frac{R+R_{p1}}{2R+R_p} \tag{4-56}$$

由式(4-54)、(4-55)可知,改变电位器 R_p 滑动端位置可以调节矩形波的占空比,但振荡周期保持不变。

【例 4-4-6】图 4-4-19(a)所示电路中,已知 $R_1 = 40\,k\Omega$,$R_2 = R_p = 100\,k\Omega$,$R = 10\,k\Omega$,$C = 0.1\,\mu F$,$\pm U_z = \pm 6.5\,V$。试求:

(1) 输出电压的幅值和振荡频率约为多少;

(2) 占空比的调节范围约为多少。

解:(1)输出电压 $u_o = \pm 6.5\,V$。

振荡周期 $T = (2R+R_p)C \cdot \ln\left(1+\frac{2R_1}{R_2}\right)$

$$= (2 \times 10 + 100) \times 10^3 \times 0.1 \times 10^{-6} \times \ln\left(1 + \frac{20 \times 20 \times 10^3}{100 \times 10^3}\right)$$

$$\approx 4.04 \times 10^{-3}(\text{s})$$

$$= 4.04 \text{ ms}$$

振荡频率 $f = 1/T \approx 0.27 \text{ kHz}$

（2）将 $R_P = 0 \sim 100 \text{ k}\Omega$ 代入式（4-55），可得矩形波占空比的最小值和最大值分别为

$$\delta_{\min} = \frac{T_1}{T} = \frac{R}{2R + R_p} = \frac{10}{2 \times 10 + 100} = 8.33\%$$

$$\delta_{\max} = \frac{T_1}{T} + \frac{R + R_p}{2R + R_p} = \frac{10 + 100}{2 \times 10 + 100} = 91.7\%$$

占空比 δ 的调节范围在 $8.33\% \sim 91.7\%$ 之间。

3. 使用运放注意事项

集成运放种类繁多，应用非常广泛。除了通用型集成运放，还有很多的特殊型运放，使用的时候要根据用途和要求正确选型，以获得较好的性价比。使用的时候还要注意以下问题。

（1）静态调试。

集成运放在使用时，应先确认其工作参数是否符合要求。可以采用简单方法测量或用专用的参数仪器测量。

对于内部没有自动稳零措施的运放需根据产品说明外加调零电路，调零电路中的电位器应为精密绕线电位器，使之输入为零时输出为零。

对于单电源供电的集成运放应加偏置电阻，设置合适的静态输出电压。通常在集成运放的两个输入端静态电位为二分之一电源电压时，输出电压等于二分之一电源电压以便能放大正、负两个方向的变化信号，且使两个方向的最大输出电压基本相同。

（2）消除自激。

运放工作时很容易产生自激，有的运放在内部已做了消振电路，有的则引出消振端子，外接 RC 消振网络。在实际应用中，有的在运放的正、负电源端与地之间并接上几十微法与 $0.01 \sim 0.1~\mu\text{F}$ 的电容，有的在反馈电阻两端并联电容。有的在输入端并联一个 RC 支路。

（3）设置保护电路。

为了防止运放在工作中受异常过电压和过电流冲击而损坏，除操作过程中应加以注意外，还应分别在电路上采取一定的保护。

① 输入保护。

集成运放的输入级往往由于共模或差模信号电压过高，造成输入级损坏。因此当运放工作在有较大共模或差模信号的场合，应在运放输入端并接极性相反的二极管。以将输入信号电压的幅度限制在允许范围之内。

② 电源极性错接保护。

集成运放使用时若不注意将电源极性接反，很容易造成运放损坏。为了防止错接造成运放损坏，可利用二极管的单向导电性，采用图 4-4-20 所示的保护电路。在电源极性正常情况下，二极管 VD_1、VD_2 都导通，正、负电源可加到运放的正、负电源端，若电源极性接反，则因 VD_1、VD_2 截止，将电源切断，起到保护作用。

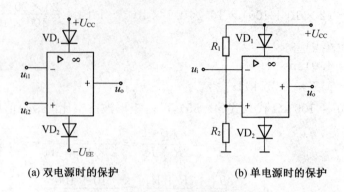

(a) 双电源时的保护　　　　　　　　(b) 单电源时的保护

图 4-4-20　电源极性错接保护

③ 输出保护。

当运放输出端对地或对电源短路时，如果没有保护，运放输出级将会因过流而损坏。若在输出端接上稳压管，则可使输出级得到保护。

4.5　触摸开关的检测

触摸开关的元器件不是很多，总共才 12 个元器，但是功能确不一般，当我们用手按一下触摸键后，灯就会亮一段时间，触摸开关元件列表如表 4-5-1 所示：

表 4-5-1　触摸开关元件列表

序号	标号	实物名称	作用
1	R、R_1、R_2、R_3、R_4	电阻	为电路提供电压
2	VT_1	场效应管	输入信号放大
3	U_1	CF741 运放	信号比较放大
4	VT_2	9012 三极管	信号放大
5	J	带开关的继电器	继电路吸合开关
6	C	瓷片电容	对触摸信号进行耦合
7	JP	12 V 电源接口	连接外部供电

通过前面的学习和已有的知识，下面来分析一下触摸开关的原理，触摸开关的原理图如图 4-5-1 所示。触摸开关在没有触摸信号的情况下三极管 VT_2 是截止的，继电器没有电流流过，开关不吸合。当有触摸信号输入时通过 2N7000 放大再进行比较从 CF741 脚 6 输出一个低电平，使得 VT_2 导通，继电器 J 开关吸合，外部电路导通。

触摸开关在安装时应该先安装电阻电容器件，再继电器与三极管，最后才安装 CF741 运放集成电路与场效应管。

当安装完成后要进行检测，检测点图如图 4-5-1 所示，用万用表检测各检测点的电压值，检测内容如表 4-5-2 所示。

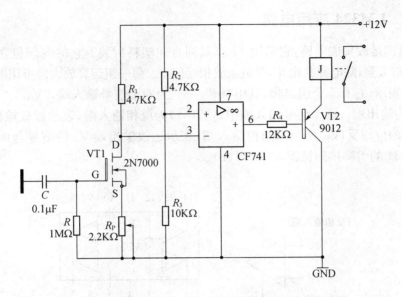

图 4-5-1 触摸开关的原理图

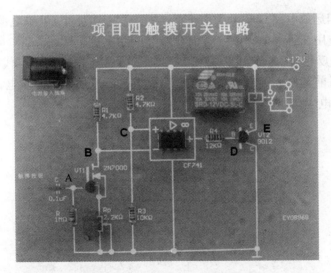

图 4-5-2 触摸开关的检测点图

表 4-5-2 检测内容表

检测点	没有触摸前电压值	触摸后电压值	备注
A			
B			
C			
D			
E			

素质拓展4　LM324 应用电路

LM324 是四运放集成电路,它采用 14 脚双列直插塑料封装。它的内部包含四组形式完全相同的运算放大器,除电源共用外,四组运放相互独立。每一组运算放大器可用图 4-6-1(a) 所示的符号来表示,它有 5 个引出脚,其中"+"、"-"为两个信号输入端,"V_+"、"V_-"为正、负电源端,"V_o"为输出端。两个信号输入端中,V_{i-}(-)为反相输入端,表示运放输出端 V_o 的信号与该输入端的位相反;V_{i+}(+)为同相输入端,表示运放输出端 V_o 的信号与该输入端的相位相同。LM324 的引脚排列见图 4-6-1(b)。

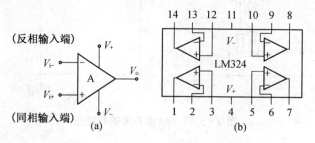

图 4-6-1　LM324 集成电路内部图

由于 LM324 四运放电路具有电源电压范围宽,静态功耗小,可单电源使用,价格低廉等优点,因此被广泛应用在各种电路中。下面介绍其应用实例。

LM324 构成的反相输入放大电路如图 4-6-2 所示。此放大器可代替晶体管进行交流放大,可用于扩音机前置放大等。电路无需调试。放大器采用单电源供电,由 R_1、R_2 组成 1/2 V_+ 偏置,C_1 是消振电容。

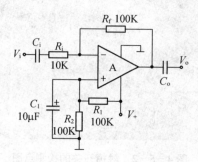

图 4-6-2　由 LM324 构成的反相输入放大电路

放大器电压放大倍数 A_v 仅由外接电阻 R_i、R_f 决定:$A_v = -R_f/R_i$。负号表示输出信号与输入信号相位相反。按图中所给数值,$A_v = -10$。此电路输入电阻为 R_i。一般情况下先取 R_i 与信号源内阻相等,然后根据要求的放大倍数再选定 R_f。C_o 和 C_i 为耦合电容。

LM324 构成的同相输入放大电路如图 4-6-3 所示。同相交流放大器的特点是输入阻抗高。其中的 R_1、R_2 组成 1/2V_+ 分压电路,通过 R_3 对运放进行偏置。电路的电压放大倍数 A_v 也仅由外接电阻决定:$A_v = 1 + R_f/R_4$,电路输入电阻为 R_3。R_4 的阻值范围为几千欧姆到几十千欧姆。

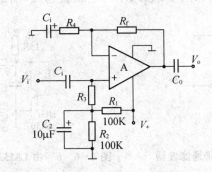

图 4 - 6 - 3   由 LM324 构成的同相输入放大电路

LM324 构成的信号分支放大电路如图 4 - 6 - 4 所示,此电路可将输入交流信号分成三路输出,三路信号可分别用作指示、控制、分析等用途。而对信号源的影响极小。因运放 A_i 输入电阻高,运放 $A_1 \sim A_4$ 均把输出端直接接到负输入端,信号输入至正输入端,相当于同相放大状态时 $R_f = 0$ 的情况,故各放大器电压放大倍数均为1,与分立元件组成的射极跟随器作用相同。

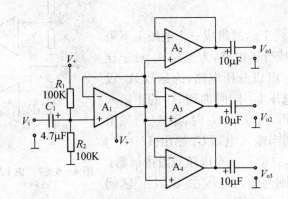

图 4 - 6 - 4   由 LM324 构成的信号分支放大电路

R_1、R_2 组成 $1/2 V_+$ 偏置,静态时 A_1 输出端电压为 $1/2 V_+$,故运放 $A_2 \sim A_4$ 输出端亦为 $1/2 V_+$,通过输入输出电容的隔直作用,取出交流信号,形成三路分配输出。

许多音响装置的频谱分析器均使用此电路作为带通滤波器如图 4 - 6 - 5 所示,以选出各个不同频段的信号,在显示上利用发光二极管点亮的多少来指示出信号幅度的大小。这种有源带通滤波器的中心频率,在中心频率 f_o 处的电压增益 $A_o = B_3/2B_1$,品质因数,3 dB 带宽 $B = 1/(n \cdot R_3 \cdot C)$ 也可根据设计确定的 Q、f_o、A_o 值,去求出带通滤波器的各元件参数值。$R_1 = Q/(2nf_oA_oC)$,$R_2 = Q/[(2Q_2 - A_o) \cdot 2nf_oC]$,$R_3 = 2Q/(2nf_oC)$。上式中,当 $f_o = 1 \text{ kHz}$ 时,C 取 $0.01 \mu F$。此电路亦可用于一般的选频放大。

由 LM324 构成的温度检测输入电路如图 4 - 6 - 6 所示,此电路亦可使用单电源,只需将运放正输入端偏置在 $1/2 V_+$ 并将电阻 R_2 下端接到运放正输入端既可。感温探头采用一只硅三极管 3DG6,把它接成二极管形式。硅晶体管发射结电压的温度系数约为 $-2.5 \text{ mV}/℃$,即温度每上升1度,发射结电压变会下降 2.5 mV。运放 A_1 连接成同相直流放大形式,温度越高,晶体管 BG1 压降越小,运放 A_1 同相输入端的电压就越低,输出端的电压也越低。

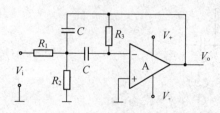

图 4-6-5　由 LM324 构成的带通滤波器

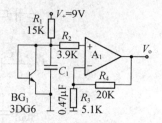

图 4-6-6　由 LM324 构成的温度检测输入电路

这是一个线性放大过程。在 A_1 输出端接上测量或处理电路,便可对温度进行指示或进行其他自动控制。

当去掉运放的反馈电阻时,或者说反馈电阻趋于无穷大时(即开环状态),理论上认为运放的开环放大倍数也为无穷大(实际上是很大,如 LM324 运放开环放大倍数为 100 dB,即 10 万倍)。此时运放便形成一个电压比较器如图 4-6-7 所示,其输出如不是高电平(V_+),就是低电平(V_- 或接地)。当正输入端电压高于负输入端电压时,运放输出低电平。

图 4-6-8 中使用两个运放组成一个电压上下限比较器,电阻 R_1、R_1' 组成分压电路,为运放 A_1 设定比较电平 U_1;电阻 R_2、R_2' 组成分压电路,为运放 A_2 设定比较电平 U_2。输入电压 U_1 同时加到 A_1 的正输入端和 A_2 的负输入端之间,当 $U_i > U_1$ 时,运放 A_1 输出高电平;当 $U_i < U_2$,则当输入电压 U_i 越出 $[U_2, U_1]$ 区间范围时,LED 点亮,这便是一个电压双限指示器。

若选择 $U_2 > U_1$,则当输入电压在 $[U_2, U_1]$ 区间范围时,LED 点亮,这是一个"窗口"电压指示器。

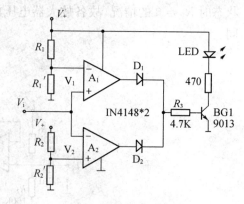

图 4-6-7　由 LM324 构成的电压比较器

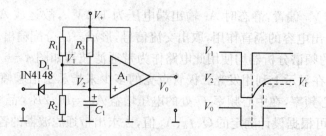

图 4-6-8　由 LM324 构成的电压上下限比较器

此电路与各类传感器配合使用,稍加变通,便可用于各种物理量的双限检测、短路、断路报警等。见图 4-6-8 所示此电路可用在一些自动控制系统中。电阻 R_1、R_2 组成分压电路,为运放 A_1 负输入端提供偏置电压 U_1,作为比较电压基准。静态时,电容 C_1 充电完毕,运放 A_1 正输入端电压 U_2 等于电源电压 V_+,故 A_1 输出高电平。当输入电压 U_i 变为低电平时,二极

管 D_1 导通,电容 C_1 通过 D_1 迅速放电,使 U_2 突然降至地电平,此时因为 $U_1 > U_2$,故运放 A_1 输出低电平。当输入电压变高时,二极管 D_1 截止,电源电压 R_3 给电容 C_1 充电,当 C_1 上充电电压大于 U_1 时,既 $U_2 > U_1$,A_1 输出又变为高电平,从而结束了一次单稳触发。显然,提高 U_1 或增大 R_2、C_1 的数值,都会使单稳延时时间增长,反之则缩短。

如果将二极管 D_1 去掉,则此电路具有加电延时功能。刚加电时,$U_1 > U_2$,运放 A_1 输出低电平,随着电容 C_1 不断充电,U_2 不断升高,当 $U_2 > U_1$ 时,A_1 输出才变为高电平。

习题 4

4-1. 在就题图 4-1 所示的电路中,运算放大器的开环增益 A 是有限的,$R_1 = 1\,\text{M}\Omega$,$R_2 = 1\,\text{k}\Omega$。当 $V_i = 4\,\text{V}$ 时,测得输出电压为 $V_o = 4\,\text{V}$,则该运算放大器的开环增益 A 为多少?

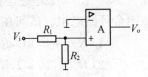

题图 4-1

4-2. 假设题图 4-2 所示电路中的运算放大器都是理想的,试求每个电路的电压增益 $G = V_o/V_i$,输入阻抗 R_i 及输出阻抗 R_o。

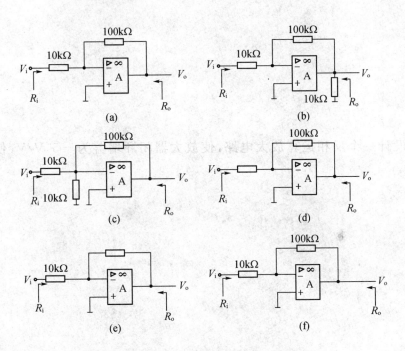

题图 4-2

4-3. 有一个理想运算放大器及 3 个 $10\ \text{k}\Omega$ 电阻，利用串并联组合可以得到最大的电压增益 $|G|$（非无限）为多少？此时对应的输入阻抗为多少？最小的电压增益 $|G|$（非零）为多少？此时对应的输入阻抗为多少？要求画出相应的电路。

4-4. 一个理想运算放大器与电阻 R_1、R_2 组成反相放大器，其中 R_1 为输入回路电阻，R_2 为闭合环路电阻。试问在下列情况下放大器的闭环增益为多少？

(1) $R_1 = 10\ \text{k}\Omega$，$R_2 = 50\ \text{k}\Omega$；

(2) $R_1 = 10\ \text{k}\Omega$，$R_2 = 50\ \text{k}\Omega$；

(3) $R_1 = 100\ \text{k}\Omega$，$R_2 = 1\ \text{M}\Omega$；

(4) $R_1 = 10\ \text{k}\Omega$，$R_2 = 1\ \text{k}\Omega$。

4-5. 设计一个反相运算放大电路，使放大器闭环增益为 $-5\ \text{V/V}$，使用的总电阻为 $120\ \text{k}\Omega$。

4-6. 题图 4-3 具有高输入阻抗的反相放大器,假设运算放大器是理想的。已知 $R_1 = 90\,\text{k}\Omega, R_2 = 100\,\text{k}\Omega, R_3 = 270\,\text{k}\Omega$,试求 $G = V_o/V_i$ 及输入阻抗 R_i。

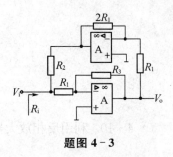

题图 4-3

4-7. 设计题图 4-4 所示的电路,使其输入阻抗为 $100\,\text{k}\Omega$,并且当使用 $10\,\text{k}\Omega$ 电位器 R_4 时增益在 $-1\,\text{V/V}$ 到 $-10\,\text{V/V}$ 范围内变化。当电位器位于中间时,放大器的增益为多少?

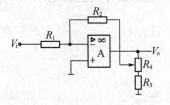

题图 4-4

4-8. 设计一个运算放大器电路,它的输入分别为 V_1、V_2、V_3,输出为 $V_0 = -(V_1 + 2V_2 + 4V_3)$。要求对输入信号 V_3 的输入阻抗为 $10\,\text{k}\Omega$,画出相应的电路,并表明各电阻的取值。

4 - 9. 要求利用两个反相放大器设计一个实现函数 $V_0 = V_1 + 2V_2 - 4V_3$ 的电路。

4 - 10. 利用反相放大器来设计一个求平均值电路。

4 - 11. 给出一个电路实现加权加法器的功能并给出相应的元件值,要求将 $5\sin\omega t(\mathrm{V})$ 的正弦信号的直流电平从 0 转变为 $-5\,\mathrm{V}$。

4 - 12. 在题图 4 - 5 所示的电路中,用 $10\,\mathrm{k\Omega}$ 的电位器来调节放大器的增益。假设运算放大器是理想的,试导出增益与电位器位置 x 的关系,并且增益的调节范围为多少?

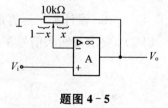

题图 4 - 5

4-13. 在题图 4-6 所示的电路中,假设运算放大器是理想的,求放大器的闭环增益 $G = V_o/V_i$。

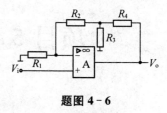

题图 4-6

4-14. 要求只能使用 1 kΩ 和 10 kΩ 的电阻,设计一个同相放大器电路,并且要求其增益为 +10 V/V。

4-15. 在题图 4-7 所示的电路中,假设运算放大器是理想的。当输入信号分别为

$$V_1(t) = 10\sin(2\pi \times 50t) - 0.1\sin(2\pi \times 1\,000t)\,\text{V}$$

$$V_2(t) = 10\sin(2\pi \times 50t) - 0.1\sin(2\pi \times 1\,000t)\,\text{V}$$

求 V_o。

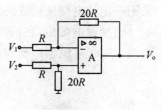

题图 4-7

项目5 电子鸟鸣器的分析与检测

本项目通过介绍生活中常用的电子发声产品,引入电子鸟鸣器的电路,从而得出振荡电路。重点对正弦波振荡器的起振条件与各种形式的振荡器进行分析,通过对电子鸟鸣器进行检测和仿真,从而加深对振荡电路的理解。

5.1 电子鸟鸣器的认识

在日常生活中,经常会碰到各种发声的电子产品,用以提示各种信息,图5-1-1为典型的发声电子产品。

电子鸟叫　　　　　　　　音乐钟　　　　　　　发声钥匙饰物

图5-1-1 发声电子产品

不同的电子发声产品所发出的声音可能不同,但内部均是由各种电子元器件通过电路板采用一定的电路来构成的。图5-1-2为一种电子鸟鸣器的电路板图。

当接通电源后,在扬声器中产生"啾"、"啾"鸟叫声。开关K闭合与断开时,可改变鸟叫的声调。电子鸟鸣器广泛应用于电子玩具及需要产生声音信号的场合。

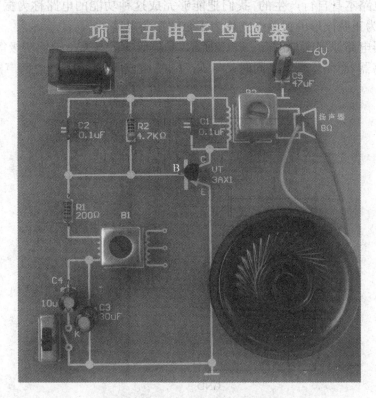

图 5-1-2 电子鸟鸣器电路板图

电路中所使用的元器件如表 5-1-1 示。

表 5-1-1 电子鸟鸣器电路元器件

序号	标号	类型	参数	作用
1	VT	晶体三极管 PNP 型	3AX1	振荡放大,产生振荡信号并放大
2	R_1	电阻	200 Ω	分压,为三极管工作提供合适的工作电压
3	R_2	电阻	4.7 kΩ	分压,为三极管工作提供合适的工作电压
4	C_1	瓷片电容	0.1 μF	振荡,与 B_1 初级组成电感三点式振荡器
5	C_2	瓷片电容	0.1 μF	反馈
6	C_3	电解电容	30 μF/25 V	振荡,与 VT、R_1、L 组成间歇振荡器
7	C_4	电解电容	10 μF/25 V	当开关闭合时与 C_3 作用相同
8	C_5	电解电容	47 μF/16 V	滤波,滤除交流成分
9	B_1	变压器		振荡,初级与 C_1 组成电感三点式振荡器
10	B_2	电感		振荡,与 VT、R_1、C_3 组成间歇振荡器
11	K	开关		
12	Y	扬声器	8 Ω	输出鸟叫声

从电路板图中我们可以看出,电子鸟鸣器没有外加输入信号就可以产生输出(音频信号),

因此信号是由电路本身自行产生的,我们把能够完成这种功能的电路称为振荡电路(或振荡器)。输出信号为正弦波形的振荡电路称为正弦波振荡电路。

电子鸟鸣器电路原理图如图 5-1-3 所示,晶体管 VT 与 C_1、B_2 的初级等组成一个电感三点式音频振荡器,而晶体管 VT 同时又与 R_1、L、C_3 组成间歇振荡器,由扬声器输出鸟叫声。

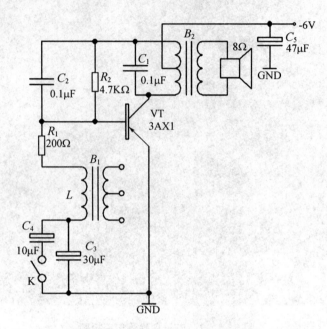

图 5-1-3　电子鸟鸣器电路原理图

电子鸟鸣器由两个振荡器组成的,下面我们将对正弦波振荡器进行分析。

5.2　正弦波振荡电路分析

5.2.1　概述

正弦波振荡电路是一种不需要外加输入信号激励,通过正反馈使电路产生自激振荡并产生正弦信号输出的电路。从能量的观点讲,它把电源的直流电能转换成了交流电能输出。

正弦波振荡电路在电子技术的各个领域有着广泛的应用,从信号的获取、传输、变换、处理的角度来看,由于正弦波本身的特性(频率单一、便于处理),它被选为载荷信息的首选信号,因此正弦波振荡电路应用十分广泛。在通信、广播、电视系统中,在电气设备、电子测量、仪器仪表、医疗设备、高中频加热装置等诸多领域常用到正弦波振荡电路。

1.　正反馈与自激振荡

一个放大电路通常在输入端外加信号时才有输出。如果在放大电路的输入端不加信号,在它的输出端也会出现某种频率和幅度的波形,这种现象就是放大电路的自激振荡。对于放大电路来说,它是十分有害的,应当设法避免和消除。但是,对于波形发生电路来说,却是应当加以利用的。所以二者的区别在于如何对待自激振荡产生条件。在放大电路中,目的在于放大输入信号,不允许有自激振荡,也就是要破坏自激振荡的产生条件。而在波形发生电路中,目的在于利用自激振荡产生波形,因此应设法满足自激振荡产生条件。那么自激振荡条件是什么呢?

（1）自激振荡的条件。

① 自激振荡的平衡条件。

在图 5-2-1 中，$\dot{A}$ 是放大电路，$\dot{F}$ 是反馈网络。当将开关 S 接在端点 1 上时，就是一般的开环放大电路，其输入信号电压为 $\dot{U}_i$，输出信号电压为 $\dot{U}_o$。如果将输出信号 $\dot{U}_o$ 通过反馈网络反馈到输入端，反馈电压为 $\dot{U}_f$，并设法使 $\dot{U}_f = \dot{U}_i$，即两者大小相等且相位相同。那么，反馈电压 $\dot{U}_f$ 就可以代替外加输入信号电压 $\dot{U}_i$ 来维持输出电压 $\dot{U}_o$ 不变。假如此时将开关 S 接到端点 2，除去外加信号而接上反馈信号 $\dot{U}_f$，使放大电路和反馈网络构成一个闭环系统，输出信号仍将保持不变，即不需外加输入信号而靠反馈来自动维持输出，这种现象称为自激。这时，放大器也就变为自激振荡器了。

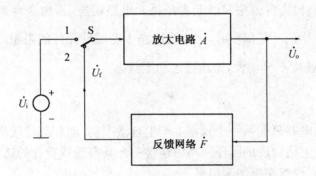

图 5-2-1 自激振荡产生的示意图

由以上的讨论可知，要维持自激振荡，必须满足 $\dot{U}_f = \dot{U}_i$，即反馈信号与输入信号大小相等，相位相同。

根据图 5-2-1 可知

$$\dot{A} = \frac{\dot{U}_o}{\dot{U}_i} \tag{5-1}$$

$$\dot{F} = \frac{\dot{U}_f}{\dot{U}_o} \tag{5-2}$$

若 $\dot{U}_f = \dot{U}_i$，则 $\dot{A}\dot{F} = \dfrac{\dot{U}_o}{\dot{U}_i}\dfrac{\dot{U}_f}{\dot{U}_o} = 1$（$\dot{A}\dot{F}$ 称为环路增益）。因此，振荡电路维持自激振荡的条件是

$$\dot{A}\dot{F} = 1 \tag{5-3}$$

即

$$|\dot{A}\dot{F}| = 1 \tag{5-4}$$

$$\varphi_a + \varphi_f = 2n\pi \quad (n = 0,1,2,\cdots) \tag{5-5}$$

式(5-4)称为幅值平衡条件。其物理意义为:信号经放大电路和反馈网络构成的闭环回路后,幅值保持不变。式(5-5)称为相位平衡条件。其物理意义为:信号经放大电路和反馈网络构成的闭环回路后,总相移必须为 2π 的整数倍,即振荡电路必须满足正反馈。作为一个稳幅振荡电路,必须同时满足幅值平衡条件和相位平衡条件。

② 自激振荡的起振条件。

式(5-4)所说的幅值平衡条件,是指振荡电路已进入稳幅振荡而言的。振荡电路要在接通电源后能自行起振,这需要利用到接通电源瞬间产生的微弱扰动。在这些扰动中包含各种频率的成分,电路应当选择其中一定频率的分量并使之幅度增强到所需要的值。对这一频率分量,在起振时必须满足

$$| \dot{A}\dot{F} | > 1 \tag{5-6}$$

式(5-5)、(5-6)称为自激振荡的起振条件。电路起振后,由于环路增益大于1,振荡幅度逐渐增大。当信号达到一定幅度时,因为受电路中非线性元件的限制,使 $| \dot{A}\dot{F} |$ 值下降,直至 $| \dot{A}\dot{F} | = 1$,振荡幅度不再增大,振荡进入稳定状态。

2. 振荡的建立

(1) 振荡的建立过程。

一个正弦波振荡电路只在某一个频率上产生自激振荡,而在其他频率上不能产生,这就要求在放大电路和反馈网络构成的闭环回路中包含一个具有选频特性的选频网络。它可以设置在放大电路中,也可以设置在反馈网络里。

在接通电源时产生的各种频率成分的电扰动激励信号中,将由选频网络选择某一频率分量,并按如下过程建立起振荡:接通电源后,各种电扰动──→放大──→选频──→正反馈──→再放大──→再选频──→再正反馈⋯⋯──→振荡器输出电压迅速增大──→器件进入非线性区──→放大电路增益下降──→稳幅振荡。

在实际的振荡电路中,常引入负反馈来稳幅,以改善振荡波形。其基本稳幅原理是:当振荡器输出幅度增大时,负反馈加强;反之,负反馈减弱。选择适当的负反馈深度,就可使振荡电路的输出在有源器件进入非线性区之前,就稳定在某一数值,从而避免了振荡波形的非线性失真。

(2) 正弦波振荡电路的组成。

由以上分析可知,一个正弦波振荡电路必须由四个基本组成部分,即:放大电路、正反馈网络、选频网络和稳幅电路。

(3) 正弦波振荡电路的分析方法。

正弦波振荡电路的分析任务主要有两个:一是判断电路能否产生振荡;二是估算振荡频率,并求电路的起振条件。

① 判断电路能否产生正弦波振荡。

判断电路能否产生正弦波振荡的一般方法和步骤如下。

a. 检查电路中是否包括放大电路、正反馈网络、选频网络和稳幅环节。

b. 分析放大电路能否正常工作。对分立元件电路,看是否能够建立合适的静态工作点并能正常放大;对集成运放,看输入端是否有直流通路。

　　c. 利用瞬时极性法判断电路是否引入了正反馈,即是否满足相位平衡条件。一般方法如图 5-2-2 所示。在正反馈网络的输出端与放大电路输入回路的连接处断开,并在断点处加一个频率为 f_0 的输入电压 $\dot{U}_i$,假定其极性,然后以此为依据判断 $\dot{U}_f$ 的极性,若 $\dot{U}_f$ 与 $\dot{U}_i$ 极性相同,则符合相位条件,若 $\dot{U}_f$ 与 $\dot{U}_i$ 极性不同,则不符合相位条件。

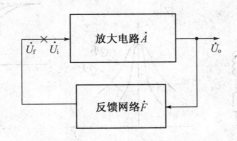

图 5-2-2　判断相位平衡条件的一般方法

　　d. 检查幅值平衡条件。若 $|\dot{A}\dot{F}| < 1$ 则不能振荡;若 $|\dot{A}\dot{F}| = 1$ 则不能起振;通常起振时使 $|\dot{A}\dot{F}|$ 略大于 1,起振后则采取稳幅措施使电路达到幅值平衡条件 $|\dot{A}\dot{F}| = 1$。

　　② 计算振荡频率、求起振条件。

　　由维持振荡的条件 $\dot{A}\dot{F} = 1$ 可知,$\dot{A}\dot{F}$ 为实数,因此只要令 $\dot{A}\dot{F}$ 复数表示式的虚部等于零,对频率求解,即可求得振荡频率。将振荡频率代入起振条件 $|\dot{A}\dot{F}| > 1$,可求出满足起振条件的有关电路参数值,即常用的以电路参数表示的起振条件。

5.2.2　LC 正弦波振荡电路分析

　　正弦波振荡电路按组成选频网络的元件不同可分为 RC 正弦波振荡电路,LC 正弦波振荡电路和石英晶体正弦波振荡电路。

　　由 L、C 构成选频网络的振荡电路称为 LC 振荡电路,它主要用来产生 1 MHz 以上的高频正弦信号。根据选频网络上反馈形式的不同,LC 振荡电路可分为变压器反馈式、电感三点式和电容三点式 LC 振荡电路。

　　1. LC 并联谐振回路

　　LC 并联谐振回路如图 5-2-3 所示,它是 LC 正弦波振荡电路中经常用到的选频网络,图中 r 表示回路的等效损耗电阻。由图可知,LC 并联谐振回路的等效阻抗为

$$Z = \frac{\dfrac{1}{j\omega c}(r + j\omega L)}{\dfrac{1}{j\omega c} + r + j\omega L} \tag{5-7}$$

通常,$\omega L \gg r$,故上式可写成

$$Z = \frac{\dfrac{1}{j\omega C} \cdot j\omega L}{r + j\left(\omega L - \dfrac{1}{\omega C}\right)}$$

$$= \frac{\dfrac{L}{C}}{r + j\left(\omega L - \dfrac{1}{\omega C}\right)} \tag{5-8}$$

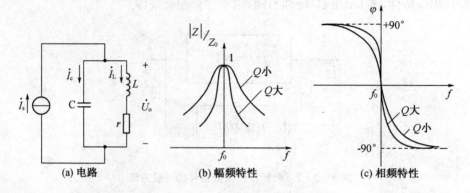

图 5 - 2 - 3　LC 并联电路及其频率特性

当 $\omega L = \dfrac{1}{\omega C}$ 时,电路发生并联谐振。其谐振角频率为

$$\omega_0 = \frac{1}{\sqrt{LC}} \tag{5-9}$$

谐振频率为

$$f_0 = \frac{1}{2\pi \sqrt{LC}} \tag{5-10}$$

谐振时 LC 回路的等效阻抗为

$$Z_0 = \frac{L}{rC} = Q\omega_0 L = \frac{Q}{\omega_0 C} \tag{5-11}$$

式中 $Q = \dfrac{\omega_0 L}{r} = \dfrac{1}{r\omega_0 C} = \dfrac{1}{r}\sqrt{\dfrac{L}{C}}$ 称为回路品质因数,是用来评价回路损耗大小的指标。Q 值愈高,回路的选频特性愈好。一般,Q 值在几十到几百范围内。

将式 $Q = \dfrac{1}{r}\sqrt{\dfrac{L}{C}}$,$Z_0 = \dfrac{L}{rC}$,$\omega_0 = 2\pi f_0$ 及 $\omega = 2\pi f$ 代入式(5-8)可得

$$Z = \frac{Z_0}{1 + jQ\left(\dfrac{f}{f_0} - \dfrac{f_0}{f}\right)} \tag{5-12}$$

所以 LC 回路的阻抗幅频特性和相频特性分别为

$$\frac{|Z|}{Z_0} = \frac{1}{\sqrt{1 + Q^2\left(\dfrac{f}{f_0} - \dfrac{f_0}{f}\right)^2}} \tag{5-13}$$

$$\varphi = -\arctan Q\left(\dfrac{f}{f_0} - \dfrac{f_0}{f}\right) \tag{5-14}$$

由式(5-13)、(5-14)可作出其频率特性曲线如图5-2-3(b)、(c)所示。分析LC并联回路的频率特性曲线可得出LC并联回路具有选频特性。当外加信号频率 $f = f_0$ 时,产生并联谐振,回路等效阻抗 $|Z|$ 达到最大值 Z_0,且为纯电阻,相角 $\varphi = 0°$;当 f 偏离 f_0 时,$|Z|$ 减小。Q 值越大,幅频特性曲线越尖锐,相角随频率变化也越急剧,选频特性越好。

2. 变压器反馈式LC振荡电路

(1) 电路结构形式。

图5-2-4是一种变压器反馈式LC正弦波振荡电路的原理图。图中,三极管VT构成共发射极放大电路,变压器Tr的原边线圈 L 和电容 C 构成选频网络,并作为放大电路的负载。反馈电压 U_f 取自副边线圈 L_2 两端,作为放大电路的输入信号。由于LC并联电路谐振时呈纯阻性,而 C_b、C_e 分别是耦合电容和旁路电容,对振荡频率信号可视为短路。因此,在 $f = f_0$ 时三极管集电极输出电压信号与基极输入电压信号相位仍相差 $180°$。

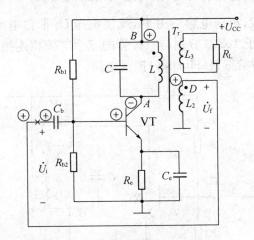

图5-2-4 变压器反馈式LC振荡电路

(2) 振荡条件的分析。

为了判断电路能否满足自激振荡的相位平衡条件,可在图5-2-4中"×"处将反馈断开,引入一个频率为 f_0 的输入信号 u_i,然后用瞬时极性法分析各点相位关系。假设 u_i 的瞬时极性为 $\oplus$,则三极管的集电极 A 点瞬时极性与基极相反,为 $\ominus$,故变压器原边绕组 L 的 B 端瞬时极性为 $\oplus$。由于变压器副边与原边绕组同名端的瞬时极性相同,因而副边绕组 L_2 的 D 端的瞬时极性也为 $\oplus$,即反馈电压 u_f 的瞬时极性为 $\oplus$。因此,u_f 与 u_i 的瞬时极性相同,即 $\dot{U}_f$ 与 $\dot{U}_i$ 同相,满足正弦波振荡的相位平衡条件。

为了满足起振条件 $|\dot{A}\dot{F}| > 1$,即 $|\dot{U}_f| > |\dot{U}_i|$,只要适当选择反馈线圈 L_2 的匝数,使 U_f 较大,或增加变压器原边线圈和副边线圈之间的耦合度(增加互感 M),或选配适当的电路参数(如三极管的 β),使放大电路具有足够的放大倍数,一般来说比较容易满足起振条件。

(3) 振荡频率及稳幅措施。

由于只有当LC并联回路谐振时,电路才满足振荡的相位平衡条件。所以当忽略其他绕组的影响时,变压器反馈式LC振荡电路的振荡频率为

$$f_0 \approx \frac{1}{2\pi \sqrt{LC}} \tag{5-15}$$

　　图 5 - 2 - 4 所示振荡电路振幅的稳定是利用三极管的非线性实现的。当电路起振后,振荡幅度将不断增大,三极管逐渐进入非线性区,放大电路的电压放大倍数 $|\dot{A}|$ 将随 $U_i = U_f$ 的增加而下降,限制了 U_0 的继续增大,最终使电路进入稳幅振荡。虽然三极管工作在非线性状态,集电极电流中含有基波分量和高次谐波分量,但由于 LC 回路具有良好的选频(滤波)性能,可以认为只有频率为 f_0 的基波电流由于回路对其呈现高阻抗而在回路两端产生输出电压,所以振荡输出的电压波形基本为正弦波。三极管的这种非线性工作状态是不同于 RC 振荡电路的,在后一种电路中,放大器件是工作于线性放大区。

　　3. 电感三点式振荡电路

　　(1) 电路结构形式。

　　电感三点式 LC 振荡电路如图 5 - 2 - 5 所示,图中三极管 VT 构成共发射极放大电路,电感 L_1、L_2 和电容 C 构成正反馈选频网络,作为放大电路的负载。一个连续绕制的线圈抽出中间抽头而分为 L_1 及 L_2 两段,再与电容 C 并联,反馈电压 $\dot{U}_f$ 取自电感线圈 L_2 两端。由于 LC 并联回路中电感的三个端子 1、2、3 分别与三极管的三个电极相连接(指交流连接),故称为电感三点式振荡电路,又称做哈特莱(Hartley)振荡电路。

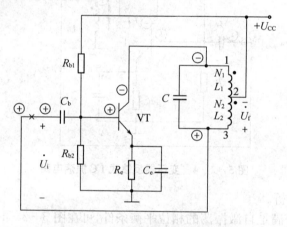

图 5 - 2 - 5　电感三点式振荡电路

　　(2) 振荡条件分析。

　　由图 5 - 2 - 5 可见,由于电源 $+U_{CC}$ 交流接地,且 LC 并联回路谐振时为纯电阻,因此,利用瞬时极性法,可判断出:输出电压 $\dot{U}_0$ 与放大电路的输入电压 $\dot{U}_f$ 反相,反馈电压 $\dot{U}_f$ 与输出电压 $\dot{U}_0$ 反相,所以 $\dot{U}_f$ 与 $\dot{U}_i$ 同相,满足自激振荡的相位平衡条件。具体判断过程如图 5 - 2 - 5 中的标示($\oplus$ 或 $\ominus$)。

　　关于幅值条件,只要使放大电路有足够的电压放大倍数,且适当选择 L_1 及 L_2 两段线圈的匝数比,即改变 L_1 和 L_2 电感量的比值,就可获得足够大的反馈电压 $\dot{U}_f$,从而使幅值条件得到满足。

　　(3) 振荡频率及电路特点。

　　电感三点式振荡电路的振荡频率基本上等于 LC 并联回路的谐振频率,即

$$f_0 \approx \frac{1}{2\pi\sqrt{LC}} = \frac{1}{2\pi\sqrt{(L_1+L_2+2M)C}} \tag{5-16}$$

式中 M 是电感 L_1 和 L_2 之间的互感，$L = L_1 + L_2 + 2M$ 为回路的等效电感。通常用可变电容器改变 C 值来实现振荡频率的调节。此种电路多用于产生几十兆赫以下频率的信号。

电感三点式正弦波振荡电路不仅容易起振，而且采用可变电容器能在较宽的范围内调节振荡频率。但是由于它的反馈电压取自电感 L_2，而电感对高次谐波的阻抗大（电感的感抗与频率成正比），不能抑制高次谐波的反馈，因此振荡器的输出波形较差（含谐波成分多），非线性失真较大。

4. 电容三点式振荡电路

(1) 基本电路结构形式。

为了获得良好的振荡波形，可将电感三点式振荡电路中的 L_1 和 L_2 换成对高次谐波呈低阻抗的电容 C_1 和 C_2，将 C 换成 L，同时 2 端子改为与公共接地端相连，这样就构成了电容三点式 LC 振荡电路。如图 5 - 2 - 6 所示。正反馈选频网络由电容 C_1、C_2 和电感 L 构成，反馈电压 $\dot{U}_f$ 取自电容 C_2 两端。由于 LC 振荡回路电容 C_1 和 C_2 的三个端子分别和三极管的三个电极相连接，故称为电容三点式振荡电路，又称为考尔皮兹(Colpitts)振荡电路。

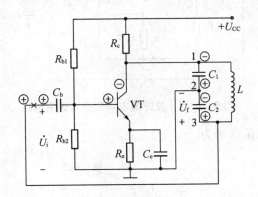

图 5 - 2 - 6　电容三点式振荡电路

(2) 振荡条件分析。

在图 5 - 2 - 6 电路中，由于反馈电压 $\dot{U}_f$ 取自振荡回路电容 C_2 两端，因此利用瞬时极性法可判断出：电路属于正反馈，满足振荡的相位平衡条件，如图中的标示（⊕或⊖）。适当选取电容 C_1 和 C_2 的比值（通常取 $C_1/C_2 \leqslant 1$，可通过实验调整），可满足振荡的幅值平衡条件。

(3) 振荡频率及电路特点。

图 5 - 2 - 6 所示电路的振荡频率近似等于 LC 并联回路的谐振频率，即为

$$f_0 = \frac{1}{2\pi\sqrt{LC}} = \frac{1}{2\pi\sqrt{L\dfrac{C_1C_2}{C_1+C_2}}} \tag{5-17}$$

电容三点式振荡电路的反馈电压取自电容 C_2 两端，由于电容对高次谐波的容抗小，反馈信号中高次谐波的分量小，所以振荡电路输出波形中的谐波成分少，输出波形较好。此外，振荡回路电容 C_1 和 C_2 的容量可以选得很小，振荡频率较高，一般可达 100 MHz 以上。

当通过改变电容来调节振荡频率时,要求 C_1 和 C_2 同时改变,且保持其比值不变。否则将影响振荡的幅值条件,严重时可能会使振荡电路停振,所以调节该振荡电路的振荡频率不太方便。

（4）电路的改进。

图 5-2-6 所示振荡电路的缺点除了调节频率不方便之外,为了提高振荡频率而使回路电容的容量减小到可与三极管的极间电容值相比拟时,由于三极管极间电容值随温度等因素变化,使振荡频率随之变化。因此,其频率的稳定性较差。

为了克服上述缺点,可在图 5-2-6 电路的电感 L 支路中串联一个容量很小的微调电容 C_3,构成如图 5-2-7 所示的改进型电容三点式振荡电路,又称克莱普(Clapp)振荡电路。

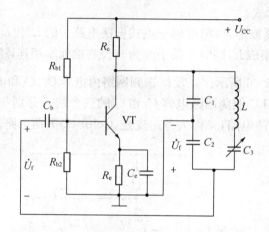

图 5-2-7　改进型电容三点式振荡电路

图 5-2-7 电路的振荡频率为

$$f_0 \approx \frac{1}{2\pi \sqrt{L\dfrac{1}{\dfrac{1}{C_1}+\dfrac{1}{C_2}+\dfrac{1}{C_3}}}} \tag{5-18}$$

由于回路电容 C_1 和 C_2 分别与三极管的集电极—发射极和基极—发射极并联,因此为了减小三极管极间电容的变化对振荡频率的影响,在选取电容参数时,通常使 $C_1 \gg C_3$,且 $C_2 \gg C_3$。因此式(5-18)可近似为

$$f_0 \approx \frac{1}{2\pi \sqrt{LC_3}} \tag{5-19}$$

由上式可以看出,克莱普振荡电路的振荡频率 f_0 基本上由电感 L 和电容 C_3 确定,与电容 C_1、C_2 及管子的极间电容关系很小,因此振荡频率的稳定性较好。只要调节 C_3 即可改变振荡频率,而且不影响 C_1 和 C_2 的比值,亦即不影响振荡的幅值条件。

（5）三点式振荡电路的组成法则。

分析以上几种 LC 三点式振荡电路,可以发现这样一个规律,即:不论电感三点式还是电容三点式振荡电路,其三极管集电极—发射极之间和基极—发射极之间回路元件的电抗性质（指交流连接）都是相同的。两者同为电感性,或者同为电容性,它们与集电极—基极之间回路元件的电抗性质总是相反的。上述这一规律具有普遍意义,它是判断三点式振荡电路是否满足相位平衡条件的基本法则。现归纳如下:在三点式振荡电路的三个电抗中,和发射极相接的是两个同性质的电抗,另一个则是异性质的电抗。

利用这一法则,很容易判断电路是否满足振荡的相位条件,也有助于我们在分析复杂电路时,找出振荡回路元件。在许多变形的三点式振荡电路中,这三个电抗往往不都是单一的电抗元件,而是可以由不同电抗性质的元件串、并联组成。然而,多个不同电抗性质的元件构成的复杂电路,在频率一定时,可以等效为一个电感或电容,在振荡频率下,考察三极管各电极间等效电抗的性质是否符合上述的法则,便可判断电路是否满足振荡所需的相位条件。

【例 5-2-1】试用相位平衡条件判断图 5-2-8(a)电路能否产生正弦波振荡? 若能振荡,试计算其振荡频率 f_0,并指出它属于哪种类型的振荡电路。

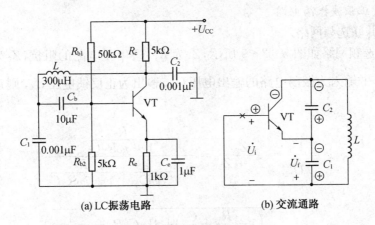

(a) LC振荡电路　　　　(b) 交流通路

图 5-2-8　例 5-2-1 图

解:(1) 从图中可以看出,C_1、C_2、L 组成并联谐振回路,且反馈电压取自电容 C_1 两端。由于 C_b 和 C_e 数值较大,对于高频振荡信号可视为短路。它的交流通路如图 5-2-8(b)所示。根据交流通路,用瞬时极性法判断,可知反馈电压和放大电路输入电压极性相同,故满足相位平衡条件,可以产生振荡。另外,从电路结构上看,在振荡回路的三个电抗元件中,和三极管发射极相接的是两个同性质的电抗元件——电容,而另一个是异性质的电抗元件——电感,符合三点式振荡电路的组成法则,可以产生振荡。

(2) 振荡频率为

$$f_0 = \frac{1}{2\pi\sqrt{L\dfrac{C_1 C_2}{C_1 + C_2}}}$$

$$= \frac{1}{2\pi\sqrt{300\times 10^{-6}\times\dfrac{0.001\times 10^{-6}\times 0.001\times 10^{-6}}{0.001\times 10^{-6}+0.001\times 10^{-6}}}}$$

$$\approx 410.9\ \text{kHz}$$

(3) 由图 5-2-8(b)可以看出,三极管的三个电极分别与电容 C_1 和 C_2 的三个端子相接,所以该电路属于电容三点式振荡电路。

图中 C_e 是 R_e 的旁路电容,如果把 C_e 去掉,振荡信号在发射极电阻 R_e 上将产生损耗,放大倍数降低,甚至难以起振。C_b 为耦合电容,它将振荡信号耦合到三极管基极。如果将电容 C_b

去掉，则三极管基极直流电位与集电极直流电位近似相等，由于静态工作点不合适，使电路无法正常工作。

5.2.3　RC 正弦波振荡电路分析

　　LC 振荡电路适用于产生高频振荡信号，当需要产生较低的振荡频率时，则要求回路中 L 和 C 的值都很大，这样会使 L、C 的体积大、重量大、成本高。因此在需要低频振荡的信号发生器中，多采用 RC 振荡电路。由 R、C 构成选频网络的振荡电路称为 RC 振荡电路，它一般用于产生 1 Hz～1 MHz 的低频正弦信号。RC 和 LC 振荡电路产生正弦振荡的原理基本相同，都是利用正反馈使电路产生自激振荡。

　　RC 正弦波振荡电路有桥式振荡电路、双 T 网络式和移相式振荡电路等类型。本节主要讨论 RC 桥式振荡电路和 RC 移相式振荡电路。

　　1. RC 桥式正弦波振荡电路

　　(1) RC 串并联选频网络。

　　RC 串并联选频网络如图 5-2-9 所示，Z_1 为 R_1、C_1 串联电路的阻抗，Z_2 为 R_2、C_2 并联电路的阻抗。网络的输入为振荡电路的输出电压 $\dot{U}_o$，输出为正反馈电压 $\dot{U}_f$，则正反馈系数 $\dot{F}$ 的表达式为

$$\dot{F} = \frac{\dot{U}_f}{\dot{U}_o} = \frac{Z_2}{Z_1 + Z_2} = \frac{\dfrac{R_2}{1 + j\omega R_2 C_2}}{R_1 + \dfrac{1}{j\omega C_1} + \dfrac{R_2}{1 + j\omega R_2 C_2}}$$

$$= \frac{1}{\left(1 + \dfrac{R_1}{R_2} + \dfrac{C_2}{C_1}\right) + j\left(\omega C_2 R_1 - \dfrac{1}{\omega R_2 C_1}\right)}$$

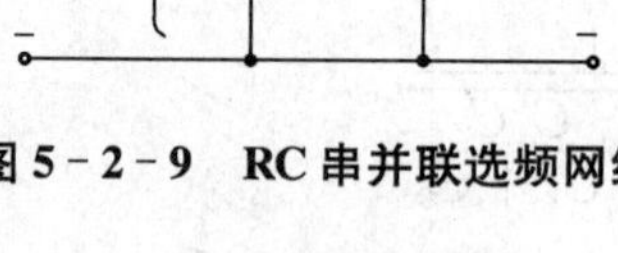

图 5-2-9　RC 串并联选频网络

　　通常 $R_1 = R_2 = R$，$C_1 = C_2 = C$，则有

$$\dot{F} = \frac{1}{3 + j\left(\omega RC - \dfrac{1}{\omega RC}\right)} \tag{5-20}$$

　　若令 $\omega_0 = \dfrac{1}{RC}$，则上式变为

$$\dot{F} = \frac{1}{3 + j\left(\dfrac{\omega}{\omega_0} - \dfrac{\omega_0}{\omega}\right)} \tag{5-21}$$

式中 $\omega = 2\pi f, \omega_0 = 2\pi f_0$，所以式(5-21)可写成

$$\dot{F} = \frac{1}{3 + j\left(\dfrac{f}{f_0} - \dfrac{f_0}{f}\right)} \tag{5-22}$$

$$f_0 = \frac{1}{2\pi RC} \tag{5-23}$$

由此可得 RC 串并联选频网络的幅频特性和相频特性

$$|\dot{F}| = \frac{1}{\sqrt{3^2 + \left(\dfrac{f}{f_0} - \dfrac{f_0}{f}\right)^2}} \tag{5-24}$$

和
$$\varphi_f = -\arctan \frac{\dfrac{f}{f_0} - \dfrac{f_0}{f}}{3} \tag{5-25}$$

由式(5-24)和式(5-25)可知，当频率趋近于零时，$|\dot{F}|$ 趋近于零，φ_f 趋近于 $+90°$；当频率趋近于无穷大时，$|\dot{F}|$ 也趋近于零，φ_f 角趋近于 $-90°$；而当 $f = f_0$ 时，$\dot{F}$ 的幅值最大，即 $|\dot{F}| = \dfrac{1}{3}$，相位角为零，即 $\varphi_f = 0°$。这就是说，当 $f = f_0 = \dfrac{1}{2\pi RC}$ 时，振荡电路输出电压的幅值最大，并且输出电压是反馈电压(或输入电压)的 $\dfrac{1}{3}$，同时输出电压与输入电压同相。根据式(5-24)、(5-25)画出 $\dot{F}$ 的频率特性，如图 5-2-10 所示。

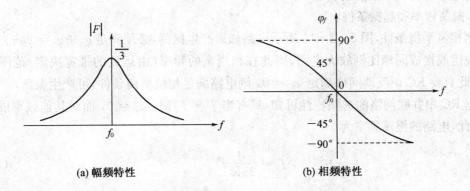

(a) 幅频特性 　　　　　(b) 相频特性

图 5-2-10　RC 串并联选频网络幅频特性和相频特性

(2) 基本电路形式。

图 5-2-11 为 RC 桥式正弦波振荡电路的基本形式，这个电路由两部分组成，即 RC 串并联电路组成的选频及正反馈网络和一个具有负反馈的同相放大电路。由图可知，R_f、R_1 和串联的 RC、并联的 RC 正好构成一个四臂电桥，放大电路的输出、输入分别接到电桥的对角线

上。故称此振荡电路为桥式振荡电路,也常称为文氏电桥振荡电路。

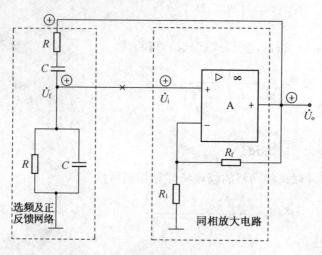

图 5 - 2 - 11　RC 桥式正弦波振荡电路

(3) 振荡的建立过程与稳定。

由图 5 - 2 - 10 可知,在 $f = f_0 = \dfrac{1}{2\pi RC}$ 时,经 RC 选频网络反馈到放大电路输入端的电压 $\dot{U}_f$ 与 $\dot{U}_o$ 同相,利用瞬时极性法,可判断出电路满足振荡的相位平衡条件,因而有可能起振。其振荡的建立过程与稳定如下:在接通电源时电路产生的电扰动中也包括有 $f = f_0 = \dfrac{1}{2\pi RC}$ 这样一个频率成分,只有这个频率的信号满足自激振荡的相位条件;它经过放大、正反馈,输出幅度越来越大,最后受电路中非线性元件的限制,振荡幅度自动地稳定下来;起振时,只要求同相放大电路的电压放大倍数略大于 3 即可,其他频率的电扰动由于相位不满足正反馈,反馈电压的幅值也小,因而衰减直至消失。

(4) 振荡频率和起振条件。

根据相位平衡条件,图 5 - 2 - 11 所示电路如果产生振荡,必须满足 $\varphi_a + \varphi_f = 2n\pi$。由于电路中集成运放接成同相比例放大电路,因此在相当宽的频率(由运放的带宽决定)范围内,$\varphi_a = 0$。因此只要 RC 正反馈网络满足 $\varphi_f = 0$,则电路满足相位平衡条件,可产生振荡。

根据 RC 串并联网络的选频特性可知,只有当 $f = f_0$ 时,$\varphi_f = 0$,而对其他频率成分,$\varphi_f \neq 0$。因此,电路的振荡频率为

$$f_0 = \frac{1}{2\pi RC} \tag{5 - 26}$$

为了产生自激振荡,除满足相位条件外,还必须满足起振所要求的幅值条件,由起振条件 $|\dot{A}\dot{F}| > 1$ 可知,当 $f = \dfrac{1}{2\pi RC}$ 时,RC 串并联网络的正反馈系数 $|\dot{F}| = \dfrac{1}{3}$,因此必须要求放大电路的电压放大倍数大于 3,即

$$|\dot{A}| > 3 \tag{5 - 27}$$

由于同相比例放大电路的电压放大倍数为

$$A = 1 + \frac{R_f}{R_1} \qquad (5-28)$$

所以有

$$A = 1 + \frac{R_f}{R_1} > 3 \qquad (5-29)$$

即

$$R_f > 2R_1 \qquad (5-30)$$

式(5-30)即为图 5-2-11 所示 RC 桥式正弦波振荡电路的起振条件。

(5) 稳幅措施。

所谓振幅的稳定,一是指"起振→增幅→等幅"的振荡建立过程,也就是从 $|\dot{A}\dot{F}| > 1$ 到 $|\dot{A}\dot{F}| = 1$ 的过程。二是指振荡建立之后,电路的工作环境、条件和电路参数等发生变化时,振幅几乎不变,电路能实现自动稳幅。

前面电路是利用三极管的非线性实现自动稳幅,此处是在电路中引入负反馈进行稳幅。在图 5-2-11 中通过 R_f 引入了一个电压串联负反馈,调整 R_f 或 R_1,可改变电路的放大倍数,使放大电路工作在线性区时,振荡电路就达到平衡条件,输出电压停止增大,振荡波形的幅度基本稳定。如果在电路中引入非线性负反馈,输出幅度大时负反馈加强,反之负反馈减弱,则可克服电路参数等因素的变化对振荡幅度的影响,稳幅效果更好。

例如,在图 5-2-11 所示电路中,R_f 可以采用负温度系数的热敏电阻。起振时,由于 $\dot{U}_o = 0$,流过 R_f 的电流 $\dot{I}_f = 0$,热敏电阻 R_f 处于冷态,其阻值比较大。放大电路的负反馈较弱,$|\dot{A}_u|$ 很高,振荡很快建立。随着振荡幅度的增大,流过 R_f 的电流 $\dot{I}_f$ 也增大,使 R_f 的温度升高,其阻值减小,负反馈加深,$|\dot{A}_u|$ 自动降低。在运算放大器未进入非线性区工作时,振荡电路即达到平衡条件 $|\dot{A}\dot{F}| = 1$,$\dot{U}_o$ 停止增大。因此振荡波形为一失真很小的正弦波。同理,当振荡建立后,由于某种原因使得输出电压幅度发生变化,可通过电阻 R_f 的变化,自动稳定输出电压的幅度。

(6) 振荡频率的调节。

为了连续调节振荡频率,可用波段开关换接不同的电容 C 作为频率 f_0 的粗调,用在 R 中串接同轴电位器的方法实现 f_0 的微调,如图 5-2-12 所示。目前实验室使用的低频信号发生器中大多采用这种电路。

【例 5-2-2】图 5-2-13 所示为一种实用 RC 桥式振荡电路。(1) 求振荡频率 $f_0 = ?$ (2) 说明二极管 VD_1、VD_2 的作用;(3) 说明 R_P 如何调节?

解:(1) 由式(5-26)可求得振荡频率为

$$f_0 = \frac{1}{2\pi RC} = \frac{1}{2\pi \times 8.2 \times 10^3 \times 0.01 \times 10^{-6}} = 1.94 \text{ kHz}$$

(2) 图中二极管 VD_1、VD_2 用以实现自动稳幅,改善输出电压波形。起振时,由于 U_o 很小,VD_1、VD_2 接近于开路,R_f、VD_1、VD_2 并联电路的等效电阻近似等于 R_f,此时 $|\dot{A}| = 1 +$

$\dfrac{R_2+R_f}{R_1}>3$，电路产生振荡。在振荡过程中，VD_1 和 VD_2 将交替导通和截止，即总有一只二极管处于正向导通状态，并和电阻 R_f 并联，因此利用二极管非线性正向导通电阻 r_D 的变化就能改变负反馈的强弱。当 U_o 增大时，r_D 减小，负反馈加强，限制 U_o 继续增长；反之，当 U_o 减小时，r_D 加大，负反馈减弱，避免 U_o 继续减小，达到稳幅的目的。

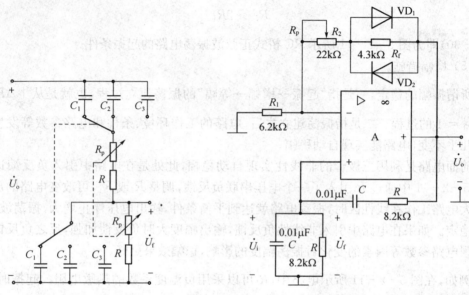

图 5 - 2 - 12　频率可调的 RC 串并联网络图　　图 5 - 2 - 13　二极管稳幅的 RC 桥式振荡电路

（3）R_P 用来调节输出电压的幅度和使输出波形失真最小。为了保证起振，由 $R_2+R_f>2R_1$，可得 R_2 的值必须满足 $R_2>2R_1-R_f$，以保证电路起振。电路起振后，调节 R_P 可改变负反馈的强弱，也就是改变负反馈放大电路的电压放大倍数，从而得到所要求的输出振荡电压幅度或者使输出的振荡波形失真最小。

2. RC 移相式正弦波振荡电路

RC 移相式正弦波振荡电路是另一种常见的 RC 振荡电路，它有超前移相和滞后移相两种形式。RC 超前型移相式振荡电路如图 5 - 2 - 14 所示。图中选频网络是由 3 节 RC 移相电路组成。

由于反相输入放大电路产生的相移为 180°，为满足振荡的相位平衡条件，就必须要求反馈网络（选频网络）对某一信号频率再移相 180°。对于图 5 - 2 - 14 中的 RC 移相电路，一节 RC 电路的最大相移为 90°，显然不能满足相位平衡条件；两节 RC 电路的最大可能相移为 180°，当相移等于 180°时，输出电压接近零，不能满足振荡的幅值平衡条件；而三节 RC 电路的最大相移可接近 270°，因此有可能在某一特定频率 f_0 下移相 180°，从而满足振荡的相位平衡条件而产生振荡。可以证明，该移相式振荡电路的振荡频率为

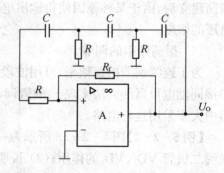

图 5 - 2 - 14　RC 移相式正弦波振荡电路

$$f_0 = \frac{1}{2\pi\sqrt{6}RC} \tag{5-31}$$

RC移相式正弦波振荡电路具有结构简单、经济方便等优点,但也有调试不方便、选频性能及输出波形较差等缺点,因此只适用于振荡频率固定、稳定性要求不高的场合。

5.2.4 石英晶体振荡电路分析

在工程实际应用中,常常要求振荡电路的振荡频率有一定的稳定度。频率稳定度一般用频率的相对变化量 $\frac{\Delta f_0}{f_0}$ 表示,f_0 为标称振荡频率,Δf_0 为频率偏差,是实际振荡频率 f 与标称振荡频率 f_0 的偏差,即 $\Delta f_0 = f - f_0$。$\frac{\Delta f_0}{f_0}$ 值愈小,则频率稳定度愈高。

RC振荡电路的频率稳定度比LC振荡电路要差很多,而LC振荡电路的频率稳定度主要取决于LC并联回路参数的稳定性和品质因数 Q(Q 值愈大,频率稳定度愈高)。由于LC回路的 Q 值不能做得很高(一般仅可达数百),L 及 C 值也会因工作条件及环境等因素而变化。因此LC振荡电路的 $\frac{\Delta f_0}{f_0}$ 值不会太小(一般不小于 10^{-5}),其频率稳定度也不会很高。在要求频率稳定度高的场合,往往采用由高 Q 值的石英晶体谐振器(其 Q 值可达 $10^4 \sim 10^6$)构成的石英晶体振荡电路。其频率稳定度可高达 $10^{-9} \sim 10^{-11}$。

1. 石英晶体的特性

(1) 石英晶体结构。

石英是一种各向异性的结晶体,其化学成分是二氧化硅(SiO_2)。从一块晶体上按一定方位角切下来的薄晶片,可以是正方形、矩形或圆形等,然后在它的两个对应表面上涂敷银层并装上一对金属板作为电极,再加上封装外壳并引出电极就构成了石英晶体谐振器,简称石英晶体或晶体。其产品一般用金属外壳封装,也有用玻璃壳封装的。图 5-2-15 是一种金属外壳封装的石英晶体结构示意图。

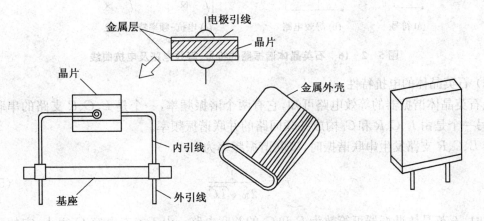

图 5-2-15 石英晶体谐振器结构示意图

(2) 石英晶体的基本特性。

石英晶体之所以能做成振荡电路,是因为它具有压电效应。若在石英晶体的两个电极上加一电场,晶体就会产生机械形变;反之,若在晶片的两极板间施加机械压力而产生形变时,则会在晶片的相应面上产生电场,这种物理现象称为压电效应。如果在晶片的两个电极加上交变电压,晶片就会产生机械振动,同时晶片的机械振动又会产生交变电压。在一般情况下,晶片机械振动的振幅和交变电压的振幅非常微小,但其机械振动频率却很稳定。当外加交变电压的频率为晶片的固有机械振动频率时,晶片产生共振,此时振幅最大,这种现象称为压电谐振,它与 LC 回路的谐振现象十分相似。晶片的固有机械振动频率称为谐振频率,它仅与晶片的几何形状、几何尺寸有关,因此具有很高的稳定性。

3. 石英晶体的符号和等效电路

(1) 石英晶体的符号和等效电路。

图 5-2-16(a)为石英晶体谐振器的电路符号,其等效电路如图 5-2-16(b)所示。其中 C_0 代表晶片与金属极板构成的电容,称为静态电容。C_0 的大小与晶片的几何尺寸、电极面积有关,一般约几个皮法到几十皮法。电感 L 等效晶片机械振动的惯性,称为动态电感,一般 L 的值为几十毫亨至几百亨。晶片的弹性用电容 C 来等效,称为动态电容,C 的值很小,一般在 0.1 pF 以下。晶片振动时因摩擦而造成的损耗用电阻 R 来等效,它的数值约为几欧姆至几百欧姆。由于晶片的等效电感 L 很大,而等效电容 C 和损耗电阻 R 很小,因此石英晶体谐振器的 Q 值($Q = \dfrac{1}{R}\sqrt{\dfrac{L}{C}}$)非常高,可达 $10^4 \sim 10^6$ 。又由于石英晶体的物理性能十分稳定,因此利用石英晶体谐振器组成的振荡电路可以获得很高的频率稳定度。

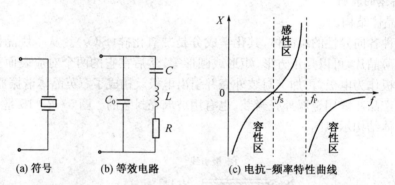

(a) 符号　　　(b) 等效电路　　　(c) 电抗-频率特性曲线

图 5-2-16　石英晶体谐振器的符号、等效电路及电抗曲线

(2) 石英晶体的电抗特性。

从石英晶体谐振器的等效电路可知,它有两个谐振频率,一个是 L、C、R 支路的串联谐振频率,另一个是由 L、C、R 和 C_0 构成并联回路的并联谐振频率。

当 L、C、R 支路发生串联谐振时,串联谐振频率为

$$f_s = \frac{1}{2\pi \sqrt{LC}} \tag{5-32}$$

此时,石英晶体谐振器可等效为 R 和 C_0 的并联电路。由于静态电容 C_0 很小,它的容抗比电阻 R 大得多,因此,发生串联谐振时石英晶体可近似等效为 R,呈纯阻性,且其阻值很小。

当频率高于 f_s 时,L、C、R 支路呈感性,可与电容 C_0 发生并联谐振,并联谐振频率为

$$f_p = \frac{1}{2\pi \sqrt{L \dfrac{CC_0}{C+C_0}}} = \frac{1}{2\pi \sqrt{LC}} \sqrt{1 + \frac{C}{C_0}} = f_s \sqrt{1 + \frac{C}{C_0}} \qquad (5-33)$$

由于 $C_0 \gg C$，因此 f_s 和 f_p 非常接近。

根据石英晶体的等效电路，可定性地画出它的电抗－频率特性曲线如图 5-2-16(c) 所示。可见，当频率 $f < f_s$ 或 $f > f_p$ 时，石英晶体都呈容性；当 $f_s < f < f_p$ 时，石英晶体呈感性；当 $f = f_s$ 时，石英晶体呈纯阻性，其阻值很小。

一般，石英晶体谐振器产品指标所给出的标称频率既不是 f_s 也不是 f_p，而是在外串接一个负载电容时校正的振荡频率。为了调节方便，通常负载电容采用微调电容。

4. 石英晶体正弦波振荡电路

用石英晶体构成的正弦波振荡电路的形式有很多，但其基本电路只有两类：一类是把石英晶体作为一个高 Q 值的电感元件使用，和回路中的其他元件形成并联谐振，称为并联型石英晶体振荡电路；另一类是将石英晶体接入正反馈回路，晶体工作在串联谐振状态，称为串联型石英晶体振荡电路。

(1) 并联型石英晶体振荡电路。

图 5-2-17 为典型的并联型石英晶体振荡电路。从图可知，这个电路的振荡频率必须落在石英晶体的 f_s 与 f_p 之间，并且晶体在电路中起电感的作用，从而构成改进型电容三点式振荡电路。由于 $C_1 \gg C_3$ 和 $C_2 \gg C_3$，所以该电路振荡频率主要取决于负载电容 C_3 和石英晶体；从电抗曲线上来看，石英晶体工作在 f_s 与 f_p 这一频率范围很窄的电感区域里，其等效电感 L 很大，又由于 C 和 C_3 很小，使得 Q 值极高，因此电路的频率稳定度很高。

(2) 串联型石英晶体振荡电路。

图 5-2-18 是一种串联型石英晶体振荡电路。将图 5-2-18 与图 5-2-17 对照可以看出，石英晶体与电容 C 和 R 组成选频及正反馈网络，集成运放 A 与电阻 R_f、R_1 组成同相输入负反馈放大电路，其中具有负温度系数的热敏电阻 R_f 和电阻 R_1 所引入的负反馈用于稳幅。因此，图 5-2-18 为一桥式正弦波振荡电路。显然，在石英晶体的串联谐振频率 f_s 处，石英晶体的阻抗最小，且为纯电阻，可满足振荡的相位平衡条件。

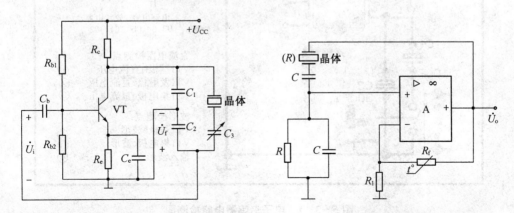

图 5-2-17 并联型石英晶体振荡器　　　　**图 5-2-18 串联型石英晶体振荡电路**

在图 5-2-18 中，为了提高正反馈网络的选频特性，应使振荡频率既符合晶体的串联谐振频率,又符合通常的 RC 串并联网络所决定的振荡频率。即应使振荡频率 f_0 既等于 f_s,又等于 $\frac{1}{2\pi RC}$。为此,需要进行参数的匹配,即选电阻 R 等于石英晶体串联谐振时的等效电阻;选电容 C 满足等式 $f_s = \frac{1}{2\pi RC}$。

5.3   电子鸟鸣器的检测

电子鸟鸣器实质上是由两个振荡器组成,而振荡电路需要满足幅值平衡条件和相位平衡条件,因此在组装调试过程中需要对各元器件和电路的参数进行检测,以保证电路的正常工作。

电子鸟鸣器电路检测如图 5-3-1 所示。

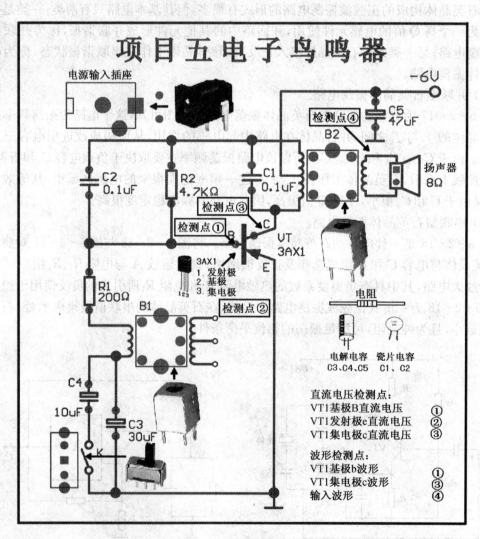

图 5-3-1   电子鸟鸣器电路检测图

1. 电子元器件检测

电子元器件检测用万用表进行检测，其参数如表 5-3-1。

表 5-3-1　电子鸟鸣器元器件参数

序号	标号	类型	参数	备注
1	VT	晶体三极管 PNP 型	3AX1	$\beta = 40 \sim 80$，低频放大管
2	R_1	电阻	200 Ω	
3	R_2	电阻	4.7 kΩ	
4	C_1	瓷片电容	0.1 μF	无极性电容
5	C_2	瓷片电容	0.1 μF	无极性电容
6	C_3	电解电容	33 μF/25 V	
7	C_4	电解电容	10 μF/25 V	
8	C_5	电解电容	47 μF/16 V	
9	B_1	变压器		带变压器中心制抽头
10	B_2	电感		使用次级
11	K	开关		单刀开关
12	Y	扬声器	8 Ω	

2. 直流电压的检测

根据图 5-3-1各直流电压测试点进行检测并填入表 5-3-2。

表 5-3-2　直流电压检测

直流电压检测点	元件管脚	检测点电压	分析结论
检测点①	e		
检测点②	b		三极管 VT_1 发射结处于____状态。
检测点③	c		

3. 波形测试

根据图 5-3-1各波形测试点进行波形测试，并在图 5-3-2中绘制出来。

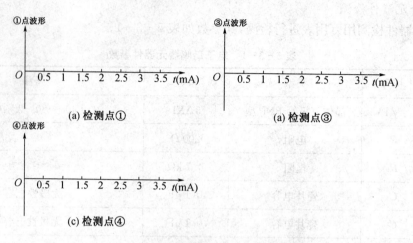

(a) 检测点①　　　　　　　　　　　(a) 检测点③

(c) 检测点④

图 5 - 3 - 2　电子鸟鸣器各测试点波形

5.4　电子鸟鸣器的仿真

电子鸟鸣器由一个电感三点式音频振荡器和一个间歇振荡器构成,因此其输出是两个振荡器产生的信号叠加,输出音频信号来模拟鸟叫声,因此须对进行仿真以掌握其工作过程。

1. 仿真电路及电路参数设置

仿真电路如图 5 - 4 - 1 所示。

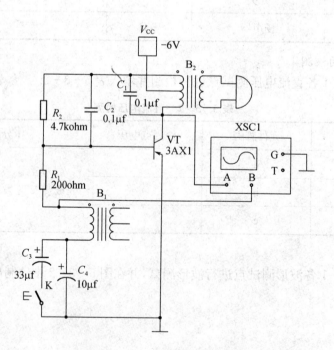

图 5 - 4 - 1　电子鸟鸣仿真电路

对电路中各元件、示波器进行如下设定:

电阻、电容、三极管与直流电源如图 5 - 4 - 1 所示。

示波器：Time Base：0.2ms/div；

        Channel A：1mV/div　接输入信号；

        Channel B：1mV/div　接输入信号。

2. 仿真

显波器 Channel A 测试 VT 集电极波形，Channel B 测试 VT 基极波形。用示波器观察到波形如下图 5-4-2 所示。

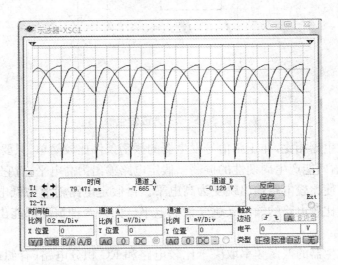

图 5-4-2　电子鸟鸣仿真波形

素质拓展 5　非正弦信号发生器简介

在电子电路中除正弦波振荡器外，还有非正弦波振荡器。非正弦信号的波形多种多样，有方波、三角波和锯齿波等，如图 5-5-1 所示。

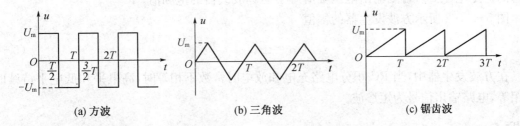

(a) 方波　　　　　　　　(b) 三角波　　　　　　　　(c) 锯齿波

图 5-5-1　非正弦信号波形

非正弦信号发生器通常由电压比较电路、反馈网络、延迟环节或积分环节等组成。

方波发生器如图 5-5-2 所示，其中运算放大器为电压比较，R_2 为正反馈电阻，R 与 C 组成积分电路。

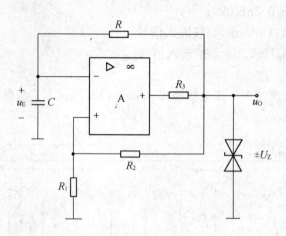

图 5 - 5 - 2　方波发生器

与正弦信号发生器相比,非正弦信号发生器的振荡条件比较简单,只要反馈信号能使比较电路状态发生变化,即能产生周期性的振荡。假定电路输出为高电平,看它经过正反馈和积分延时环节之后能否使比较电路输出跳变为高电平。再假定电路输出为低电平,看它经过相同的环节之后能否使比较电路的输出又跳变为低电平。如果两种情况都能出现,电路就能产生非正弦波振荡。

非正弦信号发生器的振荡频率取决于比较电路和 RC 积分电路(有源或无源)的参数,一般方法是通过找出比较电路翻转所需的时间来估算振荡周期或频率。

图 5 - 5 - 2 所示方波发生器振荡频率

$$f_0 = \frac{1}{2RC\ln(1 + 2R_1/R_2)} \tag{5-34}$$

方波的幅值取决于比较电路输出电压,当比较电路输出有稳压管时,输出电压幅值等于稳压管的稳定电压 U_Z;否则输出电压幅值等于运算放大器的饱和值。

图 5 - 5 - 2 所示方波发生器的幅值

$$U_O = \pm U_Z \tag{5-35}$$

在方波发生器中,当 RC 积分电路充电和放电时常数不相等时,高电平和低电平持续时间不相等,电路输出信号为矩形波。

习题 5

5 - 1　选择题

1. 利用正反馈产生正弦波振荡的电路,其组成主要是_____。
   A. 放大电路、反馈网络
   B. 放大电路、反馈网络、选频网络
   C. 放大电路、反馈网络、选频网络、稳幅电路

2. 为了满足振荡的相位平衡条件,反馈信号与输入信号的相位差应等于_____。
   A. 90°　　　　　　　B. 180°　　　　　　　C. 270°　　　　　　　D. 360°

3. 为满足振荡的相位平衡条件,RC 文氏电桥式振荡器中的放大电路,其输出信号与输入信号之间的相位差,合适的值是_____。

    A. 90°   B. 180°   C. 270°   D. 360°

4. 已知某振荡电路中的正反馈网络,其反馈系数为 0.02,而放大电路的放大倍数有下列几个值取:>0,5,20,50。为保证电路起振且可获得良好的输出信号波形,最合适的放大倍数是_____。

    A. >0   B. 5   C. 20   D. 50

5. 若依靠振荡管本身来稳幅,则从起振到输出幅度稳定,管子的工作状态是_____。

    A. 一直处在线性区   B. 从线性区过渡到非线性区
    C. 一直处在非线性区   D. 从非线性区过渡到线性区

6. 对于 RC 桥式振荡器,为了减轻放大电路参数对 RC 串并联网络的影响,所引入的负反馈类型,合适的是_____。

    A. 电压串联型   B. 电压并联型
    C. 电流串联型   D. 电流并联型

7. 为了保证正弦波振荡幅值稳定且波形较好,通常还需要引入_____环节。

    A. 微调   B. 限幅   C. 放大   D. 稳幅

8. 在串联型石英晶体振荡电路中,晶体等效为_____,而在并联型石英晶体振荡电路中,晶体等效为_____。

    A. 阻值极小的电阻   B. 阻值极大的电阻
    C. 电感   D. 电容

9. RC 振荡电路同 LC 振荡电路相比,_____。

    A. 前者适用于高频而后者适用于低频

    B. 前者适用于低频而后者适用于高频

    C. 两者都适用于低频

10. 石英晶体振荡器的主要优点是( )。

    A. 频率高   B. 频率的稳定度高   C. 振幅稳定

5-2 判断题

1. 放大电路中的反馈网络如果是正反馈就能产生正弦波振荡,如果是负反馈则不会产生振荡。 ( )

2. 振荡电路与放大电路的主要区别之一是:放大电路的输出信号与输入信号频率相同,而振荡电路一般不需要输入信号。 ( )

3. 只要满足相位平衡条件,且 $|\dot{A}\dot{F}| = 1$,则可产生自激振荡。 ( )

4. 在放大电路中,若引入了负反馈,又引入了正反馈,就有可能产生自激振荡。 ( )

5. 对于正弦波振荡电路而言,只要不满足相位平衡条件,即使放大电路的放大倍数很大,它也不能产生正弦波振荡。 ( )

6. 自激正弦波振荡器本质上是一个满足自激振荡条件的正反馈放大电路。 ( )

7. 只要满足了幅值平衡条件,振荡电路就能正常工作。 ( )

8. 振荡电路中只有正反馈网络而没有负反馈网络。 ( )

9. 振荡电路中的选频网络一定是在正反馈网络中。　　　　　　　　　（　　）

10. 石英晶体之所以能作为谐振器,用作选频网络,是因为它的压电效应。　（　　）

5 - 3　计算题

1. 正弦波振荡电路可分为哪几类? 当要求产生 1 MHz 以下且频率稳定度不高的振荡信号时,采用何种振荡电路? 当要求振荡信号的频率有很高的稳定性时,采用何种振荡电路?

2. 试判断题图 5 - 1 所示各电路是否满足自激振荡的相位平衡条件。

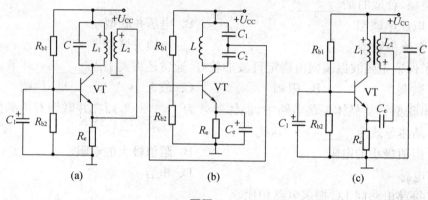

题图 5 - 1

3. 若石英晶体中的等效电感、动态电容以及静态电容分别用 L、C 和 C_0 表示,则忽略其损耗电阻 R 时,石英晶体串联谐振频率为 $f_s = \dfrac{1}{2\pi\sqrt{LC}}$,并联谐振频率为 $f_p = \dfrac{1}{2\pi\sqrt{L\dfrac{CC_0}{C+C_0}}}$ $= f_s\sqrt{1+\dfrac{C}{C_0}}$。试回答以下问题:

(1) 当石英晶体作为正弦波振荡电路的一部分时,其工作频率范围是(　　　)。

　　A. $f < f_s$　　　　　　　　B. $f_s \leqslant f < f_p$　　　　　　　　C. $f > f_p$

(2) 石英晶体振荡电路的振荡频率 f_0 基本上取决于(　　　)。

　　A. 石英晶体的谐振频率

　　B. 电路中电抗元件的相移性质

　　C. 放大电路的增益

(3) 有人在石英晶体两端并联一个很小的电容,其目的是(　　　)。

　　A. 使 f_s 和 f_p 更接近　　　　　　　　B. 使 f_s 和 f_p 更远离

4. 试用振荡的相位条件判断题图 5－2 所示各电路是否产生正弦波振荡？

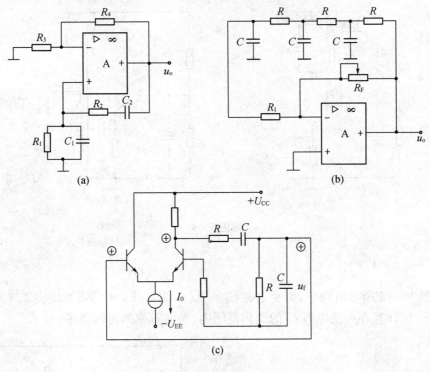

题图 5－2

5. 集成运放组成的 RC 桥式振荡电路如题图 5－3 所示，已知 $R_1 = R_2 = 1\,\mathrm{k}\Omega$，$C_1 = C_2 = 0.02\,\mu\mathrm{F}$，$R_3 = 2\,\mathrm{k}\Omega$。

（1）求振荡频率 f_0；

（2）若 R_4 采用具有负温度系数的热敏电阻，为了保证电路能稳定可靠的振荡，试选择 R_4 的冷态电阻；

（3）简述电路的稳幅原理。

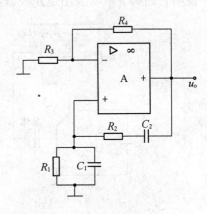

题图 5－3

6. 试标出题图 5-4 中各变压器的同名端,使之满足产生振荡的相位条件。

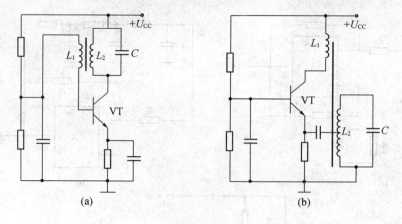

(a)　　　　　　　　　　　(b)

题图 5-4

7. 在题图 5-5 所示电路中,可变电容 $C_2 = 32 \sim 270$ pF,电感线圈端头 1、3 间的电感量 $L = 100\ \mu H$。试计算在可变电容 C_2 的变化范围内,振荡频率的可调范围。

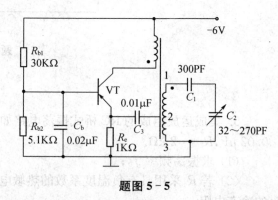

题图 5-5

8. 试用相位平衡条件判断题图 5-6 所示各石英晶体振荡电路能否产生振荡,如能振荡说明它们属于串联型还是并联型,石英晶体在电路中各起什么作用。

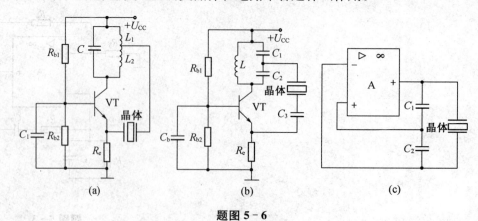

(a)　　　　　　　　　(b)　　　　　　　(c)

题图 5-6

项目 6　七管收音机的组装与调试

七管收音机由调谐电路、振荡电路、信号放大电路及功率放大电路和检波电路组成，几乎涵盖了模拟电子技术中的所有基本电路。收音机电路不是很复杂，元器件不多，又是日常生活中常见的电子产品，因此进行收音机的组装与调试，不但能让我们回顾所学习的知识点，同时还能锻炼我们的动手操作能力，不会让学生感到非常复杂而产生厌学的情绪。下面我们就一起来认识一下收音机实物。

6.1　七管收音机的认识

6.1.1　七管收音机的实物图

七管收音机实物如图 6-1-1 所示，它是由电阻、电容、电感、变压器、可变电位器、扬声器及外壳等组成，它的功能就是将由电台发射出来的电磁信号进行接收并选台，将选出来的高频信号混频得到 465 kHz 的中频进行放大选频，再通过二极管的检波得到音频信号再放推动扬声器发声。

图 6-1-1　七管收音机的实物图

由图 6-1-1 可看出，收音机由三部分组成：电路板、扬声器及外壳。这三部分中主要的还是电路板部分，下面我们来看看电路板上的元器件分布。

从图 6-1-2 可以看出，此电路主要是由电阻、电容、电感和变压器等组成，下面请读者根据前面所学到的知识结合收音机的实物，填写表 6-1-1 并在备注中填写元器件质量检测结果。

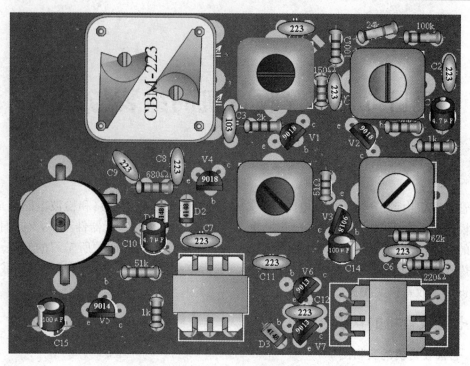

图 6-1-2　七管收音机的元器件分布图

表 6-1-1　收音机元件列表

序号	实物名称	参数或类型	备注

6.2 七管收音机的原理与分析

所谓超外差式,就是通过输入回路先将电台高频调制波接收下来,和本地振荡回路产生的本地信号一并送入混频器,再经中频回路进行频率选择,得到一固定的中频载波(如:调幅中频国际上统一为 465 kHz 或 455 kHz)调制波。七管收音机的原理图如图 6-2-1 所示。它由输入调谐电路、变频电路、中频放大电路、检波和自动增益控制电路、前置低放电路、功率放大器(OTL 电路)组成。

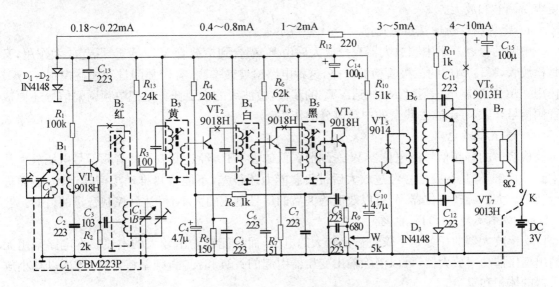

图 6-2-1 七管收音机原理图

1. 输入调谐电路

输入调谐电路由双联可变电容器的 C_1 和 B_1 的初级线圈组成,是并联谐振电路,B_2 是磁性天线线圈,从天线接收进来的高频信号,通过输入调谐电路的谐振选出需要的电台信号,电台信号频率是 $f = 1/2\pi L_A C_1$,当改变 C_1 时,就能收到不同频率的电台信号。

2. 变频电路

本机振荡和混频合起来称为变频电路。变频电路是以 VT_1 为中心,它的作用是把输入调谐电路收到的电台信号(高频信号)变换成固定的 465 kHz 的中频信号。

VT_1、B_2、C_{1B} 等元件组成本机振荡电路,它的任务是产生一个比输入信号频率高 465 kHz 的等幅高频振荡信号。由于 C_2 对高频信号相当于短路,B_1 的次级的电感量又很小,对高频信号提供了通路,所以本机振荡电路是共基极电路,振荡频率由 B_2、C_{1B} 控制,C_{1B} 是双连电容器的另一连,调节它以改变本机振荡频率。B_2 是振荡线圈,其初、次绕在同一磁芯上,它们把 VT_1 的集电极输出的放大了的振荡信号以正反馈的形式耦合到振荡回路,本机振荡的电压由 B_2 的初级的抽头引出,通过 C_3 耦合到 B_1 的发射极上。

混频电路由 VT_1 组成,是共发射极电路。其工作过程是:(磁性天线接收的电台信号)通过输入调谐电路接收到的电台信号,经过 B_1 的次级线圈送到 VT_1 的基极,本机振荡信号通过 C_3 送到 VT_1 的发射极,两种频率的信号在 VT_1 中进行混频,由于晶体三极管的非线性作用,混合的结果产生各种频率的信号,其中有一种是本机振荡频率和电台频率的差等于 465 kHz

的信号,这就是中频信号。混频电路的负载是中频变压器,B_3 的初级线圈和内部电容组成的并联谐振电路,它的谐振频率是 465 kHz,可以把 465 kHz 的中频信号从多种频率的信号中选择出来,并通过 B_3 的次级线圈耦合到下一级去,而其他信号几乎被滤掉。

3. 中频放大电路

它主要由 VT_2、VT_3 组成的两级中频放大器。第一中放电路中的 VT_2 负载是中频变压器 B_4 和内部电容组成,它们构成并联谐振电路,谐振频率是 465 kHz,与直放式收音机相比,超外差式收音机灵敏度和选择性都提高了许多,主要原因是有了中频放大电路,它比高频信号更容易调谐和放大。

4. 检波和自动增益控制电路

中频信号经一级中频放大器充分放大后由 B_5 耦合到检波管 VT_4,VT_4 既起放大作用,又是检波管,VT_4 构成的三极管检波电路,这种电路检波效率高,有较强的自动增益控制(AGC)作用。AGC 控制电压通过 R_8 加到 VT_2 的基极,检波级的主要任务是把中频调幅信号还原成音频信号,C_4、C_7 起滤去残余的中频成分的作用。

5. 前置低放电路

检波后的音频信号由电位器 W 送到前置低放管 VT_5,经过低放可将音频信号电压放大几十到几百倍,但是音频信号经过放大后带负载能力还很差,不能直接推动扬声器工作,还需进行功率放大。旋转电位器 W 可以改变检波后的信号电压的大小,可达到控制音量的目的。

6. 功率放大器(OTL 电路)

功率放大器的任务是不仅要输出较大的电压,而且能够输出较大的电流。本电路采用无输出变压器功率放大器,可以消除输出变压器引起的失真和损耗,频率特性好,还可以减小放大器的体积和重量。

VT_6、VT_7 组成同类型晶体管的推挽电路,R_{11} 和 D_3 分别是 VT_6、VT_7 的偏量电路。变压器 B_6 做倒相耦合,C_{11}、C_{12} 是防自激与反馈功能,B_7 是耦合变压器,输出变压器的功率放大器的输出阻抗低,可以直接推动扬声器工作。

6.3　七管收音机的组装

在动手焊接前用万用表将各元件测量一下,做到心中有数,安装时先装低矮和耐热的元件(如电阻),然后再装大一点的元件(如中周,变压器),最后装怕热的元件(如三极管)。七管收音机的元器件及作用如表 6-3-1 所示。

表 6-3-1　HX108-2 型调幅收音机各元器件作用

序号	型号规格(参数)	作用	备注
R_{12}	RT-1 / 8 W-220		滤除低频成分
C_{14}、C_{15}	CD-16 V-100 μF	电源退耦电路	滤除高频成分
C_{13}	CC-63 V-0.022 μF		
D_1、D_2	1N4148	获得 +1.4 V 的电压,为小信号电路供电	稳压电路
C_1	—	C_1A 及其半可调与 B_1 初级构成选台回路	双联可调电容器

序号	型号规格（参数）	作 用	备 注
B_1	—	用于接收高频电磁波	磁棒天线
B_2	—		本振线圈
C_3	CC - 63 V - 0.01 μF		反馈电容
R_1	RT - 1/8 W - 100 kΩ	高放及混联电路。C_{1B}及其半可调与B_2初级构成本振回路产生的本振频率f本随不同电台的高频信号f高变化而变化，但总是比f高高465 kHz	偏置电阻
R_2	RT - 1/8 W - 2 kΩ		
R_3	RT - 1/8 W - 100 Ω		
C_2	CC - 63 V - 0.022 μF		交流旁路电容
VT_1	9018		高放及混频管
D_3	1N4148	提高收音机机灵敏度	可用10～30 kΩ电阻代替
B_3	—	与槽路电容一起形成465 kHz的谐振电路	中周（内含槽路电容）
R_4	RT - 1/8 W - 20 kΩ		偏置电阻
R_5	RT - 1/8 W - 150 Ω	第1中频放大电路。对465 kHz的中频信号进行幅度放大	高频旁路电容
C_9	CC - 63 V - 0.022 μF		第1中频放大管
VT_2	9018		
B_4		与槽路电容一起形成465 kHz的谐振电路	中周（内含槽路电容）
R_6	RT - 1/8 W - 62 kΩ		偏置电阻
R_7	RT - 1/8 W - 51 Ω	第2中频放大电路。对465 kHz的中频信号进行幅式再次放大	高频旁路电容
C_6	CC - 63 V - 0.022 μF		第2中频放大管
VT_3	9018		
B_5	—	与槽路电容一起形成465 kHz的谐振电路	中周（内含槽路电容）
C_7	CC - 63 V - 0.022 μF		
R_8	RT - 1/8 W - 1 kΩ	获得AGG控制电压，以保证输出信号幅度几乎不变	AGG电路时间常数
C_4	CD - 16 V - 4.7 μF		
C_8	CC - 63 V - 0.022 μF		构成"JI型"滤波器
C_9	CC - 63 V - 0.022 μF	低通滤波器。让20 Hz～20 kHz范围的音频信号通过	
R_9	RT - 1/8 W - 680 Ω		
R_{P1}	5 kΩ	调节收音机声音大小	带电源开关的音量电位器
C_{10}	CD - 16 V - 4.7 μF	隔直耦合	
R_{10}	RT - 1/8 W - 51 kΩ	低频放大电路。对20 Hz～20 kHz的音频信号进行幅度再次放大	偏置电阻
VT_5	9014		低频放大管

（续表）

序号	型号规格(参数)	作　用	备　注
B_6、B_7	—	阻抗匹配	输入变压器/输出变压器
R_{11}	RT - 1/8 W - 1 kΩ	功率放大电路。对 20 Hz～20 kHz 的音频信号进行功率放大，以推动扬声器发声	偏置电阻
D_4	1N4148		
VT_6、VT_7	9013		功放管
C_{11}、C_{12}	CC - 63 V - 0.022 μF		消除自激
SP	—	电能与声能的转换	扬声器

　　七管收音机的安装顺序如下：

　　a. 电阻的安装。将电阻的阻值（参照前面所说明的电阻值计算示意图）选择好后根据两孔的距离弯曲电阻脚可采用卧式紧贴电路板安装，也可以采用立式安装，高度要统一。

　　b. 瓷片电容和三极管的脚剪的长度要适中，不要剪得太短，也不要留太长，它们不要超过中周的长度，太高会影响后盖的安装。

　　c. 磁棒线圈的四根引线头可以直接用电烙铁配合松香、焊锡丝来回摩擦几次即可自动镀上锡，四个线头对应地焊在线路板的铜泊面。

　　d. 由于调谐用的双联拨盘安装时离电路板很近，所以在它的圆周内的高出部分的元件脚在焊接前先用斜口钳剪去，以免安装或调谐时有障碍，影响拨盘调谐的元件有 B_2 和 B_4 的引出脚，电位器的开关脚和一个引脚。

　　e. 耳机插座的安装。焊接时速度要快，以免烫坏插座的塑料部分而导致接触不良。

　　f. 发光管的安装按照图示弯曲成型，直接插在电路板上焊接。

　　g. 喇叭安放到位后再用电烙铁将周围的三个塑料桩子靠近喇叭边缘烫下去，把喇叭压紧以免喇叭松动。

6.4　七管收音机调试

6.4.1　静态工作点的调整

　　如图 6 - 4 - 1 所示为小型超外差式收音机的电路原理图。本机是便携式袖珍收音机，元器件密度较大，采用立式装配方式。在这个电路中共用了 7 只三极管。VT_1 及其外围元件组成变频电路，完成高放、本振和混频；VT_2、VT_3 是二级中频放大电路，通过 VT_4 把音频信号检波出来；VT_5 为前置低频放大级，VT_6、VT_7 组成乙类功率放大器，由自耦变压器推动喇叭发声。

　　为了隔离外来的声音信号对直流调试的影响，采用从后往前逐级安装，并在安装的同时调试静态工作点的方法。

　　首先安装电池卡子、可变电容器和电位器等需要机械固定的元件；然后，除了 6 只三极管以外，将包括 VT_4 在内的其他元器件全部装焊好。为了防止焊接短路或虚焊，并为后面的调试打下测量基础，先检查一下此时的总电流：断开电源开关 K，装上电池，用电流表跨接在 K 的两端，应测得总电流约为 9.6 mA。

　　由电路图很容易计算，流过 R_{11}、D_3 的电流

$$I' = \frac{U_{CC} - U_{VD3}}{R_{11}} = \frac{3\,\text{V} - 0.7\,\text{V}}{1\,\text{k}\Omega} \approx 2.3\,\text{mA}$$

通过 R_{12}、D_1 和 D_2 的电流

$$I'' = \frac{U_{CC} - (U_{VD_1} + U_{VD_2})}{R_{11}} = \frac{3\,\text{V} - (0.7\,\text{V} + 0.7\,\text{V})}{0.22\,\text{k}\Omega} \approx 7.3\,\text{mA}$$

两者相加约为 9.6 mA。

装焊上 VT_6 和 VT_7，测量功率放大级电流。因为本机在设计印制电路板时，在输出变压器 T_6 中心抽头与电源之间留有缺口，用于测量 I_{C6} 和 I_{C7} 的电流（图中"×"处）。闭合开关 K，把电流表串联在相应的缺口处，I_{C6} 和 I_{C7} 在 4～10 mA 之间，所以这时总的电流约为 11.6～19.6 mA。如果电流偏大，可以加大 R_{11} 的阻值；如果电流偏小，可以减小 R_{11} 的阻值。若改变后 I_{C6} 和 I_{C7} 不能发生变化，则应检查 B_5 次级、B_6 的线圈和 VT_6、VT_7 是否损坏或者装焊错误。

然后，装焊 VT_5，将电流表串联在 VT_5 集电极的缺口处，调整电阻 R_{10} 的阻值，使 I_{C5} 集电极电流在 3～5 mA 之间。若电流偏小，测减小 R_{10} 的阻值；电流偏大，则加大 R_{10} 的阻值。如果 $I_{C5} = 0$，则应检查 B_5 初级、R_{10} 和 VT_5。接下来装配 VT_2 和 VT_3，将电流表串联在 VT_2 和 VT_3 集电极相应的缺口处，调整电阻 R_4 的阻值，使 I_{C2} 集电极电流在 0.4～0.8 mA 之间，调整电阻 R_6 的阻值，使 I_{C3} 集电极电流在 1～2 mA 之间。如果 I_{C2} 不可调，应检查 B_2、B_3、C_4 和 VT_2；如果 I_{C3} 不可调，应检查 B_3、B_4、C_6 和 VT_3。最后焊装变频级 VT_1，将电流表串联在 VT_1 集电极的缺口处，调整电阻 R_1 的阻值，使 I_{C1} 集电极电流在 0.18～0.22 mA 之间。如果 I_{C1} 不可调，应检查 B_1、B_2、C_2 和 VT_1。调好后，焊接连通缺口。

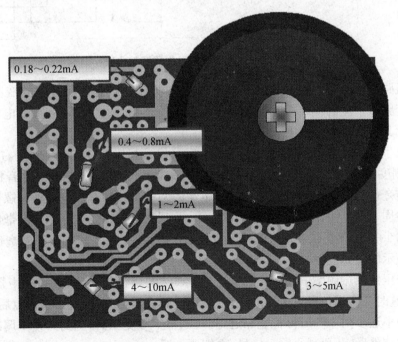

图 6-4-1　各开口点电流

各级电流调好之后，可在 K 的两端检查整机总电流，应在 16～27 mA 的范围内。这样就

完成了整机直流工作状态的调试,可以进行交流调试。

6.4.2　调整中频、频率覆盖范围和灵敏度

1. 调整中频

调整中频,对于采用LC谐振回路作为选频网络的收音机来说,主要内容是调整中频变压器(中周)的磁芯,应采用塑料、有机玻璃、陶瓷或不锈钢制成的无感螺丝刀缓慢进行。

当整机静态工作点调整完毕,并基本能正常收到信号后,便可调整中频变压器,使中频放大电路处于最佳工作状态。

维修时,新的中频变压器装入电路后,也需要进行调整。这是因为即使是同一型号的中频变压器也会存在参数误差(允许误差),与它并联的电容器也同时更换(内装谐振电容的中周除外);另外,机内存一定的分布电容,这些都会引起中频变压器失谐。但应注意,此时中频变压器磁帽的调整范围不应太大。

调整中频的方法较多,可选用高频信号发生器来调整中频,这是一种精确的调整方法,它是用由高频信号发生器发出的465 kHz调幅信号为标准信号来调整的,因此,可以把中频频率准确地调整在规定的465 kHz上。如图6-4-2所示。

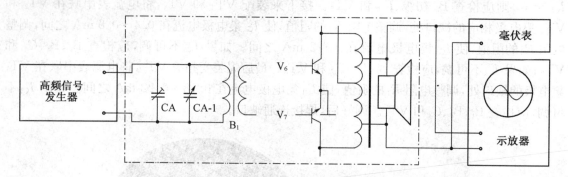

图6-4-2　用信号发生器调整中频

首先用短路线短接收音机变频级双联中的振荡联 C_{1B} 两端,使收音机的变频级处在停振状态。避免变频级产生的本地振荡信号对中频调整的影响。也可把双联可变电容器调置于无电台广播又无其他干扰的位置上。

将信号发生器输出频率调整到465 kHz,输出信号强度为10 mV/m左右,调制频率为1 000 Hz,调制度 M 为30%。将信号输出馈线屏蔽线接双联地端,芯线接收音机的双联调谐联的上端。将毫伏表和示波器接到收音机扬声器的两端。然后有用电磁感应螺钉旋具逆向依次调节黑色中周 B_4、白色中周 B_3 和黄色中周 B_2,并观察连接在扬声器两端的毫伏表的电压和示波器显示的1 000 Hz正弦波信号的幅度变化情况,反复细调2~3遍,直到毫伏表号中的电压和示波器显示的正弦波信号达到最大为止。

若中频变压器谐振频率偏离较大,则在465 kHz的调幅信号输入后,扬声器可能没有音频信号输出,这时应微调信号发生器的频率,使示波器显示正弦波,找出谐振点后,再把高频信号发生器的频率逐步向465 kHz位置靠近,同时调整中频变压器,直到其频率调准在465 kHz位置上。这样调整后,还要减小输入信号,再细调一遍。

对于已调乱的中频变压器,采用调整信号发生器频率的方法仍找不到谐振点时,可将信号发生器输出的465 kHz调幅信号分别由第二中放管基极、第一中放管基极、变频管基极输入,

从后向前逐级调整 B_4、B_3、B_2 中频变压器。

2. 调频率覆盖范围

我国收音机中波段频率规定在 525~1 605 kHz,调整频率覆盖范围是指使接收频率范围能覆盖广播的频率范围,并保持一定的余量。如调整中波频率范围在 520~1 620 kHz。

(1) 用高频信号发生器调整频率范围。

如图 6-4-3 所示,将高频信号发生器的输出频率调到 520 kHz,输出信号强度为 5 mV/m,调制频率为 1 000 Hz,调制度 M 为 30%。双联调至最低端,即把双联电容器全部旋入(此时应是刻度盘起始点)用无电磁感应螺丝刀旋具调节红色振荡线圈 L_1(本振)的磁芯,使连接在扬声器两端的毫伏表读数为最大。

再将双联旋转到最高端,即把双联可变电容器全部旋出(此时应是刻度盘终止点),高频信号发生器输出频率调整到 1 620 kHz,用无感螺丝刀调整双联振荡联上的补偿电容 C_B,使接在扬声器两端的毫伏表读数最大。若收音机高端频率高于 1 620 kHz,可增大补偿电容器的容量;若高端频率低于 1 620 kHz,则应减小补偿电容的容量。用上述方法由低端到高端反复调整几次,直到频率范围调整为止。

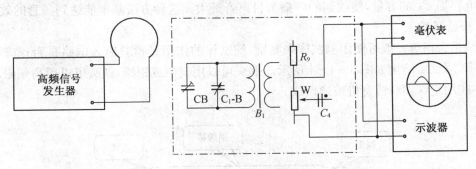

图 6-4-3   调整频率范围

(2) 利用电台广播的调整频率范围。

在业余条件下,如果没有高频信号发生器,可以直接在波段的低端和高端找一个广播节目代替高频信号,来调整频率范围。

首先在波段的低端找一个广播电台信号,如中波段 605 kHz。为了准确起见,可同时找一台已调好的标准收音机参照。调整本机振荡线圈的磁芯,使刻度对准时收听的广播节目声音最大(注意随时减小收音机的音量)。

在波段的高端收到一个广播电台信号,如选 1 470 kHz。调整并联在双联振荡联上的补偿电容器的容量,使收听到的广播节目声音最大。

如此反复调整几次,基本上能保证收音机接收的频率范围。

3. 调整接收灵敏度(又称统调)

超外差式收音机使用时,只要调节双联可变电容器,就可以使输入电路和本机振荡电路的频率同时发生连续的变化,从而使这两个电路的频率差值保持在 465 kHz 上,这就是所谓的同步或跟踪(只有如此才有最佳的灵敏度)。实际上,要是整个波段内每一点都达到同步是不容易的。为了使整个波段内能取得基本同步,在设计输入电路和振荡电路时,要求收音机在中间频率(1 000 kHz)处达到同步,并且在低端(600 kHz)通过调整天线线圈在磁棒上的位置(改变电感量),在高端(1 500 kHz)通过调整输入电路的微调补偿电容器的容量,使低端和高端也达到同步。这样一来,其他各点的频率跟踪也就差不多了,所以在超外差式收音机整个波段范围内有三点式跟踪的,也称为三点同步或三点统调。这时收音机接收灵敏度最高。

（1）用高频信号发生器统调。

调节高频信号发生器的频率调节旋钮,使环形天线送出 600 kHz 的标准高频信号,输出信号场强为 5 mV/m 左右,调节收音机调谐旋钮使指针到 600 kHz 的位置上,调节线圈在磁棒上的位置,使扬声器两端所接毫伏表的指示电压最大或示波器显示的正弦波信号幅度最大。

再将高频信号发生器输出频率调到 1 500 kHz,调节收音机调谐旋钮使指针到 1 500 kHz 的位置上,调节输入电路的补偿电容器 C_A 的容量,使毫伏表的指示电压最大或示波器显示的正弦波信号幅度最大。

如此反复多次,直到两个统调点 600 kHz 和 1 500 Hz 调准为止。

（2）利用电台广播统调。

对于调幅中波收音机的统调,可以在低端 600 kHz、高端 1 500 kz 附近,分别选择两个广播电台节目作为信号直接调整,调整方法与使用高频信号发生器相同。例如在合肥可选择 605 kHz 和 1 476 kHz 的广播节目进行统调,分别反复调整天线线圈在磁棒上的位置和双联上补偿电容器 C_A 的容量,使收到的广播节目声音最大。这种方法基本能达到满意的效果。

4.检验跟踪点

统调是否正确一般可使用测试棒来鉴别,测试棒的作用是检验输入电路是否正确谐振于接收频率,测试棒结构如图 6-4-4 所示。铜头可以用铜棒或铝棒,铁头可以用高频磁芯或断磁棒,中间用绝缘塑料或有机玻璃做成。

图 6-4-4　铜铁测试棒

检验方法是:先将收音机指针放在统调位置上,并应准确调谐信号频率,使输出最大,再用测试棒分别依此测试。例如测试 600 kHz 时,先将测试棒的铜头靠近磁性天线,如收音机的输出增大(可用毫伏表监测),表明原来天线线圈的电感偏大,输入电路的谐振频率偏低,应将天线线圈从磁棒由里向外移动;再用铁头靠近磁芯线圈,如收音机的输出增大,表明原来天线线圈的电感量偏小,输入电路的谐振频率偏高,应将天线线圈向磁棒中心移动。如此反复调整,直到测试棒的两头分别靠近磁性天线时,输出都有所下降,就表明电路的谐振频率正好谐振在外来的信号频率上,达到了最好的跟踪。

1 500 kHz 的检验方法与上述基本相同,所不同的是调整元件是输入电路的补偿电容。

对刚进行完统调的收音机,有时采用更为简单的检验方法,即只要在 1 000 kHz 左右能找出跟踪点,就认为达到了三点跟踪。检验三点跟踪后,调整收音机的工作就完成了。

6.4.3　故障的查找与排除

电子产品的故障有两类:一类是刚刚装配好而尚未通电调试的故障;另一类是正常工作一段时间后出现的故障。它们在检修方法上略有不同,但其基本原则是一样的。所以我们对这两类故障就不作区分。另外,由于电子产品的种类、型号和电路结构各不相同,故障现象又多种多样,因此这里只能介绍一般性的检修程序和基本的检查方法。

1. 故障查找与排除的一般步骤

调试过程中,往往会遇到在调试工艺文件指定的调整元件或调谐部件时,被调部件或整机的指标达到不到规定值(如静态工作点、输出波形等),或者调整这些元件时根本不起作用,这时可按以下步骤进行故障查找与排除。

(1)了解故障现象。被调部件、整机出现故障后,首先要进行初检,了解故障现象及故障发生的经过,并做好记录。

(2)故障分析。根据产品的工作原理、整机结构以及维修经验正确分析故障,查找故障的部位和原因。查找要有一个科学的逻辑程序,按照程序逐次检查。一般程序是:先外后内,先粗后细,先易后难,先常见现象后罕见现象。在查找过程中尤其要重视供电电路的检查和静态工作点的测试,因为正常的电压是任何电路工作的基础。

(3)处理故障。对于线头脱落、虚焊等简单故障可直接处理。而对有些需拆卸部件才能修复的故障,必须做好处理前的准备工作,如做好必要的标记或记录,准备好需要的工具和仪器等,避免拆卸后不能恢复或恢复出错,造成新的故障。在故障处理过程中,对于需要更换的元器件,应使用原规格、原型号的元器件或者性能指标优于故障件的同类型元器件。

(4)部件、整机的复测。修复后的部件、整机应进行重新调试,如修复后影响前道工序的测试指标,则应将修复件从前道工序起按调试工艺流程重新调试,使其各项技术指标均符合规定要求。

(5)修理资料的整理归档。部件、整机修理结束后,应将故障原因、修理措施等做好台账记录,并对修理的台账资料及时进行整理归档,不断积累经验,提高业务水平。同时,还可为所用元器件的质量分析、装配工艺的改进提供依据。

2. 故障查找与排除的方法和技巧

(1)直观检测法。直观检测法就是通过人的眼、手、耳、鼻等来发现电子产品的故障所在。这是最简单的一种检测方法,也是对故障机的一种初步检测,不需要任何仪器仪表。一般包括观察法、触摸法、听音法、气味法四种。

(2)电阻检测法。电阻检测法就是利用万用表的电阻挡(欧姆挡),通过测量所怀疑的元器件的阻值,或元器件的引脚与共用地端之间的电阻值,将测出的电阻值与正常值进行比较,从中发现故障所在的检测方法。

(3)电压检测法。电压检测法是指用万用表的电压挡测量电路电压、元器件的工作电压并与正常值进行比较,以判断故障所在的检测方法。

电压检测法通过电压的检测可以确定电路是否工作正常,是维修中是使用最多的一种方法。电压检测法可分为直流电压检测法和交流电压检测法两种,其中最常用的是直流电压检测法。

(4)直流电流检测法。直流电流检测法是指用万用表的电流挡去检测电子电路的整机电流、单元电路的电流、某一回路的电流、晶体管的集电极电流以及集成电路的工作电流等,并与其正常值进行比较,从中发现故障所在的检测方法。电流检测法比较适用于由于电流过大而出现烧坏保险管、烧坏晶体管、使晶体管发热、电阻器过热以及变压器过热等故障的检测。

(5)示波器检测法。用示波器测量出电路中关键点波形的形状、幅度、宽度及相位,与维修资料给出的标准波形进行比较,从中发现故障所在,这种方法就称为示波器检测法。

（6）替代法。替代法就是用好的元器件去替代所怀疑的元器件的检测方法。如果故障被排除，表明所怀疑的元器件就为故障件。

（7）信号注入法。信号注入法是将一定频率和幅度的信号逐级输入到被检测的电路中，或注入到可能存在故障的有关电路，然后再通过电路终端的发音设备或显示设备（扬声器、显像管）以及示波器、电压表等反映的情况，做出逻辑判断的检测方法。在检测中哪一级没有通过信号，故障就在该级单元电路中。

（8）干扰注入法。干扰注入法是指在业余的情况下，往往没有信号源一类专门的仪器，这时可以将干扰信号当作一种信号源去检测故障机的方法。

（9）短路法。短路法与信号注入法正好相反，是把电路中的交流信号对地短路，或是对某一部分电路短路，从中发现故障所在的检测方法。

短路法有两种，一种是交流短路法，另一种是直流短路法，常用的是交流短路法。

（10）开路法。开路法是将电路中被怀疑的电路和元器件开路处理，让其与整机电路脱离，然后观察故障是否还存在，从而确定故障部位所在的检查方法。开路法主要用于整机电流过大等短路性故障的排除。

（11）整机比较法。用正常的同样整机与待修的产品进行比较，还可以把待修产品中的可疑部件的调换到正常的产品中进行比较。这种方法与替代法很相似，只是比较的范围更大。

（12）变动可调元件法。在检修电子产品时，如果电路中有可调元件，适当调整其参数以观察对故障现象的影响。注意，在确定调节这些可调元件的参数以前，一定要对其原来的位置做好记录，这样，一旦发现故障原因不是出在这里时，还能恢复到原来的位置上。

素质拓展 6　简易调频对讲机

对讲机的原理与收音机的原理基本相同，只是在电路结构上有所区别。

1. 简易调频对讲机的组成部分

（1）发射部分。

锁相环和压控振荡器（VCO）产生发射的射频载波信号，经过缓冲放大，激励放大、功放，产生额定的射频功率，经过天线低通滤波器，抑制谐波成分，然后通过天线发射出去。

（2）接收部分。

接收部分为二次变频超外差方式，从天线输入的信号经过收发转换电路和带通滤波器后进行射频放大，在经过带通滤波器，进入第一混频器，将来自射频的放大信号与来自锁相环频率合成器电路的第一本振信号在第一混频器处混频并生成第一中频信号。第一中频信号通过晶体滤波器进一步消除邻道的杂波信号。滤波后的第一中频信号进入中频处理芯片，与第二本振信号再次混频生成第二中频信号，第二中频信号通过一个陶瓷滤波器滤除无用杂散信号后，被放大和鉴频，产生音频信号。音频信号通过放大、带通滤波器、去加重等电路，进入音量控制电路和功率放大器放大，驱动扬声器，得到人们所需的信息。

（3）调制信号及调制电路。

人的话音通过麦克风转换成音频的电信号，音频信号通过放大电路、预加重电路及带通滤波器进入压控振荡器直接进行调制。

（4）信号处理。

CPU 产生 CTCSS/DTCSS 信号经过放大调整，进入压控振荡器进行调制。接收鉴频后得到的低频信号,一部分经过放大和亚音频的带通滤波器进行滤波整形,进入CPU,与预设值进行比较,将其结果控制音频功放和扬声器的输出。即如果与预置值相同,则打开扬声器,若不同,则关闭扬声器。

2. 简易调频对讲机的原理

简易调频对讲机的电路原理图如图6-5-1所示。三极管V和电感线圈L_1、电容器C_1、C_2等组成电容三点式振荡电路,产生频率约为100 MHz的载频信号。集成功放电路LM386和电容器C_8、C_9、C_{10}、C_{11}等组成低频放大电路。扬声器BL兼作话筒使用。电路工作在接收状态时,将收/发转换开关置于"接收"位置,从天线ANT接收到的信号经三极管V、电感线圈L_1、电容器C_1、C_2及高频阻流圈L_2等组成的超再生检波电路进行检波。检波后的音频信号,经电容器C_8耦合到低频放大器的输入端,经放大后由电容器C_{11}耦合推动扬声器BL发声。

电路工作在发信状态时,S_2置于"发信"位置,由扬声器将话音变成电信号,经IC低频放大后,由输出耦合电容C_{11}、S_2、R_3、C_4等将信号加到振荡管V的基极,使该管的bc结电容随着话音信号的变化而变化,而该管的集电结电容是并联在L_1两端的,所以振荡电路的频率也随之变化,实现了调频的功能,并将已调波经电容器C_3从天线发射出去。

V选用$f_T \geqslant 600$ MHz,$B \geqslant 60$的硅高频小功率管,如3DG80、3DG56等。L_1用0.8 mm漆包线平绕6圈,内径为6 mm,然后拉长成间距1 mm的空心线圈。L_2用0.1 mm漆包线在1/8 W、100 K电阻上绕100圈而成。C_1、C_2、C_3选用云母或高频瓷介电容。S_2选用四刀二位拨动开关。BL选用直径为5 cm的电动式喇叭。天线用0.8米拉杆天线(作无线话筒时可用同样长度的多股软线代替)。电源采用9 V叠层电池。两部对讲机元器件参数应尽量一致。

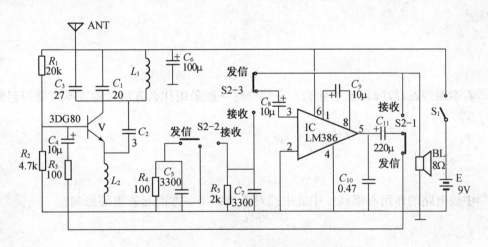

图6-5-1 简易调频对讲机原理图

调试时,先将S_2置于"接收"位置,这时扬声器应有较大的噪声。用手摸一下三极管外壳噪声消失,说明接收电路工作基本正常。然后将S_2置于"发信"位置,取一台调频收音机放在附近,接收频率调到100 MHz左右,这时收音机中应有较大的啸叫声,拉开约10米距离啸叫声消失,对准话筒发话,在收音机中应能听到清晰、洪亮的声音。若无声音或音小,可调整收音机的频率。待两部对讲机进行完上述调试后,进行互通试验,适当调整L_1的间距使收、发信都能统一到同一个频率上。当与本地电台频率重叠时,需更换谐振电容C_1,防止互相干扰,影响正常使用。

习题 6

6 - 1　简答题

1. 收音机的输入回路的作用是什么？

2. 输入电路有故障时，可能会出现哪些故障现象？

3. 什么是三点统调？简述本振回路中的垫整电容和补偿电容分别起什么作用？

4. 变频电路有故障时，可能会出现哪些故障现象？

5. 若本振停振，故障现象是什么？在检修时一般采用什么方法来检查本振是否起振？

6. 中放电路的作用有哪些？中放电路对整机的哪些方面起着重要影响？

7. 在中放电路中引起收音机的灵敏度降低的原因可能有哪些？

8. 检修收音机一般要经过哪几个步骤？

9. 检修收音机一般采用哪些方法?

10. 信号注入法适用于检修存在哪些故障的收音机?

11. 检修收音机最常用的方法是什么? 用这种方法可检查出哪些问题。

12. 一台收音机的故障现象是完全无声,试分析故障的原因可能有哪些。

13. 一台收音机的故障是收不到台,但有明显的噪声,试判断故障的范围。

14. 收音机灵敏度低的特征是什么? 试分析引起灵敏度低的原因有哪些。

15. 收音机音量小的原因是什么? 可用什么方法进行检修?

附　录

附录1　半导体器件型号命名方法

1. 我国半导体分立器件的命名法(根据国家标准 GB249—89)

附表 1-1　国产半导体分立器件型号命名法

第一部分		第二部分		第三部分				第四部分	第五部分
用数字表示器件电极的数目		用汉语拼音字母表示器件的材料和极性		用汉语拼音字母表示器件的类型				数字表示器件序号	用汉语拼音表示规格的区别代号
符号	意义	符号	意义	符号	意义	符号	意义		
2	二极管	A	N型,锗材料	P	普通管	D	低频大功率管 $(f_\alpha < 3\ \text{MHz}, P_C \geqslant 1\ \text{W})$		
		B	P型,锗材料	V	微波管				
		C	N型,硅材料	W	稳压管				
		D	P型,硅材料	C	参量管	A	高频大功率管 $(f_\alpha \geqslant 3\ \text{MHz}, P_C \geqslant 1\ \text{W})$		
				Z	整流管				
3	三极管	A	PNP型,锗材料	L	整流堆				
		B	NPN型,锗材料	S	隧道管	T	半导体闸流管(可控硅整流器)		
		C	PNP型,硅材料	N	阻尼管				
		D	NPN型,硅材料	U	光电器件	Y	体效应器件		
		E	化合物材料	K	开关管	B	雪崩管		
				X	低频小功率管 $(f_\alpha < 3\ \text{MHz}, P_C < 1\text{W})$	J	阶跃恢复管		
						CS	场效应器件		
						BT	半导体特殊器件		
				G	高频小功率管 $(f_\alpha \geqslant 3\ \text{MHz}, P_C < 1\text{W})$	FH	复合管		
						PIN	PIN型管		
						JG	激光器件		

例：

① N 型硅材料普通二极管   ② N 型硅材料稳压二极管

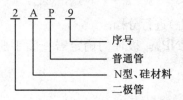

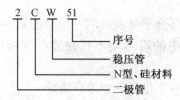

2. 国际电子联合会半导体器件命名法

附表 1-2   国际电子联合会半导体器件型号命名法

第一部分		第二部分				第三部分		第四部分	
用字母表示 使用的材料		用字母表示类型及主要特性				用数字或字母加 数字表示登记号		用字母对同一 型号者分档	
符号	意义	符号	意义	符号	意义	符号	意义	符号	意义
A	锗材料	A	检波、开关和混频二极管	M	封闭磁路中的霍尔元件	三位数字	通用半导体器件的登记序号（同一类型器件使用同一登记号）	A B C D E …	同一型号器件按某一参数进行分档的标志
		B	变容二极管	P	光敏元件				
B	硅材料	C	低频小功率三极管	Q	发光器件				
		D	低频大功率三极管	R	小功率可控硅				
C	砷化镓	E	隧道二极管	S	小功率开关管				
		F	高频小功率三极管	T	大功率可控硅				
D	锑化铟	G	复合器件及其他器件	U	大功率开关管	一个字母加两位数字	专用半导体器件的登记序号（同一类型器件使用同一登记号）		
		H	磁敏二极管	X	倍增二极管				
R	复合材料	K	开放磁路中的霍尔元件	Y	整流二极管				
		L	高频大功率三极管	Z	稳压二极管即齐纳二极管				

国际电子联合会晶体管型号命名法的特点：

① 这种命名法被欧洲许多国家采用。因此，凡型号以两个字母开头，并且第一个字母是 A,B,C,D 或 R 的晶体管，大都是欧洲制造的产品，或是按欧洲某一厂家专利生产的产品。

② 第一个字母表示材料（A 表示锗管，B 表示硅管），但不表示极性（NPN 型或 PNP 型）。

③ 第二个字母表示器件的类别和主要特点。如 C 表示低频小功率管，D 表示低频大功率管，F 表示高频小功率管，L 表示高频大功率管等等。若记住了这些字母的意义，不查手册也可以判断出类别。例如，BL49 型，一见便知是硅大功率专用三极管。

④ 第三部分表示登记顺序号。三位数字者为通用品;一个字母加两位数字者为专用品,顺序号相邻的两个型号的特性可能相差很大。例如,AC184 为 PNP 型,而 AC185 则为 NPN 型。

⑤ 第四部分字母表示同一型号的某一参数(如 h_{FE} 或 N_F)进行分档。

⑥ 型号中的符号均不反映器件的极性(指 NPN 或 PNP)。极性的确定需查阅手册或测量。

3. 美国半导体器件型号命名法

美国晶体管或其他半导体器件的型号命名法较混乱。这里介绍的是美国晶体管标准型号命名法,即美国电子工业协会(EIA)规定的晶体管分立器件型号的命名法。如附表 1 - 3 所示。

附表 1 - 3　美国电子工业协会半导体器件型号命名法

第一部分		第二部分		第三部分		第四部分		第五部分	
用符号表示用途的类型		用数字表示PN 结的数目		美国电子工业协会(EIA)注册标志		美国电子工业协会(EIA)登记顺序号		用字母表示器件分档	
符号	意义	符号	意义	符号	意义	符号	意义	符号	意义
JAN或 J	军用品	1	二极管	N	该器件已在美国电子工业协会注册登记	多位数字	该器件在美国电子工业协会登记的顺序号	ABCD:	同一型号的不同档别
		2	三极管						
无	非军用品	3	三个 PN结器件						
		n	n 个 PN结器件						

例:1N4001

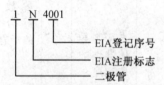
　　EIA登记序号
　　EIA注册标志
　　二极管

美国晶体管型号命名法的特点:

① 型号命名法规定较早,又未作过改进,型号内容很不完备。例如,对于材料、极性、主要特性和类型,在型号中不能反映出来。例如,2N 开头的既可能是一般晶体管,也可能是场效应管。因此,仍有一些厂家按自己规定的型号命名法命名。

② 组成型号的第一部分是前缀,第五部分是后缀,中间的三部分为型号的基本部分。

③ 除去前缀以外,凡型号以 1N、2N 或 3N ……开头的晶体管分立器件,大都是美国制造的,或按美国专利在其他国家制造的产品。

④ 第四部分数字只表示登记序号,而不含其他意义。因此,序号相邻的两器件可能特性相差很大。例如,2N3464 为硅 NPN,高频大功率管,而 2N3465 为 N 沟道场效应管。

⑤ 不同厂家生产的性能基本一致的器件,都使用同一个登记号。同一型号中某些参数的差异常用后缀字母表示。因此,型号相同的器件可以通用。

⑥ 登记序号数大的通常是近期产品。

4. 日本半导体器件型号命名法

日本半导体分立器件(包括晶体管)或其他国家按日本专利生产的这类器件,都是按日本工业标准(JIS)规定的命名法(JIS-C-702)命名的。

日本半导体分立器件的型号,由五至七部分组成。通常只用到前五部分。前五部分符号及意义如附表1-4所示。第六、七部分的符号及意义通常是各公司自行规定的。第六部分的符号表示特殊的用途及特性,其常用的符号有:

M 为松下公司用来表示该器件符合日本防卫厅海上自卫队参谋部有关标准登记的产品。

N 为松下公司用来表示该器件符合日本广播协会(NHK)有关标准的登记产品。

Z 为松下公司用来表示专用通信用的可靠性高的器件。

H 为日立公司用来表示专为通信用的可靠性高的器件。

K 为日立公司用来表示专为通信用的塑料外壳的可靠性高的器件。

T 为日立公司用来表示收发报机用的推荐产品。

G 为东芝公司用来表示专为通信用的设备制造的器件。

S 为三洋公司用来表示专为通信设备制造的器件。

第七部分的符号,常被用来作为器件某个参数的分档标志。例如,三菱公司常用 R,G,Y 等字母;日立公司常用 A,B,C,D 等字母,作为直流放大系数 h_{fe} 的分档标志。

附表1-4 日本半导体器件型号命名法

第一部分		第二部分		第三部分		第四部分		第五部分	
用数字表示类型或有效电极数		S表示日本电子工业协会(EIAJ)的注册产品		用字母表示器件的极性及类型		用数字表示在日本电子工业协会登记的顺序号		用字母表示对原来型号的改进产品	
符号	意义	符号	意义	符号	意义	符号	意义	符号	意义
0	光电(即光敏)二极管、晶体管及其组合管	S	表示已在日本电子工业协会(EIAJ)注册登记的半导体分立器件	A	PNP型高频管	四位以上的数字	从11开始,表示在日本电子工业协会注册登记的顺序号,不同公司性能相同的器件可以使用同一顺序号,其数字越大越是近期产品	A B C D E F :	用字母表示对原来型号的改进产品
				B	PNP型低频管				
				C	NPN型高频管				
1	二极管			D	NPN型低频管				
2	三极管、具有两个以上PN结的其他晶体管			F	P控制极可控硅				
				G	N控制极可控硅				
3 :	具有四个有效电极或具有三个PN结的晶体管			H	N基极单结晶体管				
				J	P沟道场效应管				
$n-1$	具有 n 个有效电极或具有 $n-1$ 个PN结的晶体管			K	N沟道场效应管				
				M	双向可控硅				

日本半导体器件型号命名法有如下特点：

① 型号中的第一部分是数字，表示器件的类型和有效电极数。例如，用"1"表示二极管，用"2"表示三极管。而屏蔽用的接地电极不是有效电极。

② 第二部分均为字母 S，表示日本电子工业协会注册产品，而不表示材料和极性。

③ 第三部分表示极性和类型。例如用 A 表示 PNP 型高频管，用 J 表示 P 沟道场效应三极管。但是，第三部分既不表示材料，也不表示功率的大小。

④ 第四部分只表示在日本工业协会(EIAJ)注册登记的顺序号，并不反映器件的性能，顺序号相邻的两个器件的某一性能可能相差很远。例如，2SC2680 型的最大额定耗散功率为 200 mW，而 2SC2681 的最大额定耗散功率为 100 W。但是，登记顺序号能反映产品时间的先后。登记顺序号的数字越大，越是近期产品。

⑤ 第六、七两部分的符号和意义各公司不完全相同。

⑥ 日本有些半导体分立器件的外壳上标记的型号，常采用简化标记的方法，即把 2S 省略。例如，2SD764，简化为 D764，2SC502A 简化为 C502A。

⑦ 在低频管(2SB 和 2SD 型)中，也有工作频率很高的管子。例如，2SD355 的特征频率 f_T 为 100 MHz，所以，它们也可当高频管用。

⑧ 日本通常把 $P_{cm} \geqslant 1$ W 的管子，称为大功率管。

附录 2　半导体集成电路型号的命名方法

1. 国内集成电路命名方法

国标(GB3431—82)集成电路的型号命名由五部分组成，各部分含义见附表 2-1。

附表 2-1　国标(GB3431—82)集成电路型号命名及含义

第一部分 国标		第二部分 电路类型		第三部分 电路系列和代号	第四部分 温度范围		第五部分 封装形式	
字母	含义	字母	含义		字母	含义	字母	含义
C	中国制造	B	非线性电路	用数字(一般为4位)表示电路系列和代号	C	0℃～70℃	B	塑料扁平封装
		C	CMOS 电路					
		D	音响电视电路				D	陶瓷直插封装
		E	ECL 电路		E	−40℃～85℃		
		F	线性放大器				F	全密封扁平封装
		H	HTL 电路					
		J	接口电路				J	黑陶装直插封装
		M	存储器		R	−55℃～85℃		
		W	稳压器				K	金属菱形封装
		T	TTL 电路		M	−55℃～125℃		
		μ	微型机电路				T	金属圆形封装

国标(GB3430—89)集成电路型号命名由五部分组成，各部分含义见表附表 2-2。

附表 2-2　国标(GB3430—89)集成电路型号命名及含义

第一部分 国标		第二部分 电路类型		第三部分 电路系列和代号	第四部分 温度范围		第五部分 封装形式	
字母	含义	字母	含义		字母	含义	字母	含义
C	中国制造	B	非线性电路	用数字或数字与字母混合表示集成电路系列和代号	C	0～70℃	B	塑料扁平
		C	CMOS 电路				C	陶瓷芯片载体封装
		D	音响、电视电路		G	−25～70℃	D	多层陶瓷双列直插
		E	ECL 电路				E	塑料芯片载体封装
		F	线性放大器				F	多层陶瓷扁平
		H	HTL 电路		L	−25～85℃	G	网络阵列封装
		J	接口电路				H	黑瓷扁平
		M	存储器				J	黑瓷双列直插封装
		W	稳压器		E	−40～85℃	K	金属菱形封装
		T	TTL 电路				P	塑料双列直插
		μ	微型机电路		R	−55～85℃		
		AD	A/D 转换器				S	塑料单列直插
		D/A	D/A 转换器					
		SC	通信专用电路		M	−55～125℃	T	金属圆形封装
		SS	敏感电路					
		SW	钟表电路					

例：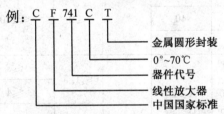

　　　　　　金属圆形封装
　　　　　　0°~70℃
　　　　　　器件代号
　　　　　　线性放大器
　　　　　　中国国家标准

2. 国外集成电路命名方法

进口集成电路的型号命名一般是用前几位字母符号表示制造厂商,用数字表示器件的系列和品种代号。常见外国公司生产的集成电路的字头符号见附表 2-3。

附表 2-3　国外部分公司及产品代号

公 司 名 称	代号	公 司 名 称	代号
美国无线电公司(BCA)	CA	美国悉克尼特公司(SIC)	NE
美国国家半导体公司(NSC)	LM	日本电气工业公司(NEC)	μPC
美国摩托罗拉公司(MOTO)	MC	日本日立公司(HIT)	RA
美国仙童公司(PSC)	μA	日本东芝公司(TOS)	TA

（续表）

公　司　名　称	代　号	公　司　名　称	代　号
美国得克萨斯公司(TII)	TL	日本三洋公司(SANYO)	LA,LB
美国模拟器件公司(ANA)	AD	日本松下公司(PAN)	AN
美国英特西尔公司(INL)	IC	日本三菱公司(MIT)	M

附录3　几种半导体二极管的主要参数

1. 常用半导体二极管的主要参数

附表 3-1　部分半导体二极管的参数

类型	型号	最大整流电流/mA	正向电流/mA	正向压降(在左栏电流值下)/V	反向击穿电压/V	最高反向工作电压/V	反向电流/μA	零偏压电容/pF	反向恢复时间/ns
普通检波二极管	2AP9	$\leqslant$16	$\geqslant$2.5	$\leqslant$1	$\geqslant$40	20	$\leqslant$250	$\leqslant$1	f_H(MHz)150
	2AP7		$\geqslant$5		$\geqslant$150	100			
	2AP11	$\leqslant$25	$\geqslant$10	$\leqslant$1		$\leqslant$10	$\leqslant$250	$\leqslant$1	f_H(MHz)40
	2AP17	$\leqslant$15	$\geqslant$10			$\leqslant$100			
锗开关二极管	2AK1	$\geqslant$150	$\leqslant$1		30	10		$\leqslant$3	$\leqslant$200
	2AK2				40	20			
	2AK5	$\geqslant$200	$\leqslant$0.9		60	40		$\leqslant$2	$\leqslant$150
	2AK10	$\geqslant$10	$\leqslant$1		70	50			
	2AK13	$\geqslant$250	$\leqslant$0.7		60	40		$\leqslant$2	$\leqslant$150
	2AK14				70	50			
硅开关二极管	2CK70A～E	$\geqslant$10	$\leqslant$0.8		A$\geqslant$30	A$\geqslant$20	$\leqslant$1.5		$\leqslant$3
	2CK71A～E	$\geqslant$20			B$\geqslant$45	B$\geqslant$30			$\leqslant$4
	2CK72A～E	$\geqslant$30			C$\geqslant$60	C$\geqslant$40			
	2CK73A～E	$\geqslant$50			D$\geqslant$75	D$\geqslant$50			
	2CK74A～D	$\geqslant$100	$\leqslant$1		E$\geqslant$90	E$\geqslant$60	$\leqslant$1		$\leqslant$5
	2CK75A～D	$\geqslant$150							
	2CK76A～D	$\geqslant$200							

（续表）

类型	型号＼参数	最大整流电流/mA	正向电流/mA	正向压降（在左栏电流值下）/V	反向击穿电压/V	最高反向工作电压/V	反向电流/μA	零偏压电容/pF	反向恢复时间/ns
整流二极管	2CZ52B…H	2	0.1	≤1		25…600			同 2AP
	2CZ53B…M	6	0.3	≤1		50…1 000			
	2CZ54B…M	10	0.5	≤1		50…1 000			
	2CZ55B…M	20	1	≤1		50…1 000			
	2CZ56B…M	65	3	≤0.8		25…1 000			
	1N4001…4007	30	1	1.1		50…1 000	5		
	1N5391…5399	50	1.5	1.4		50…1 000	10		
	1N5400…5408	200	3	1.2		50…1 000	10		

2. 常用整流桥的主要参数

附表 3‑2　几种单相桥式整流器的参数

型号＼参数	不重复正向浪涌电流/A	整流电流/A	正向电压降/V	反向漏电/μA	反向工作电压/V	最高工作结温/℃
QL1	1	0.05				
QL2	2	0.1			常见的分档为：25，50，100，200，400，500，600，700，800，900,1000	130
QL4	6	0.3		≤10		
QL5	10	0.5	≤1.2			
QL6	20	1				
QL7	40	2		≤15		
QL8	60	3				

3. 常用稳压二极管的主要参数

附表 3-3　部分稳压二极管的主要参数

型号	测试条件 / 参数	工作电流为稳定电流 稳定电压/V	稳定电压下 稳定电流/mA	环境温度 <50℃ 最大稳定电流/mA	反向漏电流	稳定电流下 动态电阻/Ω	稳定电流下 电压温度系数/10^{-4}/℃	环境温度 <10℃ 最大耗散功率/W
2CW51		2.5～3.5		71	≤5	≤60	≥-9	
2CW52		3.2～4.5		55	≤2	≤70	≥-8	
2CW53		4～5.8	10	41	≤1	≤50	-6～4	
2CW54		5.5～6.5		38		≤30	-3～5	0.25
2CW56		7～8.8		27		≤15	≤7	
2CW57		8.5～9.8		26	≤0.5	≤20	≤8	
2CW59		10～11.8	5	20		≤30	≤9	
2CW60		11.5～12.5		19		≤40	≤9	
2CW103		4～5.8	50	165	≤1	≤20	-6～4	
2CW110		11.5～12.5	20	76	≤0.5	≤20	≤9	1
2CW113		16～19	10	52	≤0.5	≤40	≤11	
2CW1A		5	30	240		≤20		1
2CW6C		15	30	70		≤8		1
2CW7C		6.0～6.5	10	30		≤10	0.05	0.2

附录 4　几种半导体三极管的主要参数

1. 3AX51(3AX31)型 PNP 型锗低频小功率三极管

附表 4-1　3AX51(3AX31)型半导体三极管的参数

	原 型 号	3AX31				测 试 条 件
	新 型 号	3AX51A	3AX51B	3AX51C	3AX51D	
极限参数	P_{CM}(mW)	100	100	100	100	$T_a=25℃$
	I_{CM}(mA)	100	100	100	100	
	T_{jM}(℃)	75	75	75	75	
	BV_{CBO}(V)	≥30	≥30	≥30	≥30	$I_C=1\,mA$
	BV_{CEO}(V)	≥12	≥12	≥18	≥24	$I_C=1\,mA$

原 型 号		3AX31				测 试 条 件
新 型 号		3AX51A	3AX51B	3AX51C	3AX51D	
直流参数	$I_{CBO}(\mu A)$	$\leqslant 12$	$\leqslant 12$	$\leqslant 12$	$\leqslant 12$	$V_{CB}=-10\ V$
	$I_{CEO}(\mu A)$	$\leqslant 500$	$\leqslant 500$	$\leqslant 300$	$\leqslant 300$	$V_{CE}=-6\ V$
	$I_{EBO}(\mu A)$	$\leqslant 12$	$\leqslant 12$	$\leqslant 12$	$\leqslant 12$	$V_{EB}=-6\ V$
	h_{FE}	$40\sim150$	$40\sim150$	$30\sim100$	$25\sim70$	$V_{CE}=-1\ V\quad I_C=50\ mA$
交流参数	$f_\alpha(kHz)$	$\geqslant500$	$\geqslant500$	$\geqslant500$	$\geqslant500$	$V_{CB}=-6\ V\quad I_E=1\ mA$
	$N_F(dB)$	—	$\leqslant 8$	—	—	$V_{CB}=-2\ V\quad I_E=0.5\ mA\quad f=1\ kHz$
	$h_{ie}(k\Omega)$	$0.6\sim4.5$	$0.6\sim4.5$	$0.6\sim4.5$	$0.6\sim4.5$	$V_{CB}=-6\ V\quad I_E=1\ mA\quad f=1\ kHz$
	$h_{re}(\times10)$	$\leqslant2.2$	$\leqslant2.2$	$\leqslant2.2$	$\leqslant2.2$	
	$h_{oe}(\mu s)$	$\leqslant80$	$\leqslant80$	$\leqslant80$	$\leqslant80$	
	h_{fe}	—	—	—	—	
h_{FE}色标分档		（红）$25\sim60$；（绿）$50\sim100$；（蓝）$90\sim150$				
管 脚						

（管脚图：B、E、C）

2. 3AX81 型 PNP 型锗低频小功率三极管

附表 4－2　3AX81 型 PNP 型锗低频小功率三极管的参数

型 号		3AX81A	3AX81B	测 试 条 件
极限参数	$P_{CM}(mW)$	200	200	
	$I_{CM}(mA)$	200	200	
	$T_{jM}(℃)$	75	75	
	$BV_{CBO}(V)$	-20	-30	$I_C=4\ mA$
	$BV_{CEO}(V)$	-10	-15	$I_C=4\ mA$
	$BV_{EBO}(V)$	-7	-10	$I_E=4\ mA$
直流参数	$I_{CBO}(\mu A)$	$\leqslant30$	$\leqslant15$	$V_{CB}=-6\ V$
	$I_{CEO}(\mu A)$	$\leqslant1000$	$\leqslant700$	$V_{CE}=-6\ V$
	$I_{EBO}(\mu A)$	$\leqslant30$	$\leqslant15$	$V_{EB}=-6\ V$
	$V_{BES}(V)$	$\leqslant0.6$	$\leqslant0.6$	$V_{CE}=-1\ V\quad I_C=175\ mA$
	$V_{CES}(V)$	$\leqslant0.65$	$\leqslant0.65$	$V_{CE}=V_{BE}\quad V_{CB}=0\quad I_C=200\ mA$
	h_{FE}	$40\sim270$	$40\sim270$	$V_{CE}=-1\ V\quad I_C=175\ mA$

（续表）

型　号		3AX81A	3AX81B	测　试　条　件
交流参数	$f_β(kHz)$	$\geqslant 6$	$\geqslant 8$	$V_{CB}=-6\text{ V}$　$I_E=10\text{ mA}$
h_{FE}色标分档		（黄）40～55（绿）55～80（蓝）80～120（紫）120～180（灰）180～270（白）270～400		
管　脚				

3. 3BX31 型 NPN 型锗低频小功率三极管

附表 4-3　3BX31 型 NPN 型锗低频小功率三极管的参数

型　号		3BX31M	3BX31A	3BX31B	3BX31C	测　试　条　件
极限参数	$P_{CM}(mW)$	125	125	125	125	$T_a=25℃$
	$I_{CM}(mA)$	125	125	125	125	
	$T_{jM}(℃)$	75	75	75	75	
	$BV_{CBO}(V)$	-15	-20	-30	-40	$I_C=1\text{ mA}$
	$BV_{CEO}(V)$	-6	-12	-18	-24	$I_C=2\text{ mA}$
	$BV_{EBO}(V)$	-6	-10	-10	-10	$I_E=1\text{ mA}$
直流参数	$I_{CBO}(\mu A)$	$\leqslant 25$	$\leqslant 20$	$\leqslant 12$	$\leqslant 6$	$V_{CB}=6\text{ V}$
	$I_{CEO}(\mu A)$	$\leqslant 1000$	$\leqslant 800$	$\leqslant 600$	$\leqslant 400$	$V_{CE}=6\text{ V}$
	$I_{EBO}(\mu A)$	$\leqslant 25$	$\leqslant 20$	$\leqslant 12$	$\leqslant 6$	$V_{EB}=6\text{ V}$
	$V_{BES}(V)$	$\leqslant 0.6$	$\leqslant 0.6$	$\leqslant 0.6$	$\leqslant 0.6$	$V_{CE}=6\text{ V}$　$I_C=100\text{ mA}$
	$V_{CES}(V)$	$\leqslant 0.65$	$\leqslant 0.65$	$\leqslant 0.65$	$\leqslant 0.65$	$V_{CE}=V_{BE}$　$V_{CB}=0$　$I_C=125\text{ mA}$
	h_{FE}	80～400	40～180	40～180	40～180	$V_{CE}=1\text{ V}$　$I_C=100\text{ mA}$
交流参数	$f_β(kHz)$	—	—	$\geqslant 8$	$f_α\geqslant 465$	$V_{CB}=-6\text{ V}$　$I_E=10\text{ mA}$
h_{FE}色标分档		（黄）40～55（绿）55～80（蓝）80～120（紫）120～180（灰）180～270（白）270～400				
管　脚						

4. 3DG100(3DG6)型 NPN 型硅高频小功率三极管

附表 4－4　3DG100(3DG6) 型 NPN 型硅高频小功率三极管的参数

	原 型 号	3DG6				测 试 条 件
	新 型 号	3DG100A	3DG100B	3DG100C	3DG100D	
极限参数	P_{CM}(mW)	100	100	100	100	
	I_{CM}(mA)	20	20	20	20	
	BV_{CBO}(V)	≥30	≥40	≥30	≥40	$I_C=100\mu A$
	BV_{CEO}(V)	≥20	≥30	≥20	≥30	$I_C=100\mu A$
	BV_{EBO}(V)	≥4	≥4	≥4	≥4	$I_E=100\mu A$
直流参数	I_{CBO}(μA)	≤0.01	≤0.01	≤0.01	≤0.01	$V_{CB}=10$ V
	I_{CEO}(μA)	≤0.1	≤0.1	≤0.1	≤0.1	$V_{CE}=10$ V
	I_{EBO}(μA)	≤0.01	≤0.01	≤0.01	≤0.01	$V_{EB}=1.5$ V
	V_{BES}(V)	≤1	≤1	≤1	≤1	$I_C=10$ mA　$I_B=1$ mA
	V_{CES}(V)	≤1	≤1	≤1	≤1	$I_C=10$ mA　$I_B=1$ mA
	h_{FE}	≥30	≥30	≥30	≥30	$V_{CE}=10$ V　$I_C=3$ mA
交流参数	f_T(MHz)	≥150	≥150	≥300	≥300	$V_{CB}=10$ V　$I_E=3$ mA $f=100$ MHz　$R_L=5$ Ω
	K_P(dB)	≥7	≥7	≥7	≥7	$V_{CB}=-6$ V　$I_E=3$ mA　$f=100$ MHz
	C_{ob}(pF)	≤4	≤4	≤4	≤4	$V_{CB}=10$ V　$I_E=0$
h_{FE}色标分档		(红)30～60　(绿)50～110　(蓝)90～160　(白)>150				
管　脚						

5. 3DG130(3DG12)型 NPN 型硅高频小功率三极管

附表 4－5　3DG130(3DG12)型 NPN 型硅高频小功率三极管的参数

	原 型 号	3DG12				测 试 条 件
	新 型 号	3DG130A	3DG130B	3DG130C	3DG130D	
极限参数	P_{CM}(mW)	700	700	700	700	
	I_{CM}(mA)	300	300	300	300	
	BV_{CBO}(V)	≥40	≥60	≥40	≥60	$I_C=100\mu A$
	BV_{CEO}(V)	≥30	≥45	≥30	≥45	$I_C=100\mu A$
	BV_{EBO}(V)	≥4	≥4	≥4	≥4	$I_E=100\mu A$

（续表）

原型号		3DG12			测 试 条 件
新型号	3DG130A	3DG130B	3DG130C	3DG130D	
直流参数 $I_{CBO}(\mu A)$	$\leqslant 0.5$	$\leqslant 0.5$	$\leqslant 0.5$	$\leqslant 0.5$	$V_{CB}=10$ V
$I_{CEO}(\mu A)$	$\leqslant 1$	$\leqslant 1$	$\leqslant 1$	$\leqslant 1$	$V_{CE}=10$ V
$I_{EBO}(\mu A)$	$\leqslant 0.5$	$\leqslant 0.5$	$\leqslant 0.5$	$\leqslant 0.5$	$V_{EB}=1.5$ V
$V_{BES}(V)$	$\leqslant 1$	$\leqslant 1$	$\leqslant 1$	$\leqslant 1$	$I_C=100$ mA $I_B=10$ mA
$V_{CES}(V)$	$\leqslant 0.6$	$\leqslant 0.6$	$\leqslant 0.6$	$\leqslant 0.6$	$I_C=100$ mA $I_B=10$ mA
h_{FE}	$\geqslant 30$	$\geqslant 30$	$\geqslant 30$	$\geqslant 30$	$V_{CE}=10$ V $I_C=50$ mA
交流参数 $f_T(MHz)$	$\geqslant 150$	$\geqslant 150$	$\geqslant 300$	$\geqslant 300$	$V_{CB}=10$ V $I_E=50$ mA $f=100$ MHz $R_L=5$ Ω
$K_P(dB)$	$\geqslant 6$	$\geqslant 6$	$\geqslant 6$	$\geqslant 6$	$V_{CB}=-10$ V $I_E=50$ mA $f=100$ MHz
$C_{ob}(pF)$	$\leqslant 10$	$\leqslant 10$	$\leqslant 10$	$\leqslant 10$	$V_{CB}=10$ V $I_E=0$
h_{FE}色标分档		（红）30～60 （绿）50～110 （蓝）90～160 （白）＞150			
管 脚					

6. 9011～9018 塑封硅三极管

附表 4-6 9011～9018 塑封硅三极管的参数

型 号	(3DG) 9011	(3CX) 9012	(3DX) 9013	(3DG) 9014	(3CG) 9015	(3DG) 9016	(3DG) 9018
极限参数 $P_{CM}(mW)$	200	300	300	300	300	200	200
$I_{CM}(mA)$	20	300	300	100	100	25	20
$BV_{CBO}(V)$	20	20	20	25	25	25	30
$BV_{CEO}(V)$	18	18	18	20	20	20	20
$BV_{EBO}(V)$	5	5	5	4	4	4	4
直流参数 $I_{CBO}(\mu A)$	0.01	0.5	0,5	0.05	0.05	0.05	0.05
$I_{CEO}(\mu A)$	0.1	1	1	0.5	0.5	0.5	0.5
$I_{EBO}(\mu A)$	0.01	0.5	0.5	0.05	0.05	0.05	0.05
$V_{CES}(V)$	0.5	0.5	0.5	0.5	0.5	0.5	0.35
$V_{BES}(V)$		1	1	1	1	1	1
h_{FE}	30	30	30	30	30	30	30

（续表）

型　号	(3DG)9011	(3CX)9012	(3DX)9013	(3DG)9014	(3CG)9015	(3DG)9016	(3DG)9018
交流参数 f_T(MHz)	100			80	80	500	600
交流参数 C_{ob}(pF)	3.5			2.5	4	1.6	4
交流参数 K_P(dB)							10
h_{FE}色标分档				（红）30～60　（绿）50～110　（蓝）90～160　（白）>150			
管　脚				⊙ ○ ○ ○　E B C			

7. 常用场效应管主要参数

附表 4-7　常用场效应管主要参数

参数名称	N 沟道结型				MOS 型 N 沟道耗尽型		
	3DJ2	3DJ4	3DJ6	3DJ7	3D01	3D02	3D04
	D～H	D～H	D～H	D～H	D～H	D～H	D～H
饱和漏源电流 I_{DSS}(mA)	0.3～10	0.3～10	0.3～10	0.35～1.8	0.35～10	0.35～25	0.35～10.5
夹断电压 V_{GS}(V)	<|1～9|	<|1～9|	<|1～9|	<|1～9|	≤|1～9|	≤|1～9|	≤|1～9|
正向跨导 g_m(μV)	≥2 000	≥2 000	>1 000	>3 000	≥1 000	≥4 000	≥2 000
最大漏源电压 BV_{DS}(V)	>20	>20	>20	>20	>20	>12～20	>20
最大耗散功率 P_{DNI}(mW)	100	100	100	100	100	25～100	100
栅源绝缘电阻 r_{GS}(Ω)	≥10^8	≥10^8	≥10^8	≥10^8	≥10^8	≥10^8～10^9	≥100
管脚			D ⊙ ○ ○　S　　G　或　D ⊙ ○ ○　S　　G				

附录 5　电阻器和电容器的标称值

附表 5-1　常用电阻器和电容器的标称值

标称值系列	精　度	电阻器(Ω)、电位器(Ω)、电容器标称值(pF)							
E24	±5%	1.0	1.1	1.2	1.3	1.5	1.6	1.8	2.0
		2.2	2.4	2.7	3.0	3.3	3.6	3.9	4.3
		4.7	5.1	5.6	6.2	6.8	7.5	8.2	9.1
E12	±10%	1.0	1.2	1.5	1.8	2.2	2.7	—	—
		3.3	3.9	4.7	5.6	6.8	8.2	—	—
E6	±20%	1.0	1.5	2.2	3.3	4.7	6.8	8.2	—

表中数值再乘以 $10n$，其中 n 为正整数或负整数

附录 6　几种集成运放的主要性能指标

1. μA741 运算放大器的主要参数

附表 6-1　μA741 的性能参数

电源电压 $+U_{CC}$ $-U_{EE}$	$+3\,V\sim+18\,V$,典型值$+15\,V$ $-3\,V\sim-18\,V$,　　　　$-15\,V$	工作频率	$10\,kHz$
输入失调电压 U_{IO}	$2\,mV$	单位增益带宽积 $A_u \cdot BW$	$1\,MHz$
输入失调电流 I_{IO}	$20\,nA$	转换速率 S_R	$0.5\,V/\mu S$
开环电压增益 A_{uo}	$106\,dB$	共模抑制比 CMRR	$90\,dB$
输入电阻 R_i	$2\,M\Omega$	功率消耗	$50\,mW$
输出电阻 R_o	$75\,\Omega$	输入电压范围	$\pm13\,V$

2. LA4100、LA4102 音频功率放大器的主要参数

附表 6-2　LA4100～LA4102 的典型参数

参数名称/单位	条件	典型值	
		LA4100	LA4102
耗散电流/mA	静　态	30.0	26.1
电压增益/dB	$R_{NF}=220\,\Omega, f=1\,kHz$	45.4	44.4
输出功率/W	THD$=10\%, f=1\,kHz$	1.9	4.0
总谐波失真$\times100$	$P_0=0.5\,W, f=1\,kHz$	0.28	0.19
输出噪声电压/mV	$R_g=0, U_G=45\,dB$	0.24	0.21

注：$+U_{CC}=+6\,V$(LA4100)$+U_{CC}=+9\,V$(LA4102)　$R_L=8\,\Omega$

3. CW7805、CW7812、CW7912、CW317 集成稳压器的主要参数

附表 6-3　CW78$\times\times$,CW79$\times\times$,CW317 参数

参数名称/单位	CW7805	CW7812	CW7912	CW317
输入电压/V	$+10$	$+19$	-19	$\leqslant40$
输出电压范围/V	$+4.75\sim+5.25$	$+11.4\sim+12.6$	$-11.4\sim-12.6$	$+1.2\sim+37$
最小输入电压/V	$+7$	$+14$	-14	$+3\leqslant V_i-V_o\leqslant+40$
电压调整率/mV	$+3$	$+3$	$+3$	$0.02\%/V$
最大输出电流/A	加散热片可达 1 A			1.5

附录 7　Multisim 2001 简介

1. Multisim 2001 界面及相应菜单、命令介绍

(1) 主界面。

由标题栏、菜单栏、工具栏、元器件栏、仪表工具栏、仿真电源开关、暂停/恢复开关、电路工作区、状态栏及滚动条等组成。

元器件栏
菜单栏
工具栏
标题栏
暂停仿真
启动/停止仿真
Multisim - [Circuit1]
File Edit View Place Simulate Transfer Tools Options Window Help
In Use List
Ready
工作区
滚动条
状态栏
仪表工具栏

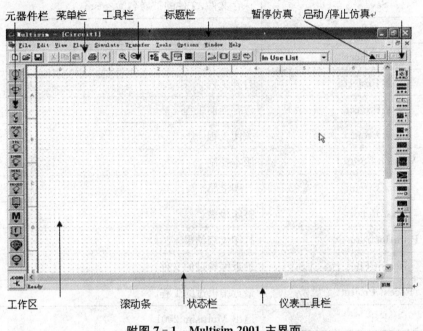

附图 7-1　Multisim 2001 主界面

(2) 菜单和命令。

菜单栏位于 Multisim 2001 窗口最上方的区域，如图 4—2 所示。主要包括文件、编辑、视图显示、元器件放置、电路仿真、文件输出、工具、设置选项、窗口和帮助 10 个主菜单选项。每个主菜单选项都可用鼠标单击显示为下拉菜单，以显示该选项下的各种操作命令。

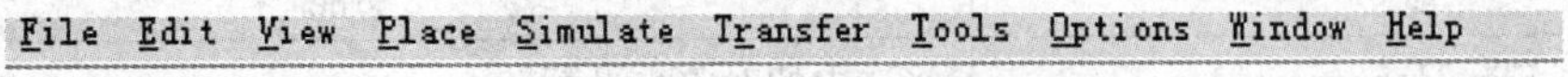

File Edit View Place Simulate Transfer Tools Options Window Help

附图 7-2　菜单栏

在 Multisim 2001 中，几乎所有的操作都可通过执行相应的菜单命令实现。但是，和大多数 Windows 程序一样，许多操作也可通过快捷工具按钮、右键菜单和快捷键等方式来实现。

File 菜单：File 菜单提供各种文件的操作和管理，包括文件的新建、打开、保存、打印、版本控制以及退出 Multisim 2001 程序等，各种命令的功能如附表 7-1。

附表 7-1　File 菜单命令

命令	功能
New	新建一个空白文件
Open	打开文件
Close	关闭当前文件
Save	保存文件,文件的扩展名为.msm
Save As	另存为
New Project	建立新工程
Open Project	打开工程
Save Project	保存当前工程
Close Project	关闭工程
Version Control	版本控制
Print Circuit	打印电路
Print Report	打印报表
Print Instrument	打印仪表结果
Recent Files	最近编辑过的文件
Recent Project	最近编辑过的工程
Exit	退出 Multisim 2001

Edit 菜单:Edit 菜单主要用于电路绘制过程中,对电路元件进行各种处理,其中 Undo、Cut、Copy、Paste、Delete、Select All 功能与 Windows 的基本功能相同。Edit 菜单的其他命令功能如附表 7-2。

附表 7-2　Edit 的部分菜单命令

命令	功能
Flip Horizontal	将选中的对象水平翻转
Flip Vertical	将选中的对象垂直翻转
90 Clockwise	将选中的对象顺时针 90°翻转
90 CounterCW	将选中的对象逆时针 90°翻转
Component Properties	元件属性设置

View 菜单:View 菜单用于显示设置工作窗口中的内容以及缩小和放大电路图及元器件,各种命令的功能如附表 7-3。

附表 7 - 3　View 菜单命令

命令	功能
Toolbars	显示工具栏
Component Bars	显示元器件栏
Status Bars	显示状态栏
Show Simulation Error Log/Audit Trail	显示仿真错误记录/检查仿真界面
Show XSpice Command Line Interface	显示 XSpice 命令行界面
Show Grapher	显示仿真图表
Show Simulate Switch	显示仿真开关
Show Grid	显示栅格
Show Page Bounds	显示页边界
Show Title Block and Border	显示标题栏和图框
Zoom In	放大显示
Zoom Out	缩小显示
Find	查找

Place 菜单：Place 菜单提供仿真所需的各种对象，包括元器件、导线、文字以及总线等，各种命令的功能如附表 7 - 4。

附表 7 - 4　Place 菜单命令

命令	功能
Place Component	放置元器件
Place Junction	放置节点
Place Bus	放置总线
Place Input/Output	放置输入/输出端
Place Hierarchical Block	放置层次模块
Place Text	放置文字
Place Text Description Box	打开电路图描述窗口，编辑电路图描述文字
Replace Component	用指定的元器件替换选取的元器件
Place as Subcircuit	放置子电路
Replace by Subcircuit	用指定的子电路替代选取的子电路

Simulate 菜单：Simulate 菜单提供执行各种仿真分析的命令，各种命令的功能如附表7 - 5。

附表 7 - 5 Simulate 菜单命令

命令	功能
Run	运行仿真
Pause	暂停仿真
Default Instrument Settings	默认仪表设置
Digital Simulation Settings	数字仿真设置
Instruments	选择仿真仪表
Analyses	选择各项分析功能
VHDL Simulation	启动后处理
Auto Fault Option	自动设置故障选项
Global Component Tolerances	设置元器件的误差

Transfer 菜单:Transfer 菜单提供 Multisim 2001 仿真结果输出到其他软件处理的命令,各种命令的功能如附表 7 - 6。

附表 7 - 6 Transfer 菜单命令

命令	功能
Transfer to Ultiboard	将原理图转换为 Ultiboard(Multisim 2001 中的电路设计软件)的文件格式
Transfer to other PCB Layout	将原理图转换为其他电路板设计软件所支持的文件格式
Backannotate from Ultiboard	根据 Ultiboard 中对电路图的编辑情况,将所修改的部分返回到原理图中
Export Simulation Results to MathCAD	将仿真结果输出到 MathCAD
Export Simulation Results to Excel	将仿真结果输出到 Excel
Export Netlist	输出 Spice 格式的网表

Tools 菜单:Tools 菜单主要针对元器件的编辑与管理的命令,各种命令的功能如附表 7 - 7。

附表 7 - 7 Tools 菜单命令

命令	功能
Create Components	新建元器件
Edit Components	编辑元器件
Copy Components	复制元器件
Delete Component	删除元器件
Database Management	元器件库管理
Update Component	升级元器件
Remote Control/Design Sharing	通过网络远程控制/设计共享
EDAparts. com	连接 EDAparts. com 网站(Multisim 2001 的服务网站)

Options 菜单：Options 菜单可以对软件的运行环境进行定制和设置，各种命令的功能如附表 7－8。

附表 7－8　Options 菜单命令

命令	功能
Preferences	设置操作环境
Modify Title Block	编辑标题栏
Global Restrictions	设定软件整体环境参数
Circuit Restrictions	当前电路图的限制设置

Windows 菜单：Windows 菜单提供 Multisim 2001 工作区中各种窗口的管理命令，各种命令的功能如附表 7－9。

附表 7－9　Windows 菜单命令

命令	功能
Cascade	窗口层叠
Tile	窗口平铺
Arrange Icons	重排窗口

Help 菜单：Help 菜单提供对 Multisim 2001 软件各种使用和技术的帮助，各种命令的功能如附表 7－10。

附表 7－10　Help 菜单命令

命令	功能
Multisim Help	帮助主题目录
Multisim Reference	帮助主题索引（主要是元器件库的帮助）
Release Notes	版本注释
About Multisim	关于 Multisim

2．Multisim 2001 的常用工具栏

常用工具按钮相当是主菜单下拉菜单中某些命令的快捷键，以便能更方便地操作菜单命令，如图所示。

附图 7－3　常用工具按钮

各图标的含义如下：

　　新建原理图（扩展名为. msm）。

打开一原理图文件。

保存当前的原理图文件。

剪切选择的对象。

复制选择的对象。

粘贴。

打印图纸。

系统帮助。

放大。

缩小。

器件库显示/隐藏按钮,确定是否将元器件面板显示在窗口中。

元器件编辑按钮,编辑或增加元器件。

仪表按钮,给电路添加仪表或观察仿真结果。

仿真按钮,确定开始、暂停或结束电路仿真。

分析按钮,选择需要进行的电路分析。

后处理按钮,对仿真结果做进一步的处理。

启用 VHDL/Verilog 按钮,使用 VHDL/Verilog 语言模块进行设计。

报告按钮,打印电路的报告(包括元器件清单、材料清单和细节等)。

传输按钮,使 Multisim 2001 与其他 EDA 软件通信,比如将仿真结果输出到 Math-CAD 和 Excel 等应用程序。

3. 元器件栏

该工具栏有 14 个按钮,每个按钮都对应一类元器件,通过按钮上的图标就可大致清楚该类元器件的类型,元器件栏如附图 7-4 所示。

附图 7-4 元器件栏

Multisim 2001 将所有的元器件按照功能分别存放在 14 个元器件分类库中,然后由这 14 个分类的元器件库按钮组成 Multisim 2001 的元器件库工具栏。在这 14 个元器件分类库中,每个元器件分类库又包含多个元器件族分类库,每个元器件族分类库又包含许多具体型号的元器件,具体介绍如下:

(1) 信号源分类库　　　信号源分类库(Source)提供了电路设计时的各种信号源和地。在 Multisim 2001 软件中,所有的信号源都为虚拟器件,因而其参数可以根据用户的需要在信号源的属性对话框中进行修改,但不能使用 Multisim 2001 软件的元器件编辑工具对其模型和符号等进行编辑或重建。

(2) 基本元器件库　　　基本元器件库(Basic)包含 18 个标准的元器件箱和 7 个虚拟的元器件箱,每个标准元器件箱中包含若干个型号的仿真元器件,而虚拟元器件箱中的元器件不需要选择,直接可以通过其属性对话框进行设置。

(3) 二极管库　　　Multisim 2001 的二极库包含 11 个元器件箱,但只有一个虚拟的二极管箱。

(4) 晶体管库　　　Multisim 2001 提供的晶体管库共有 33 个晶体管箱,其中包含 NPN、PNP、场效应管以及各种复合晶体管等。

(5) 模拟元器件库　　　Multisim 2001 软件提供的模拟元器件库(Analog)共有 9 类件,其中包含 4 类虚拟器件。

(6) TTL 元器件库　　　Multisim 2001 提供的 TTL 元器件库包含 74 系列的数字逻辑集成电路,有些器件是复合型的,包括 74(普通型)、74S、74F、74ALS 和 74AS 系列。

(7) CMOS 元器件库　　　Multisim 2001 提供的 CMOS 元器件库包括 74 系列和 4XXX 系列的 CMOS 数字逻辑集成电路。在放置 CMOS 器件时,需要放置 VDD 电源。由于 VDD 是虚拟信号源,其大小可以根据所使用的 CMOS 器件确定。

(8) 其他数字元器件库　　　其他数字元器件库包含按功能区分的常用数字元器件,这些器件都是虚拟元器件,其参数可以通过属性对话框进行修改。

(9) 混合元器件库　　　混合元器件包含了 6 个元器件箱。

(10) 指示元器件库　　　指示元器件库包含 7 种可以用来显示电路仿真结果的元器件,这些元器件又叫做交互式元器件,用户不能对其模型进行修改,只能在其属性对话框中对它们的参数进行设置。

(11) 其他部件库　　　其他部件库包含不方便列入某一类元器件库中的元器件。

(12) 控制类元器件库　　　Multisim 2001 提供 12 个控制类元器件库,所有这些控制类元器件都属于虚拟器件,用户不能更改其模型,只能在其属性对话框中修改其参数。

(13) 射频器件库　　　当信号的频率很高时,常规器件的模型已经不实用,为此,Multisim2001 软件提供了专门的射频器件库。

(14) 机电类元器件库　　　机电类元器件库是一些电工类的元器件,其中除线性变压器外,其余的都是虚拟元器件。

4. 仪表工具栏

该栏为用户提供了所有的虚拟仪器仪表,用户可以通过按钮选择自己需要的仪器对电路进行观测。

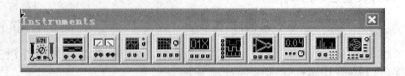

附图7-5　仪表工具栏

Multisim 2001 的仪表工具栏包括 11 个对电路参数进行测试的仪器仪表。这 11 个仪表在电路仿真中非常有用,与实际仪表相似,操作方式也一样。既包括实验室中使用的一些常见仪表,也包含非常昂贵的仪表,这些仪表以按钮的形式排放在主界面上,电路图绘制完毕后可方便地将所需的仪器接入电路中,设置好仪器的量程或参数后便可按动开关通电工作,仪器便可准确地测量出电路的工作电流、电压、信号波形和幅频特性,或产生电路工作所需的各种源信号,如音频信号、正弦波、锯齿波、方波、调频信号、调幅信号和编码信号等。

(1) 数字万用表 　数字万用表可测定电路中某处的交流或直流的电压、电流、电阻及分贝数。同时显示该处电量的有效值。

(2) 信号发生器 　信号发生器是一种能提供正弦波、三角波或方波信号的电压源,它以方便而不失真的方式向电路提供信号。

(3) 示波器 　示波器可测定电路中某处的交流或直流的电压波形。同时显示该处电压的各种值。

(4) 波特图示仪 　波特图示仪又称频率特性仪或扫频仪,用于测量并显示电路频率特性(幅频特性或相频特性)的仪器,测量时电路输入端必须接交流信号源并设置信号大小,但对于信号频率无要求,所测的频率范围由波特图示仪设定。

(5) 字信号发生器 　字信号发生器是一个多路逻辑信号源。它能同时产生 16 路同步逻辑信号,也可理解为从左至右输出自高到低 16 位逻辑信号,用于对数字逻辑电路进行测试。

(6) 逻辑分析仪 　逻辑分析仪有 16 个输入端子,可同时记录和显示 16 路逻辑信号,外部脉冲输入端是指在逻辑分析仪选择外部脉冲时必须接入一个外部脉冲信号,另两个输入端仅在时钟与触发需要控制时才接入信号。逻辑分析仪的功能如同示波器,但逻辑分析仪可以同时显示 16 个信号的波形。

(7) 逻辑转换仪 　逻辑转换仪是 Multisim 2001 的虚拟仪器,目前还没有与逻辑转换仪类似的物理仪器。在电路中加入逻辑转换仪可导出真值表或逻辑表达式;或者输入逻辑表达式,逻辑转换仪可以建立相应的逻辑电路。

5. Multisim 2001 对元器件的管理

Multisim 2001 为用户提供了丰富的元器件,并以开放的形式管理元器件,使得用户能够自己添加所需要的元器件。

Multisim 2001 以库的形式管理元器件,通过菜单 Tools→Database Management 打开 Database Management(数据库管理)窗口如附图 7-6 所示,对元器件进行管理。

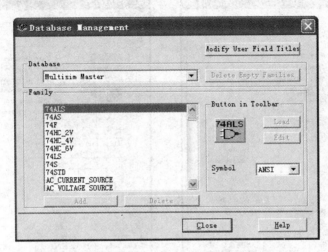

附图 7-6 Database Management(数据库管理)窗口

在 Database Management(数据库管理)窗口中的 Database 列表中有三个数据库:Multisim Master、Corporate Library 和 User。其中 Multisim Master 库中存放的是 Multisim 2001 软件为用户提供的元器件,Corporate Library 存放的是由某个用户选择、修改或创建的元器件,并且可以给其他用户共享(该库仅在专业版中提供),User 存放当前用户选择、修改和创建的元器件,该库中的元器件只能供给当前用户一个人使用。用户对 Multisim Master 数据库中的元器件和表达方式没有编辑权。当选中 Multisim Master 时,窗口对库的编辑按钮全部失效而变成灰色,但用户可以通过这个对话框中的 Button in Toolbar 显示框,查找库中不同类别元器件在工具栏中的表示方法。

在 Multisim Master 库中有实际元器件和虚拟元器件,它们之间的差别在于:一种是与实际元器件的型号、参数值以及封装相对应的元器件,在设计中选用此类器件,不仅可以使设计仿真与实际情况有良好的对应性,还可以直接将设计导出到 Ultiboard 中进行 PCB 的设计,这类器件为实际元器件。另一种器件的参数值是该类器件的典型值,不与实际器件对应,用户可以根据需要改变器件模型的参数值,只能用于仿真,这类器件为虚拟元器件。它们在工具栏和对话窗口中的表示方法也不同,在元器件工具栏中,代表虚拟器件的按钮的图标与该类实际器件的图标形状相同,实际器件的按钮为灰色,而虚拟器件的按钮为绿色。相同类型的实际器件和虚拟器件的按钮并排排列,并非所有的元器件都设有虚拟器件。

6. 原理图的基本操作

输入原理图是分析和设计工作的第一步,用户从元器件库中选择需要的元器件放置在电路图中并连接起来,为分析和仿真做准备。

(1) 设置 Multisim 2001 的用户界面。

　　在创建一个电路前,用户可根据需要和习惯设置一个界面,用户可以就电路的显示颜色、页面大小、元器件库(选择 ANSI 或 DIN 元器件库,ANSI 是美国标准,DIN 是欧洲标准,DIN 与我国现行的元器件标准很相似,一般选择 DIN 标准)、自动保存时间间隔以及工具箱等内容作相应设置。用户可以用菜单 Options→Preferences 打开 Preferences 对话窗口,如附图 7 - 7 所示。

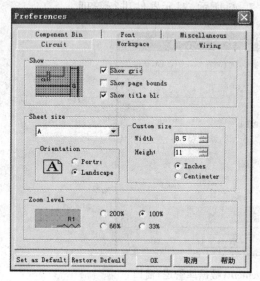
（a）Workspace 标签

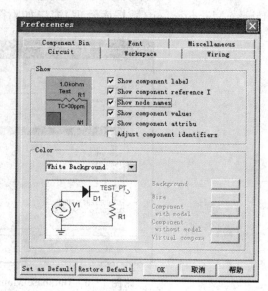
(b)Circuit 标签

附图 7 - 7　Preferences 对话窗口

　　该窗口有 6 个标签选项,Component Bin 选项卡用来设置 Multisim 2001 工作界面上元器件工具栏的显示方式、元器件库的选择以及从元器件工具栏中选用元器件的方式等;Font 选项卡设置电路图中元器件标识和参数、原理图文本、节点和引脚本以及各种属性对话框中的文字字体和大小等;Miscellaneous 选项卡设置电路的存盘、备份、仿真以及接地方式等;Circuit 选项卡设置电路窗口中的电路图;Workspace 选项卡设置电路窗口的图纸;Wiring 选项卡设置导线的连接方式和线宽。

　　以标签 Workspace 为例,当选中该标签时,Preferences 对话窗口如附图 7 - 7(a)所示,在这个对话窗口有 3 个分选项:Show 设置是否显示栅格、页边界以及标题框;Sheet size 设置电路图纸的页面大小;Zoom level 设置缩放比例。

　　再以标签 Circuit 为例,当选中该标签时,Preferences 对话窗口如附图 7 - 7(b)所示,该选项卡电路窗口中的电路图进行设置,分成上下 2 个设置区。Show 区(设置电路中元器件以及连线上显示的文字)和 Color 区(设置电路图中的各种元器件和背景的颜色)。选中 Show component labels 则显示元器件的标识;选中 Show component reference ID 则显示元器件的序号;选中 Show node names 选项则显示电路中的节点标志(在进行仿真时特别重要);选中 Show component values 则显示元器件参数;选中 Show component attribute 则显示元器件属性;选中 Adjust component identifiers 则调整元器件的标识符。

　　(2) 放置元器件。

　　在 Multisim 2001 中,有 3 种方法放置元器件:

① 先从元器件工具栏中浏览相应的元器件库，找到所需要的元器件。

② 执行菜单命令 Place→Place component，可以浏览所有的元器件组。

③ 通过元器件查找，找到相应的元器件。

其中，直接从工具栏中放置元器件最方便，在 Multisim 2001 的元器件工具栏中，包含了 14 个元器件箱，在选择元器件时，将鼠标指向所需要的元器件所在的元器件箱，即可拉出该元器件库。

以取用 5.1 kΩ 电阻为例介绍使用元器件工具栏取用真实元器件，将鼠标指向元器件工具栏上的电阻工具箱图标并单击，这时将拉出一个 Basic 元器件库，如附图 7 - 8 所示。

单击灰色的电阻箱按钮，即可打开如附图 7 - 9 所示的 Component Browser 对话框，用户可以从元器件清单列表中选择所需要的元器件。向下拉动元器件列表的滑动条，可以找到 5.1 kΩ 电阻。

Component Browser 对话框的主要参数意义如下。

Component Name List：元器件清单列表。

Symbol：元器件符号。

Database Name：元器件库名称，在默认情况下为 Master 库。

Component：元器件库下面的元器件箱名称。

Footprint：元器件封装。

Function：元器件功能说明。

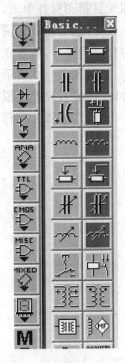

附图 7 - 8　Basic 元器件库

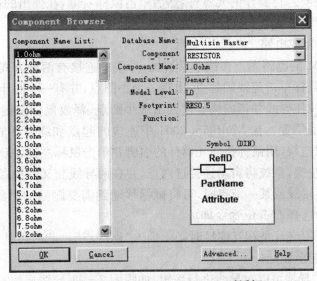

附图 7 - 9　Component Browser 对话框

同一类型的元器件可以反复从库中选用，用复制的方法也可以获得相同类型的元器件。

以取用电阻为例介绍使用元器件工具栏取用虚拟元器件，将鼠标指向元器件工具栏上的电阻工具箱图标并单击,在拉出的 Basic 元器件箱中单击绿色的电阻箱按钮,将鼠标移到原理图窗口中,这是在鼠标箭头上就带着一个虚拟电阻,在适当的位置单击鼠标左键,即可放置一个虚拟电阻符号,该虚拟电阻的默认值是 1 kΩ。双击虚拟电阻符号,将打开虚拟电阻属性对话框,如附图 7 - 10 所示。该对话框包含 4 个标签选项,Label 选项卡设置电阻的各种标识;Display 选项卡设置虚拟电阻在电路窗口中所显示的信息;Value 选项卡设置电阻的参数值;Fault 选项卡设置元器件可能出现的故障,以便预知元器件发生故障时相应的现象。

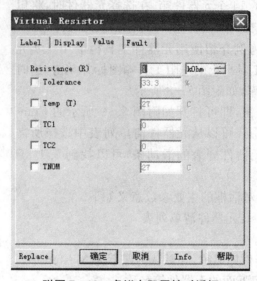

附图 7 - 10　虚拟电阻属性对话框

当元器件放置到电路图窗口中后,用户可以对其进行移动、复制、删除、旋转及改变颜色等操作。将鼠标指向需要进行操作的元器件,然后单击鼠标右键,在弹出的快捷菜单中执行相应的命令,也可以在 Edit 主菜单上执行相应的命令。

（3）将元器件连接成电路

在 Multisim 2001 的电路图上布线非常快捷,导线的连接有两种方式,一种是元器件之间的导线连接,只要用鼠标单击连线的起点,出现一个小圆点,并有一个小十字,按鼠标左键并拖动出一根虚的导线,拉住导线并指向终点使其出现小圆点,释放鼠标左键,即完成了导线的连接,软件自动选择布线位置。在 Multisim 2001 中连线的起点和终点不能悬空。另一种是元器件与导线中间点的连接,用鼠标指向元器件的引脚并单击鼠标左键,拖动鼠标到需要连接的线路上,再单击鼠标左键,系统将自动连接这两点,并在两导线交叉处放置一个节点。

当要删除某一连接线或某一节点时,可将鼠标移动到需要删除的对象上,单击鼠标右键,在弹出的快捷菜单中选择 Delete 命令即可。

当两根导线十字相交且是相互连接时必须插入"连接点"。此时可从基本器件库中将"连接点"即一个小圆点拖至该处。

在原理图中,双击导线可以对导线进行编辑,如附图 7 - 11 导线属性对话框,Node name 设置导线的节点;PCB trace width 设置本导线在 PCB 电路板中的宽度;Use IC for Transient Analysis 指进行瞬态分析时,本节点如需设置初始值,选中可在设置栏中输入初始值;Use NODESET for DC 指进行直流分析时,本节点如需设置电压值,选中可在设置栏输入节点电压值。

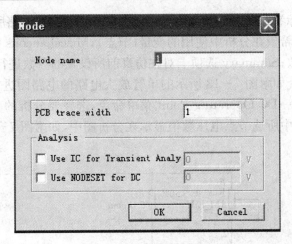

附图7-11 附导线属性对话框

7. Multisim 2001 的仿真分析方法

作为虚拟的电子工作平台，Multisim 2001 提供了较为详细的电路分析方法，包括电路的直流工作点分析、交流分析、瞬态分析、稳态分析、离散傅里叶分析、噪声分析、失真分析、直流扫描分析、灵敏度分析、温度扫描分析、零/极点分析、传递函数分析、最坏情况分析、蒙特卡罗分析、批处理分析、用户自定义分析和射频电路分析等。

在 Multisim 2001 上对电路进行仿真的第一步是绘制原理图，包括建立原理图文件、定制用户界面及放置元器件等步骤。

(1) 静态工作点分析。

静态(直流)工作点分析就是电路在只受直流电压源或电流源作用时，每个节点上的电压及流过电源的电流，它是其他性能分析的基础。在进行直流工作点分析时，电路中的交流电源将被置为零，电感短路，电容开路，电路中的数字元器件被视为高阻接地，这种分析方法对模拟电路非常适用。

需要对电路进行直流工作点分析时，执行 Simulate→Analysis→DC Operating Point 菜单命令，或者单击分析按钮，选择 DC Operating Point 命令，进入如附图7-12所示的参数设置窗口。

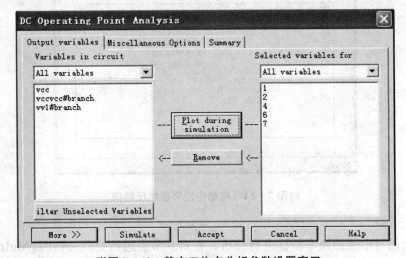

附图7-12 静态工作点分析参数设置窗口

对话框包含 3 个标签选项，Output variables 选项卡显示当前电路所有可能用于观察的输出变量，用户可以选择希望在分析中使用的变量（节点）；Miscellaneous Options 选项卡主要设置仿真分析的杂项参数；Summary 选项卡对在仿真前所设置的参数进行确认。

在工作区绘制一个如附图 7-13 所示的单管放大电路的电路图进行直流工作点分析，执行 Simulate→Analysis→DC Operating Point 菜单命令，选择要分析的节点，单击 Simulate 按钮，软件会自动把电路中所选节点电压数值显示在分析图中，如附图 7-14 所示。

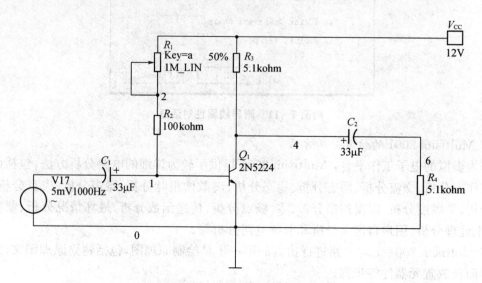

附图 7-13　单管放大电路绘制

附图 7-14　电路中的节点电压数值

（2）交流分析。

交流分析是对电路的频率特性进行分析。在对某节点进行交流分析时，Multisim 2001 软件将自动产生该节点电压为频率函数的曲线（幅频特性曲线）和相位为频率函数的曲线（相频特性曲线），分析结果与波特图示仪仿真相同，输入信号设定为正弦波形式。即无论输入是何种交流信号，在进行交流分析时，都会自动把它作为正弦波信号输入。

　　需要对电路进行交流分析时，执行 Simulate→Analysis→AC Analysis 菜单命令，或者单击分析按钮，选择 AC Analysis 命令，进入如附图 7-15 所示参数设置窗口。

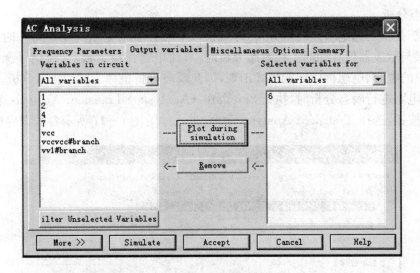

（a）Frequency Parameters 选项卡

（b）Output variables 选项卡

附图 7-15　交流分析参数设置窗口

　　以单管放大电路为例进行交流分析，进入如附图 7-15 所示的参数设置窗口。选择 Frequency Parameters 选项卡，设置分析的起始频率及终止频率，扫描方式为 Decade，取样值设置为 10，纵坐标设置为 Linear 刻度，如附图 7-15（a）所示。再选择该窗口的 Output variables 选项卡，添加节点 6 进行观察，如附图 7-15（b）所示。单击 Simulate 按钮，对电路进行交流仿真，仿真结果如附图 7-16 所示。

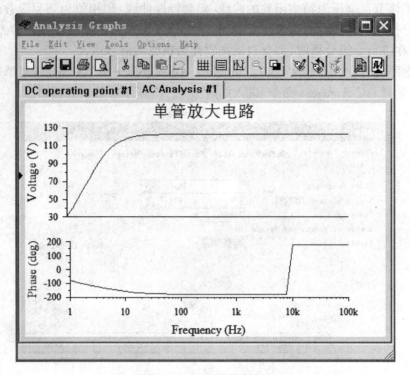

附图 7 - 16 交流仿真结果

（3）瞬态分析。

瞬态分析是指对选定节点时域分析，即观察该节点在整个显示周期中每一时刻的电压波形，分析结果与示波器仿真相同。在瞬态分析时，直流电源保持常数，交流信号源幅值随时间而变，电路中的电容、电感都以储能模式出现，因此瞬态分析也称为时域暂态分析。

需要对电路进行瞬态分析时，执行 Simulate→Analysis→Transient Analysis 菜单命令，或者单击分析按钮，选择 Transient Analysis 命令，进入如附图 7 - 17 所示参数设置窗口。

（a）Analysis Parameters 选项卡

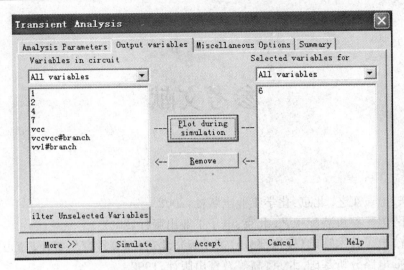

(b) Output variables 选项卡

附图 7-17 瞬态分析参数设置窗口

以单管放大电路为例进行瞬态分析,进入如附图 7-17(a) 所示的参数设置窗口,选择 Analysis Parameters 选项卡,选择 Automatically determine initial conditions 选项,将开始分析时间设置为 0,结束分析时间设置为 0.005,选择 Maximum time step settings 下的 Generate time steps automat 选项,如附图 7-17(a) 所示。再选择该窗口的 Output variables 选项卡,添加节点 6 进行观察,如附图 7-17(b) 所示。单击 Simulate 按钮,对电路进行瞬时仿真分析,仿真结果如附图 7-18 所示。

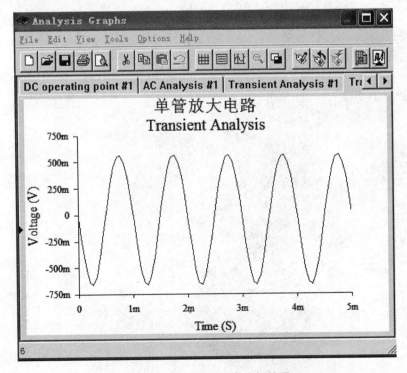

附图 7-18 瞬时仿真分析结果

参考文献

1. 刘任庆. 电子工艺. 北京:化学工业出版社,2008
2. 费小平. 电子整机装配工艺. 北京:电子工业出版社,2007
3. 康华光. 电子技术基础(模拟部分)(第4版). 北京:高等教育出版社,1999
4. 李瀚荪. 电路分析基础. 北京:高等教育出版社,1992
5. 汤华光. 模拟电子技术. 长沙:中南大学出版社,2008
6. 黄冬梅. 电子技术. 北京:中国轻工业出版社,2006
7. 黄智伟. 全国大学生电子设计竞赛电路设计. 北京:北京航空航天大学出版社,2006
8. 赵景波,向华. Protel 99 SE 应用与实例教程. 北京:人民邮电出版社,2009
9. 林吉申. 国内外最新三极管特性参数与互换速查手册. 北京:国防工业出版社,2003
10. 邓斌. 电子测量仪器. 北京:国防工业出版社,2008
11. 段九州. 放大电路实用设计手册. 沈阳:辽宁科学技术出版社,2002
12. 华永平. 放大电路测试与设计. 北京:机械工业出版社,2010